ものと人間の文化史 171

鱈（たら）

赤羽正春

法政大学出版局

鱈の底曳網漁船（秋田県象潟港）

鱈の水中写真

時化で漁に出られない鱈の底曳網漁船

水揚げされた鱈．真子で腹が膨らむ

飛島の延縄漁（幹縄を揚げているところ）

粟島の定置網漁（秋からは鱈も入る）

北洋から戻り，新潟港に碇泊する帆船（大正期の絵葉書より）

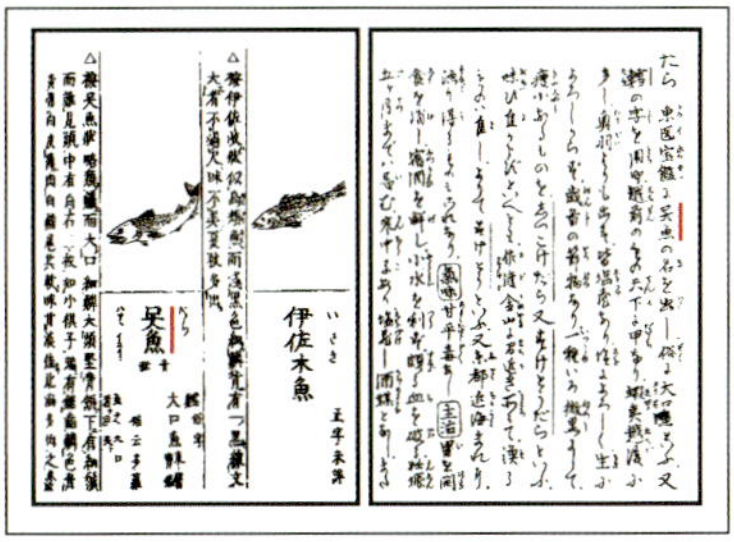

『魚鑑』（右）と『和漢三才図会』（左）の鱈の記述．いずれにも「呉魚」とある．

上・左：金浦山神社「鱈まつり」の奉納鱈

韓国，南大門の商店に掲げられた棒鱈（紙幣を口にくわえている）

鱈のフリッター（同右）

スペイン，バルセロナの干鱈専門店の看板
（撮影：秋田公士）

アイスランドの鱈の切手（Wikimedia Commons より）

スペイン，バレンシア中央市場の干鱈（同上）

目次

マダラ（学名：*Gadus macrocephalus*, 英名：Pacific cod）

第四章　戦争と鱈　191

第五章　鱈の食文化　251

スケトウダラ（学名：*Theragra chalcogramma,* 英名：Alaska pollock）

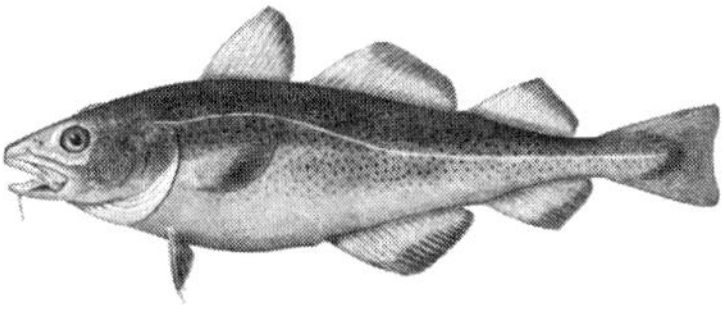

大西洋タラ（学名：*Gadus morhua,* 英名：Atlantic cod）

凡例

一、「鱈」の表記は日常的にマダラ、スケトウダラ、コマイなど、タラ科の魚を指している。しかし本書では、原則として生物学の分類に従い、鱈（マダラ）と鯳（スケトウダラ）として、「鱈」表記はマダラを、「鯳」表記はスケトウダラを示すものとする。

そして、中近世文書などで鱈場漁場のマダラとスケトウダラが混在する北陸地方の事例では、種の判別として「真鱈」「鯳」と、区別して表記することがある。

また、大西洋のマダラは「鱈（大西洋タラ）」と表記する。

一、引用文中の〔　〕内は、筆者（赤羽）による注記あるいは補足である。ただし、現代語訳した引用に関しては特に区別することなく（　）を用いた。

一、動植物名など、通常片仮名表記されるものは、ルビも片仮名とした。ただし、引用文原典に付されたルビは原典の通りとした。

また、難読地名や動植物名には原則として節の初出ごとにルビを付したが、「鱈」「鯳」については、煩瑣になるため省略した。

序章　人類の食べ物

北斗七星が地平線間近に輝く北極圏。ロシア国、オビ川下流にあるカズィム村にお世話になった。馴《ト》鹿《カイ》を飼って暮らすハンテ族の宿営地はストイビーシュと呼ばれ、タイガの森深くにあって、尖る屋根をもつ小屋に馴鹿の檻が隣接する。夏の間、バロータと呼ぶ低湿の湿原にまで広がって餌を摂る馴鹿は、群れる吸血のブヨを嫌って煙の立つ檻の中でまどろんでいた。宿営地の主・ユーリーさんが「タタタッ」の声で馴鹿を安心させながら、捕っておいたバロータの魚を投げ込んだ。馴鹿は嬉々として魚をほおばり、タタタッと歯ぎしりをしながら一気に食べている。

タイガの森を案内された時、ここで馴鹿を飼いながら一つの家族が暮らせる生存の仕組みを学んだ。定置してある罠は宿営地の周りに張り巡らされ、熊、穴熊、栗鼠《リス》、黒貂《テン》、狼、北極狐などを狙っている。一方、ふだんの食糧は外部からもたらされた小麦粉でパンを焼き、タイガの周りにある小川で捕った魚を食べていた。馴鹿に与えた同じ魚である。鯉や鮒《フナ》の仲間の淡水魚である。オコスワリョと呼ぶ全長二〇から三〇センチの魚は食膳の半分を占める。

馴鹿飼育の民が馴鹿を食べるのは、厳冬期の食糧が底をつく時だけである。生活に使う貴重な角や毛皮を取った時だけで、年間何頭も殺すことはない。ふだんは焼いたパンと魚を茹でて塩で味つけして食べている。冬も、カズィム川に張った氷の下でじっとしているシュウカと呼ばれる獰猛な川魳《カワカマス》を延縄《はえなわ》や氷下に網を流して捕獲して食べる。大きな魚で、一メートルを超える。

低湿のバロータはツンドラの湿地で地下に水があり、膨大な魚をはぐくむ。魚は微高地のタイガから流れる小川に上ってきて産卵する。

これを捕る道具がモルダと呼ばれる筌《うけ》で、シベリア松を細かく籤状に裂き、結束して作る（図1）。モルダは家族を養う。設置しておけば年中魚がここに入ることから、家族を養う定量の確保が可能なのである。宿営地の周りには四ヶ所にモルダが設置してあり、週一回これを取り上げて魚を運び込む。夏の間に捕れた余剰のオコスワリョは二尾ずつ尻尾を縛り、棹にかけて干されていた。この光景は北地にみられる、魚を

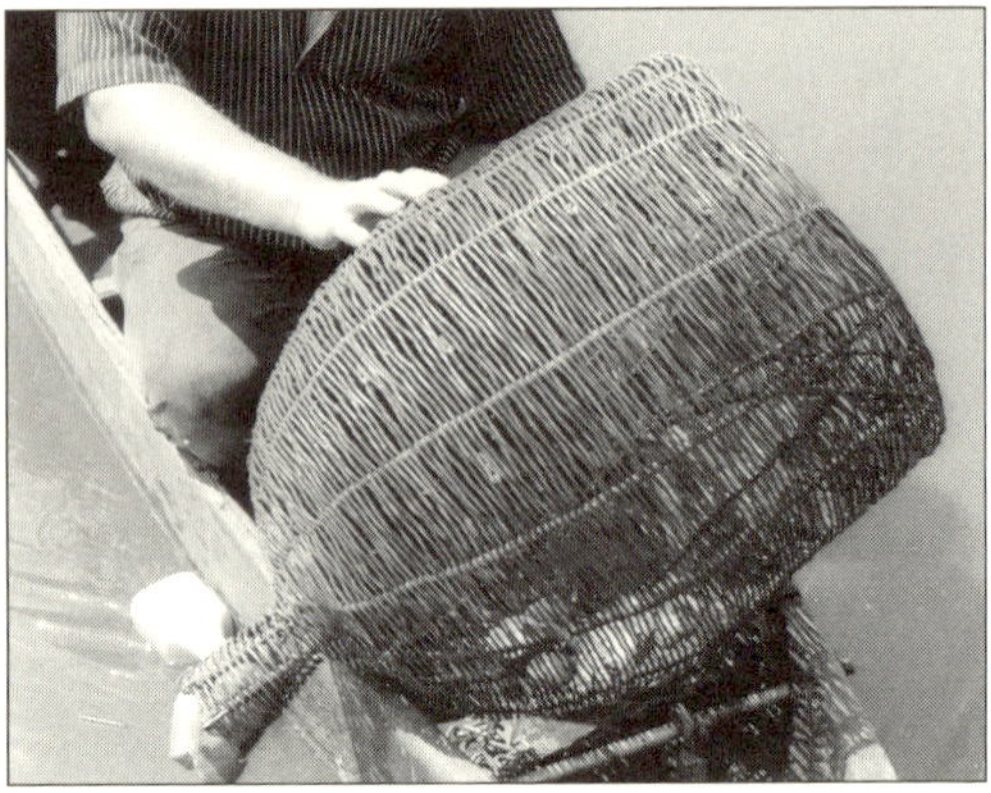

図1　ブリヤート族のモルダ（筌）

干して簾《すだれ》状になる、鱈干しや鮭の干し台を連想させる。

1　人は何を食べてきたか

先史以来、人は何を食べてきたのか。狩猟採集生活に触れる時、必ず課題となる。獣を捕らえて、食

べられる植物を集める。ところが「狩猟」「採集」の二つの言葉に含まれることがないのが魚である。また、日本人を指して「魚食の民」という言い方がある。豊かな水産資源に恵まれ、海から莫大な魚の供給のあるこの島国の人たちは魚を食べることが生存を保持することであった。

ところが、世界には狩猟採集民と呼ばれながら、日本人同様に魚を生存の糧としている人たちが驚くほど数多くいるのである。極北のタイガで最も重要な食糧が魚であった。

中央シベリア、草原の民、ブリヤートの人たちのお世話になったことがある。うねる大地の底にある湖にはカラシーと呼ばれる鮒《フナ》の仲間が数多く棲息していて、これを捕って食べていた。牧畜の民であるから、乳製品もスメタナ（発酵乳）やチーズとして食膳を賑わしたが、昼には茹でたカラシーだけで過ごしていた。

極東、ロシア沿海州のウデゲは、狩猟民とされる樹海の民であったが、依存する食糧は鮭・鱒であった。シホテアリンの山脈に分け入って毛皮獣を捕っている民の五割を超す食物が海から七〇〇キロも旅をして戻ってくる鮭・鱒なのである。

済州島では潮の引いた干潟に出て、貝を拾い蟹を捕り、取り残された小魚や蛸《タコ》を集めて食糧としていた。

先史、人類の歴史が狩猟採集生活から始まったことを語る時、魚を外していいわけがない。フィンランドの民族叙事詩『カレワラ』には、大地が創造されてすぐに、人の食糧として鮭の棲み家が備えられている。アイヌの伝説でも、大地を支えるアメマスがいる。

魚こそが、人の身近で最初に食を提供してくれる貴重な生態系の支え手であった。人と魚は、人の生

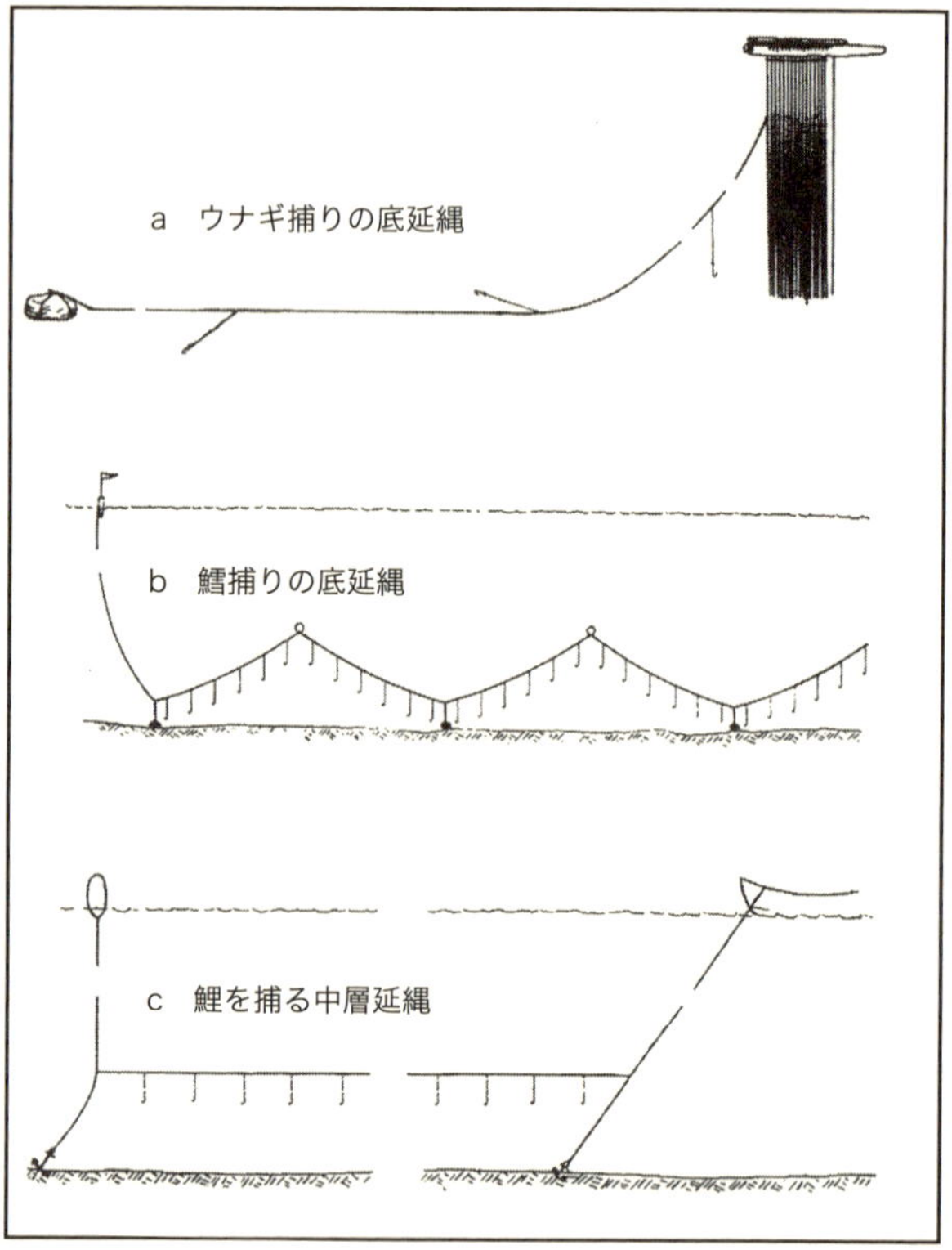

図2　ヨーロッパの延縄（*Fish Catching Method of the World,* 1964, p.88）

活している場所の水域で出会う。

捕獲には、子供や老人でも捕れる方法があった。身の周りで拾い捕まえる、人と獲物が知恵比べをして広域にいる獲物を捕まえる、人から最も遠い所にいる獲物を追いかけて捕まえる、それぞれの行為が漁法となっている。

身の周りで拾い捕まえることは、磯に取り残された魚や蟹、貝を捕獲したり、直接潜って鮑《アワビ》を捕るなどの方法である。手づかみで魚を捕るなど、人が直接手に取るという意味で最も原初的な食糧確保の方法である。産卵を終えた鮭を拾って乾燥させ、食糧とする人たちは北地に多かった。

人と獲物が知恵比べをして広域にいる獲物を捕まえるのは、人の意志に沿わない動きの激しい魚や習性の違いを利用して、道具を使って捕る方法である。銛や鉤で攻撃する手法、騙して罠に追い込む方法などがある。筌《うけ》を設置して溯上する魚を捕まえたり、海に建網を張って魚道を遮り、魚群を袋網に追い込むなどの魚との知恵比べもある。道具には、銛、鉤、筌、釣鉤、網など、漁法に応じた方法があるが、いずれも魚の習性を利用したトラップ（罠）的要素を保持する。

人が近づけない最も荒れる沖の海という困難で遠い所にいる獲物を追いかけて捕獲する方法が開発された。それが延縄《はえなわ》（Longline）である（図2）。深海に鱈という大きな魚がいることを知り、これを捕ろうと思った人が最初に取り組んだことは、獲物の近くに行くことと、確実に捕れる縄を準備することであったろう。

縄は遠くにいる獲物を引いてくる道具として『古事記』にも記される。最も古くから存在が指摘され、この方法によって人類は最も人から遠いところ（海の彼方や深海など）にいる獲物を自らのものとすることとなった。人の生存を支える現代にまでつながる技術である。「大国主の国譲り」に、

> 栲縄《たくなは》の、千尋縄《ちひろなは》打ち延《は》へ、釣せし海人《あま》の、口大《くちおほ》の、御翼鱸《おはたすずき》、さわさわに、控《ひ》き依《よ》せ騰《あ》げて、打竹の、とををとををに、天の眞魚咋《まなぐい》、獻《たてまつ》る。[1]

の記述がみえる。「千尋縄」はLongline である。「打ち延へ」は延縄を設置することで、この方法で鱸《スズキ》を釣ったとある。新鮮なこの鱸を引き揚げて料理し、眞魚咋を獻った。

延縄は、幹縄と呼ばれる太い綱に、ここから等間隔に分岐する一尺ばかりの釣鉤をつけた細い枝縄で

構成される。釣鉤には餌がつけられ、一晩から二日ほど放置した状態で魚のいる場所に延《は》わせる。この餌に食いついた獲物は、縄を引いて回収される（図3）。

現在でも、鱸を捕るのにこの方法を使用する人もいる。海から河口部に上ってくる鱸は活動範囲が広く、人が獲物とするには、延縄を海底に沈めて、餌に懸かるのを待つ方法が適する。

延縄は、我が国の古文献に載っているが、世界を見渡すと、実に多彩な種類の存在を知る。おそらく魚の習性に沿った、成熟した技術の一つであることは間違いない。

ロシア、ハンテ族の延縄は巨大で獰猛な川魳《カワカマス》のシュウカを捕るための方法である。シベリア松やトナカイの角で作った、全長一七センチほどの三方に棘を出した釣鉤に紐をつけ、シュウカが食べるオコスワリョの体内に口から埋め込む。釣鉤のついた紐は枝縄になり、幹縄に結ばれて低湿の沼地に数十本埋められている。シュウカはオコスワリョをみつけて丸呑みにするという。シュウカの体内で釣鉤が引っかかり、延縄につながれて獲物とされる（図4）。

また、奥三面《みおもて》の深い淵で岩魚《イワナ》捕りをしたことがある。尺越え（一尺以上）の岩魚は冷たい数メートル深の淵に日中いる。釣り糸を垂れても餌につかない。そこで、延縄を準備し、枝縄の先の釣鉤に鰍《カジカ》を餌としてつけ、縄全体を石で押さえ、夕方に川床に設置した。翌朝、大岩魚が数尾、釣鉤に懸かっていた。

このように、手の届く範囲にいる魚を捕ることから始めた人の行為は、手の届かない場所にいる魚にまで、あらゆる知恵を絞って捕獲を試みるようになる。ここには、捕らなければ人の生存が持続できない何らかの状況があったと推測する。人が簡単に出かけられない深海に棲む鱈を引いたのは、人の執念が結実した結果である。

大西洋北部海域でも、延縄の技術が一六世紀にはノルウェーの鱈（大西洋タラ *Gadus morbus*）釣りに導入されていたという[2]。

日本でも鱈（マダラやスケトウダラ）の延縄が日本海域に導入されたのが一六世紀と推量される。同時代の出来事は、太平洋北部海域と大西洋北部海域での関連を暗示して興味深い。

冬の寒風吹きすさぶ沖の海に出かけ鱈を捕るには、優れた船の存在と航海技術が必要である。

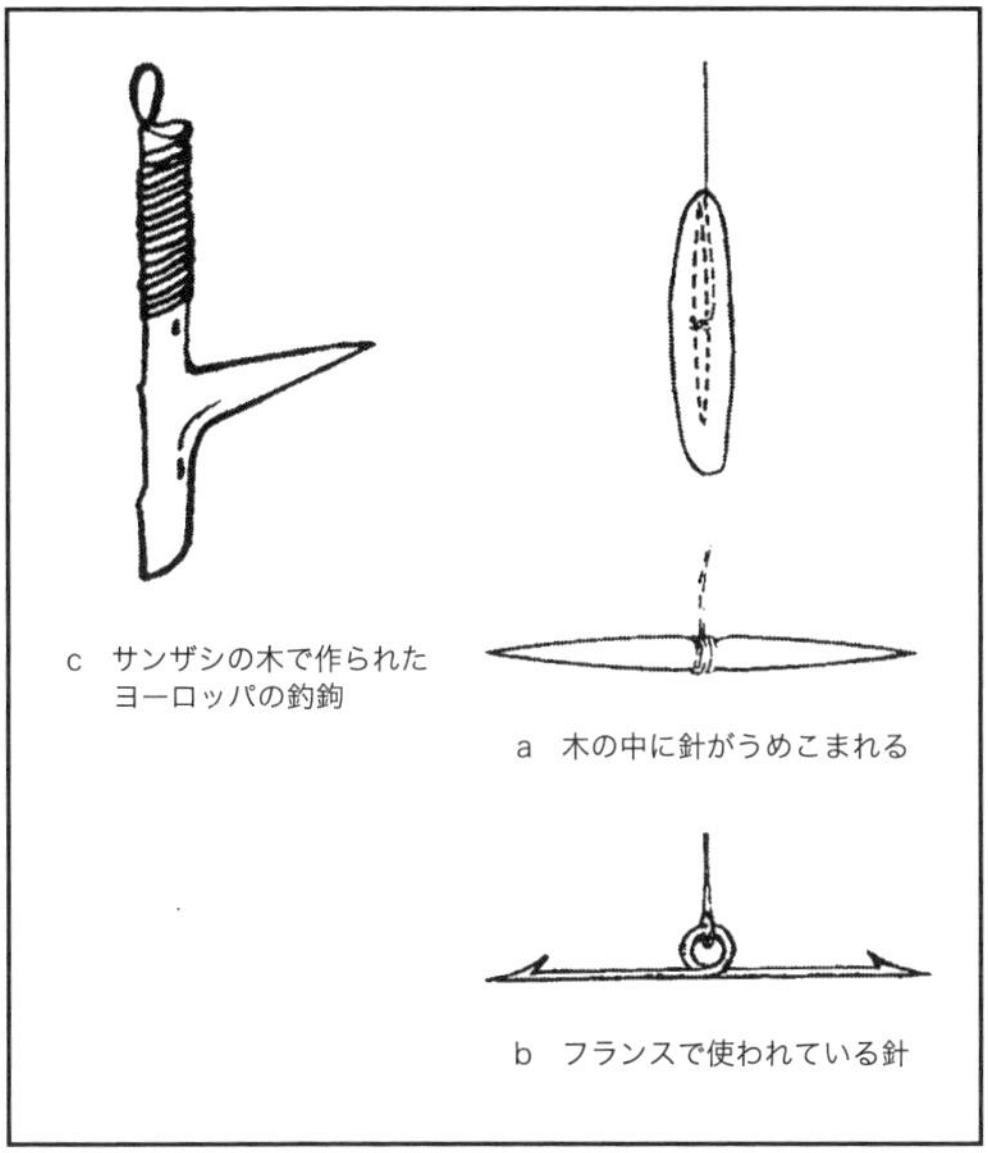

図3 釣鉤（*Fish Catching Method of the World,* 1964, p.70-71）

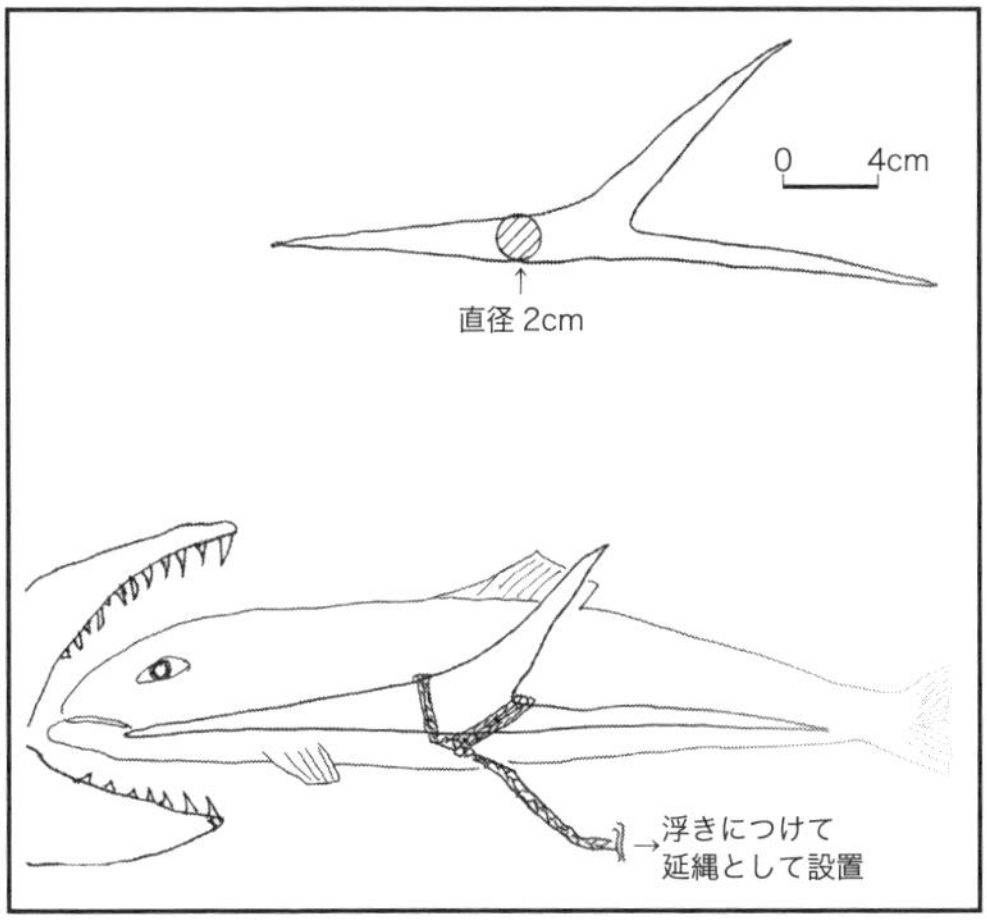

図4 ハンテ族の釣鉤（著者作成）

ヨーロッパの北の海では、ヴァイキングがノルウェーからアイスランド、グリーンランド、カナダに進出している。彼らの食糧が鱈（大西洋タラ）の干物であったという。九世紀には自分たちの食糧を確保して余った干鱈をアイスランドやノルウェーで加工して、北欧各地に輸出していた事実があるという(3)。ヴァイキングの活動範囲が、鱈の棲息する海域に合致するのである。彼らの船はヨーロッパで北方船の名称が冠せられる、板を鎧張りにして舳先《へさき》と艫《とも》が同じように尖る形の船で、喫水が深く、北の荒れる海の航海に適していた。船体の鎧張り（clinker）は、船体の基部に据えたキールから張り上げた板が、下板の上部を覆って上の板を取りつける方法で、頑丈であり、波に強い。

鱈を捕る技術は縄釣りであったという。北米大陸最東端ニューファンドランド島のセントジョンズに隣接するペティ・ハーバーの鱈漁を記した記録がある。

夏になると鱈は岸近くに寄り、漁民はこれを建網で捕獲した。建網は一九世紀にラブラドルで考案された定置網の一種で、（中略）九月になると鱈は沖へ移動する。手釣りの季節である。手釣りの歴史は鉄器時代に遡る。太い糸を使い餌を付けた鉤を四オンスの鉛で底に沈めるのである。ペティ・ハーバーの漁師は一五尋から三〇尋の海で鱈を釣る。糸を片手に巻き付け、魚信が来たところでぐいと強く引いて一気に手繰り上げるのがこつである(4)。

そして、一九四〇年代後半から、大量の鱈を一気に捕ってしまう延縄と刺網の使用が禁止されたという。

二〇世紀中頃、鱈資源の保護が必要になっていく。戦争などで保存食とされた干鱈が飛ぶように消費されたのである。日本でも、ヨーロッパでも鱈の記録は戦《いくさ》と併記される。日本では応仁の乱以降、武士の戦で特徴づけられ、北欧ではヴァイキングの侵略を支えた魚として位置づけられる（第一章）。

人類が食べ物の十分でない時代に依存した大魚の鱈は、人が生きる苦労を象徴する魚であった。鱈と人のつながりは、人がどのように食べ物を確保して、生きる手段を確立してきたかを示す絶好の関係性を保つ。

延縄の技術、冬の沖に出る船の造船技術や操船技術、鱈を加工して保存する技術等、人の生存の持続のために開発行使され、歴史を動かすきっかけとなってきた。鱈と人の文化史は、人の生き残りをかけた食糧確保の面から人の世界を鳥瞰する営みとなる。

2　命がけの漁撈

魚を捕まえるために最も古くから使われ、最も広がりのある方法が縄に釣鉤をつけて魚を捕獲する方法である。Longline は日本では延縄《はえなわ》とされる。

多くの釣鉤を付けた底延縄〔Bottom Longline〕は北ヨーロッパや地中海、極東の海ではかなり早くから行われていたことが推測されている。ノルウェーの Longline は少なくとも一六世紀中頃には知られていた。この延縄の一つの起源とされているのが、東アフリカのグレート・レイクと呼ばれる地

溝帯である。(5)

長い糸に釣鉤を垂らす漁法は全世界で採用されている技術である。アフリカ起源か否かについては今後の研究にまつしかないが、底延縄は地中海からシベリア、西進して北欧や北海、東進して極東やベーリング海と、北の道を辿ったことが推測できる。そもそも、釣糸に釣鉤をつけて魚を捕るのは、人が直接行けない水域にいる魚を引き寄せる方法である。水に落ちれば凍死するような北の海ほど、海底に潜む大きな魚は多かった。特に鱈は、人が出かけられない二〇〇尋(三〇〇メートル)を越える深海にいて、貪欲に蟹や海老を食べている。鱈捕りをしようとする心意は底延縄技術の発展を促したはずである。

人が安定した大地に立って川や沼で底延縄を行う行為は、近世に入ると、沖に出した揺れる船から底延縄を垂らす方法へと進展する。鱈が海底にいることを知ってからである。そして、この漁撈を取り入れなければならない事情が人の意識を革命的に変えた。

高緯度地帯、冬の荒れる海、この沖合に出かけて、深海にいる鱈を捕らなければならないほど、人の世の食糧事情は急迫していたと考えられる。人の命と対等の漁撈が存在した。食を得るために自分の命を差出す仕事が職業として誕生したのである。

とかく、人は安全なところにいて、食糧を得ようとする。穀物を得たり、動物性の乳や肉を供給してくれる動物を飼い、食を得ることで生存の持続を確保してきた。

しかし、地吹雪が海に達し、家に閉じ籠もるのが普通の気象状態に、食を得るために冬の海に船を出す。夏の間も漁業権に束縛されない規制のない沖に出かけ、鱈場と同じ海域で鰤《シイラ》を釣る。年中、沖に出てここでしかできない縄漁や底延縄漁を行う。そして、獲れた魚を流通させて生活を確立する人たちがいた。

このような漁撈の形態は、年中漁業を行う者として、専業漁業者と呼ばれ、商業的に魚を流通させることを主体とすることから、商業的漁業者であった。鱈漁に従事する者が出てから、専業漁業者・商業的漁業者が確立したとされる。鱈は冬に捕れ、漁人《いさりびと》は一年中漁業という生業によって糧を得ていたからである(6)。

職業意識は専門性をともなって確立していく。縄釣り、延縄は、専門的漁業者の保持する技術であった。しかも、居住する浦の漁業権さえ保持できない者もいた。中世、若狭湾の漁師が隠岐や能登に年中旅漁をしていた記録がある。夏は鰯、冬は鱈を主体に、年中海に生きた人たちである。漂泊の漁師が、日本海を北上して鱈場開発を進め、最後は北海道、サハリン、千島列島に達している。彼らはその行動力で魚を確保して生存を持続させた。食べ物を求めて漂泊する。

日本海の鱈場漁師の間に悲しい口碑が残る。「鱈場オジ」という。鱈場で働くのは惣領（長男を指し、家の跡取り息子）ではなかった。惣領は家を継ぐ。鱈場には決して出さない。ところが次三男は冬の荒れる沖に出て命がけで鱈を釣った。オジの命の価値は惣領のそれに比べて格段に低かった。この言葉は、新潟県から庄内地方を経て北海道にまで及んでいる。鱈釣り漁民が、徐々に北進して、最後は北海道の北に達する。出稼ぎ漁民の伝えた言葉でもある。

ヨーロッパでも似た状況にあった。鱈を求めてバスク人が大西洋を横断してニューファンドランド（北米大陸最東端、カナダ）を発見した後、スペインやポルトガルも北アメリカを探検して領域を地図に描く。一五〇二年の地図では、ニューファンドランドが「ポルトガル国王の土地」とされているという。ここの鱈は一六世紀の貿易市場に変化をもたらす。バスク人の出身地フランス（スペイン北部から）とイギリス、スペイン、ポルトガルが鱈漁の利権を分け合った。

アイスランドでは鱈の利権をめぐってイギリスとハンザ同盟の対立が深刻になっていた。一五三二年イギリスの関係者がアイスランドの漁港で殺害される事件が生起する。これをもって二〇世紀まで続くイギリスとアイスランドが対峙する鱈戦争の嚆矢とみなす考えがあるほどである。(7)

つまり、最高の造船技術で作られ、手慣れた航海者によって運航された船が鱈という食糧を求めてヨーロッパからアイスランド、グリーンランド、北アメリカ大陸へと向かっている事実があった。最高の技術の集積が鱈の漁撈に向かっている。

ヨーロッパと同時代、日本でも、近世初めに日本海を北に向かった漂泊の漁師がいた。彼らの操る船は、当時最先端の技術で造られた一本水押《みよし》、二枚棚板合わせの船であることがわかってきた。サンパと呼ばれる板合わせ船を改良したカワサキ（川崎）と呼ばれる船は、漂泊の漁師を指す川崎衆を載せて北上した（第二、三章）。

以後、川崎船は鱈船（鱈漁に使われる船）を指し、最終の稼働域は太平洋戦争前のオホーツク海。蟹工船にランチとして積まれた。

北地の鱈は手に入れにくい塩での加工が困難であるため、内臓を除いて開き、二尾を尻尾で結束して棹に架け、吊して干す。素干しの鱈はストック・フィッシュと呼ばれる。棹を意味するオランダ語のストックが語源であるという。日本の棒鱈である。一塩を加えて干した鱈がグリーンと呼ばれる。干鱈はその方法によって多種類の製品を生み出し、多くの場面で使われた。

塩鱈はバスク人の航海を支え、食べれば塩が摂れることから地中海世界で重宝された。ストック・フィッシュは保存が効くことから非常食などで活用されたり、長い冬を耐える北地での料理に使われた。ヴァイキングはフィヨルドから出発し、グリーンランドやアイスランドの海域で鱈を釣り、これをストック・フィッシュにして航海を続けたと語られている。

ヴァイキングが大航海を続けた理由の一つに語られる植民は、北欧の厳しい寒さの中で、十分な食糧が得られなかったからである。彼らも食糧を求めて動いたのである。

鱈の底延縄導入がノルウェーで一六世紀、日本の鱈底延縄も慶長年間を盛期に戦国時代から始まる一六世紀である。ヨーロッパの鱈場開発の本格化する時代がやはり一六世紀。日本海での鱈場開発と併行している。一六世紀、人類が安穏としていられない出来事が世界で続いていたのではないのか。極東の島国の造船技術も一六世紀が大きな画期となり、北方船と南方船の技術が交じり合い、北地への航海の動きが広がる。ヨーロッパでは一五世紀後半から始まった動きであるが(8)。

天変地異による気候変動や飢饉など、じっとしていたら死を受け入れなければならない状況が世界史的にあったのではないか、と私は受け止めている。人が滅多に出かけられない場所まで、命をかけて捕りに行った食糧の鱈は世界的視野で追究しなければならない魚なのである。今後、人類の食糧問題を考えるためにも。

3　鱈という魚

日本海側、北陸地方では鱈というと真鱈と鯳のいずれをも意味する。新潟県では特にこの傾向が強く、同じ鱈場から揚がる魚であることから、本当の鱈として真鱈、小型の鯳をスケソとかスケトと呼ぶ。どちらも鱈であるとしている。

一般には、生物学の分類でタラ科のマダラ、スケトウダラ、コマイの同科三種をタラと呼ぶことがある。ただ、コマイは北海道の湖沼で捕られたものが干魚になって流通し、鯳の棒鱈と形が似ているために干鱈と認識された。

現在も鱈の名称は混乱をきわめていて、真鱈の棒鱈と鯳の棒鱈が同じものと捉えられることがある。鱈鍋として、真鱈でない鯳を料理に使うこともある。京都の伝統料理である芋棒は棒鱈と海老芋を煮つける。棒鱈は真鱈のものであるはずだが鯳でも作られる。棒鱈煮として売られている各地の総菜はほとんどが鯳の棒鱈を使っている。

北陸地方の鱈場から揚がる魚の多くが鯳で、真鱈は寒さのつのる真冬、文字通り雪の舞う時期に揚がってくる。新潟県出雲崎では鱈場から揚がる魚は、「鱈の仲間である」と、語る漁師が多い。タラ科のマダラ、スケトウダラ、そして別科のホウホウコという魚が揚がる。ホウホウコは口が大きく真鱈によく似ているが、別の種類で、型は小さいが味の良さから高値で取引きされる（図5）。

そして、鱈場に入れた底曳き網にズワイガニが懸かる。この蟹をタラバガニと呼ぶ人が今もいる。鱈

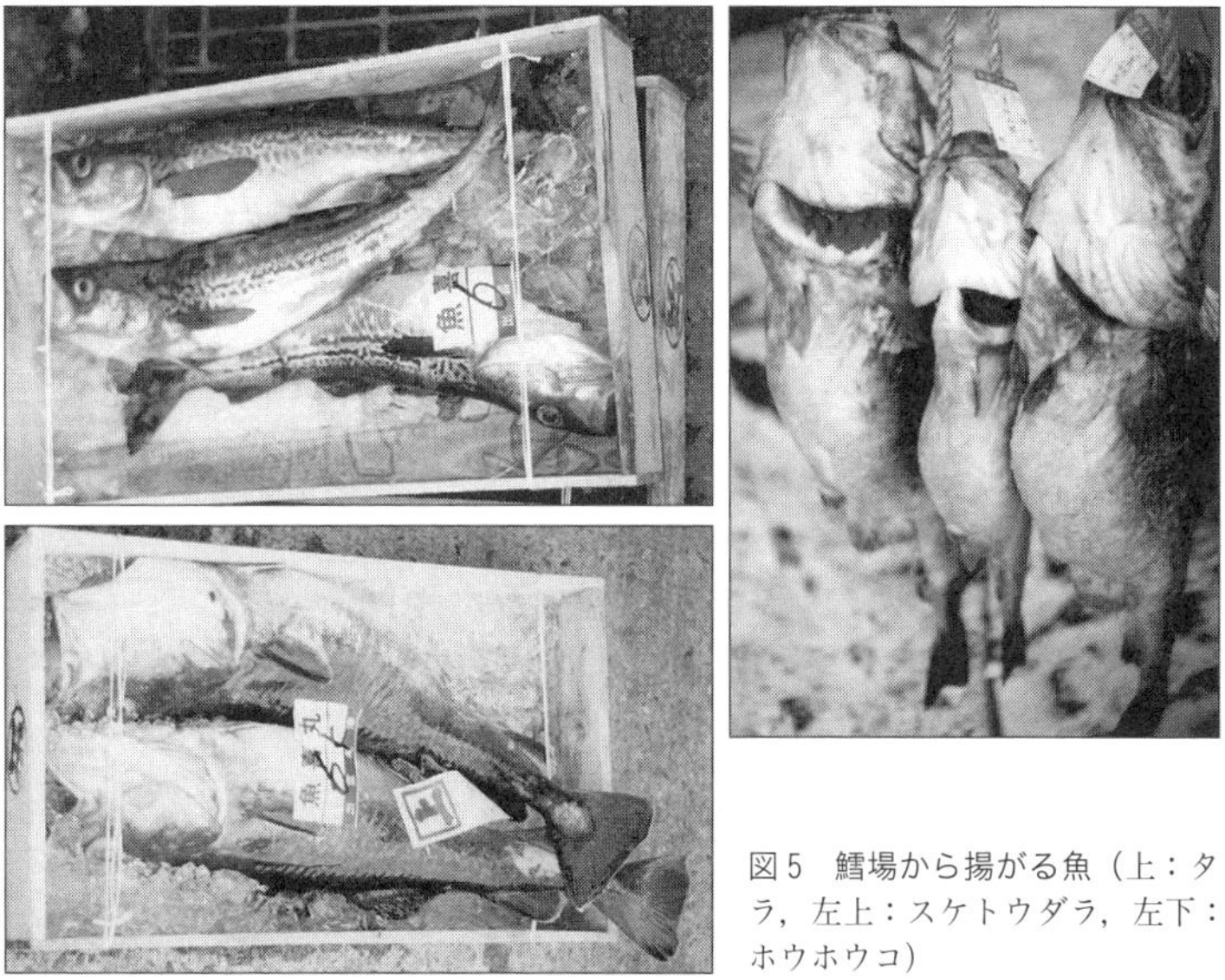

図5　鱈場から揚がる魚（上：タラ，左上：スケトウダラ，左下：ホウホウコ）

場という特定の鱈漁場から揚がるからである。現在、タラバガニの名称は北海道以北の海域で揚がるヤドカリの仲間で殻に棘が立つ。

真鱈と鯳をそれぞれ正確に記録して、人との関わりを追究する必要がある。水産学の研究成果を援用する。

分類では、タラ類のタラ目である。タラ目は九科七五属五五五種で構成され、この中のタラ科とメルルーサ科が漁獲量が多く食に供される種類になる（次頁表1）。

現在、「鱈」で表示される魚は、タラ科のスケトウダラとマダラの二種類を指すことが多い。これにはしっかりとした理由がある。鱈が捕られ始めたのは一五世紀の日本海である（北海道以北の北地では縄文時代から捕られていた証拠が遺物から分かっているが）。

一六世紀に盛期を迎える鱈場の発見によって、マダラとスケトウダラは、同じ鱈場から揚がる魚

表1　タラの分類

タラ目	サイウオ科	
	ユークリクチス科	
	タラ科	スケトウダラ，マダラ，コマイ，ミナミダラ，ポラック，ハドック，大西洋タラ，ブタスタラ，ミナミブタスタラ，ノルウェーポート
	ソコダラ科	トウジン，ムネダラ，イバラヒゲ，バケダラ，ヒモダラ
	メルルーサ科	アルゼンチンヘイク，ケープヘイク，ホキ，ヨーロッパヘイク，北太平洋ヘイク，セネガルヘイク，ニュージーランドヘイク，南太平洋ヘイク，パタゴニアヘイク
	チゴタラ科	エゾイソアイナメ，イトヒキダラ，アカダラ

種として、同じ魚で種類の異なるものとみなされてきた。たとえば、糸魚川市の鱈場、小泊かんざし漁場では、秋が深まる一〇月に始まる延縄にはスケトウダラが懸かり始める。数が多く大漁に恵まれることが多い。この魚から捕り始め、冬の盛りになると、同じ鱈場から今度は巨大な腹を上にして、延縄に釣られて浮いてくる魚が揚がる。一月から二月の最も寒い時期の漁である。芝居にたとえれば、鱈場という舞台に真打ちが登場した情景である。真打ちの鱈が真鱈である。一〇月から捕れ始めていた少し痩せた魚で、舞台装置を盛り上げてきた者が介党で、これが介党の鱈であった。つまり、タラに「真」をつけたマダラ（真鱈）と、よく似ているが少し違う兄弟魚として鱈に「介党」をつけてスケトウダラ（介党鱈、鯳）としたと考えられる。追加するならば、鱈という魚は応仁の乱以後、京都で知られ始め、戦国時代に武士の世の中で広まっていった魚である。介党の名称は、当時の社会環境を彷彿とさせる名称なのである。大将の真鱈に従う、助勢する従者の魚が介党という位置づけになる。鱈場での漁では真鱈と鯳の水揚げ量の比は一対五（越後）であるという漁師がいた。鱈の字体も国字である。介党の字も、感覚の優れた人の手になるものと私は考えている。

しかも、戦《いくさ》の非常食として一気に広まったという口碑をもつ鱈は、真鱈でなくとも介党鱈で十分、腰に下げて非常食とする役割は果たしていた。三枚に開き、塩をして干した鱈は保存食として優れ、現在でも、介党鱈と真鱈で塩干鱈として類似の状態に作り上げることは可能である。

介党のスケトウ名称が佐渡起源であるとする口碑がある。これも一理ある。スケは鮭を指す。スケトウは佐渡海峡で盛んに捕られ、戦国時代の後、疲弊した地域民の日常食としてカタセの名称で盛んに作られ食べられた。干鮭のスケは、庶民の口には上らない。しかし、スケトウと呼ばれる鮭もどきであれば食べられる。スケもどきがスケトウになったと考えるのはあながち無理な推論ではない。

凡例にも記したように、タラ科のマダラとスケトウダラをまとめて表す場合、日常的表現としては「鱈」で表記するが、本書では、真鱈と鯳（介党鱈）をはっきり区別する。そして生物学上の分類によるマダラとスケトウダラを、それぞれ、「鱈（マダラ）」「鯳（スケトウダラ）」で記す。

それぞれの特徴から記す。

鱈（マダラ *Gadus macrocephalus*）は頭部が大きく腹部は肥大。上顎が下顎より出ていて下顎の先端に一本の髭がある。背から側面にかけてまだら模様が覆う。マダラの語源が「まだら」模様を指すとする論があるが、間違いである。中世から多良、多楽、鱈と記録されていることから昔からの呼び名はタラであってマダラではない。マダラは鱈、鯳、氷下魚《コマイ》の分類上の都合である。

分布は北緯三四度以北の北太平洋大陸棚および大陸棚斜面である。日本では北海道周辺に多く、南限は日本海側が鳥取県、太平洋側が茨城県沖合である（二七頁図8参照）。マダラはスケトウダラに比べて、より沿岸性、底生性であり、移動も大きくないため、各海域に多くの地域個体群が存在すると考えられている。極東沿岸だけでも一〇以上の地域個体群が存在し、ほとんど交流がないと考えられている。日本列島周辺では、本州日本海側の一群、東北太平洋岸の一群があり、もう一つ、青森県陸奥湾に入って産卵する一群がいる。この群れは道東沿岸から津軽海峡を辿って入るものか、それとも日本海側の一群と関係するのか意見が分かれているという。つまり、三つの個体群が確認されるという(9)。

かつて下北半島川内でサンヤ様と呼ばれる在家の宗教家から鱈について教えていただいたことがある。「真鱈が陸奥湾に入ってくる前夜は、シバレる寒さの中、海が鳴る。鳴る声は脇野沢の北側、北海道の沖から聞こえてきたものだ。」

この伝承は陸奥湾に産卵のために入ってくる時期が寒の盛りであることを指すばかりか、鱈(マダラ)は北海道の日本海側の個体群が沖から津軽海峡を辿って陸奥湾に入ることを暗示している。

生息水温は二~四度が適温。氷点下から一〇度を超えるところにもいる。水深帯は数十メートルから五五〇メートルにおよぶ。アリューシャン列島周辺では〇~五〇〇メートル、バンクーバー沖カナダ西岸では八五~一一〇メートルに集まっている。東北太平洋岸では一〇〇~五五〇メートルであるという。成長は海域によって異なる。

太平洋では北ほど遅く、南ほど早くなる。一歳で一七~二三センチ、満三歳で三三~五八センチ、満五歳で五〇~七五センチ。寿命は高緯度域ほど長く、太平洋の南部では六~八歳程度であるのに対し、アラスカ湾やベーリング海では一一歳以上である。高緯度域ほど成長は遅いものの寿命が長いため、最大体長は海域間であまり変わらず、八〇~九〇センチ程度である。なお、東北海域では満一歳で体長一九センチ、体重九〇グラム程度であるが、満三歳で四八センチ、一・七キログラムになり、満七歳では八〇センチ、九・〇キログラムに達する。（中略）寿命は八歳程度と考えられている。(10)

図6　鱈と鮁（右の籠にスケトウダラが，左の籠にタラとタコが入っている）

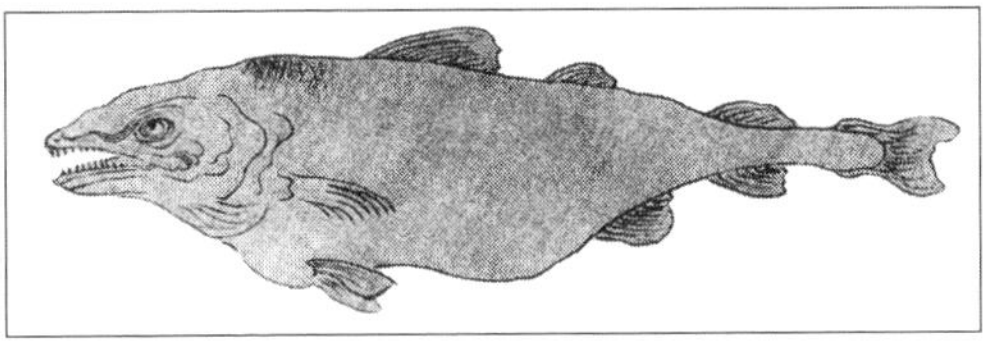

図7　松浦武四郎『蝦夷訓蒙図彙』の鱈（「江差、岩内、テウレ、ヤギシリ、ソウヤに多し。」「十月、霜月、極月と漁す。」「塩にして江戸に廻すを新鱈と云。」の記述あり）

稚魚時代は比較的沿岸域で生活し、成長するとともに沖合、中・低層へ移動していく。三歳以上で成熟し、冬から春の産卵時に比較的浅い産卵場に接岸して産卵行動をとるという。一繁殖期に一回、一月中にはほぼすべての個体が産卵を終えるとされている。産卵は雌雄ペアもしくは一妻多夫で行われ、雌が砂泥底の上で旋回して産卵を開始すると、雄がやって来て放精する。卵はゆっくり沈み、砂に軽く粘着後発生して孵化を迎える。

鱈（マダラ）の産卵期は一月から二月である。この時期に鱈漁が行われるようになったのは、産卵場に集まってくる鱈を漁獲する漁法が確立してからである。寒の盛り、荒れる北の海の特定の場所で鱈釣りを開始した漁人《いさりびと》の慧眼は、産卵場が鱈場という特定の漁場区画に限られることを認識したことにある。

ちょうど鱈場に集まってくる鱈は、三歳以上の成熟した個体で、出っ張る大きな腹には大量の白子（精巣）あるいは真《ま》子（卵巣）を抱えている。

夏には鱰《シイラ》を釣る場所として沖にある海面の場所が冬には鱈場として画定していく。この場所は磯の権利を保持することのできなかった漁師にも入会《いりあい》が許される場所であった（第一章）。

同じ時期、同じ鱈場で釣れる魚に鯳（スケトウダラ *Theragra chalcogramma*）がいる。ロシア語で Минтай, 韓国で明太と記されるメンタイである。タラコの名称でピリ辛く漬けられているメンタイコ（明太子）はスケトウダラの卵巣である。マダラの卵巣ではない。

スケトウダラの形態的特徴は、体が細くてやせ形、下顎が上顎より突出することでマダラ、コマイとの区別ができる。マダラにみられる下顎の髭はないか、あっても微少。成魚では雄の腹びれは雌より長い。スケトウダラの分布はマダラと重なる。北太平洋に広く分布し、大陸棚とその斜面水域に生息する。日本海では山口県以北、太平洋側では宮城県以北に生息する。水深二〇〇メートル程度のところに生息することが多いとされている。底魚（海底に生活する魚）の性格が強いが、浮き魚（海の表層や中層上部にいる魚）の側面もある。

能生小泊は鱈場の村として戦国時代、上杉家に奉納する鱈を捕ってきた。ここにある鱈場をかんざし漁場という。地図に記すとかんざしの形に海面が区画される落ち込んだ薬研《やげん》のような深みがあり、ここに鱈が群れていたことが分かった。鱈場である（一三八頁図29参照）。

「鱈場であることを知らなかった昔のこと。浮縄（表層を流す延縄）漁で回遊魚を狙っていた釣鉤に、びっしりと鯳と真鱈が懸かって鈴なりになった。このことから、ここが鱈場であることを知った。」

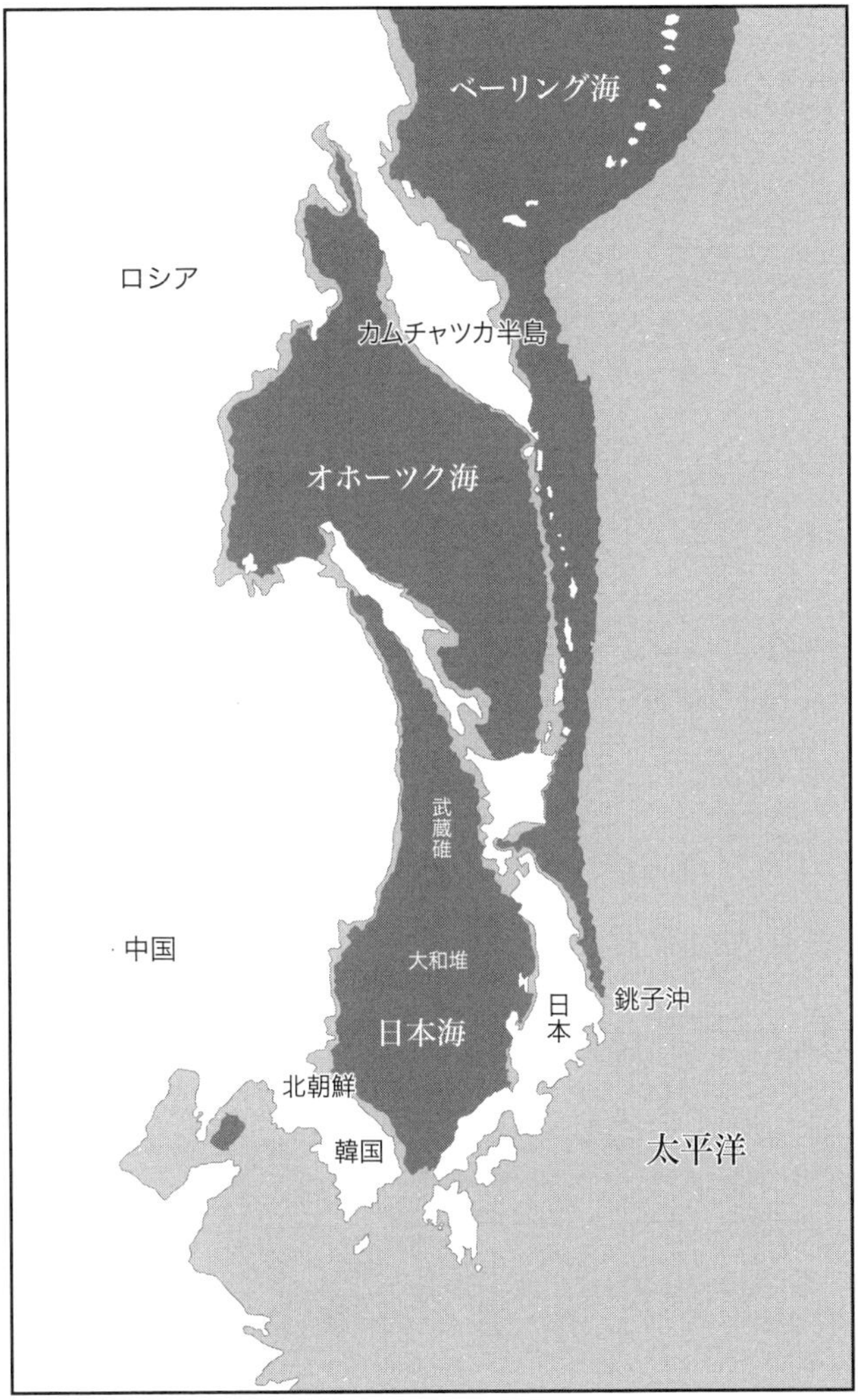

図8　鱈の分布（濃色の部分．日本海とオホーツク海からベーリング海にかけての大陸棚に分布する．日本海側は山口県以北，太平洋側は茨城県以北とされる）

この口碑は、現在語られているものであるが、一六世紀からの伝承である可能性がある。戦国時代の鱈場開発記録として語り継がれきた意味を解明していく（第一章）。

スケトウダラの生息水温は二〜一〇度で、二〜五度に多いという。

稚魚の頃は比較的沿岸域で生活するが、成長とともに沖合に移動し、中低層で過ごす。三歳で成熟し、繁殖産卵期は一〜二月が中心であるが、一二〜四月までと、マダラより長い。産卵場は三陸沖、日本海沖などの鱈場である。北海道では道西が岩内湾、道東が噴火湾や根室海峡といわれている（前頁図8）。

真鱈も鯳も、朝鮮半島で重要な魚種として扱われ、明太は干して棒鱈にしたものが呪《まじな》いや人生儀礼で使われ、真鱈は韓国料理に欠かせない。

4　人を養う鱈

冬の最も寒い時期に捕れる鱈や鯳は北地では囲炉裏の鍋にぶつ切りにして煮て食べることが多い。秋田県内陸の大湯温泉に逗留した時、正月の歳取り魚とした鱈の話を聞いた。

秋田県の海浜では冬の鱈、鰰漁が風物詩で、浜から荷車に積んだ鱈が内陸の村々に出荷された。鱈は歳取り魚（内陸では鮭よりも鱈や金頭《カナガシラ》を歳取り魚とした）で、大晦日の魚として一鰭《ひれ》を神棚に上げ、調理した塩鱈を焼いて歳取りの膳につけた。また、内臓やどんがら（骨）を入れた鍋はどんがら汁として、野菜などと一緒に煮て食べた。精巣は菊のように縮れた形の白い肉片で、酢で和《あ》えて食べることも行われ、その形から、きく（菊）とかだだみ（畳んであること）などと呼ばれ重宝された。真鱈の卵巣は真《ま》子《こ》と呼ばれ、和え物として料理に欠かせなかった。つまり、秋田の正月は一本の鱈が入ることで多種の料理を発生させ、食べ尽くすことで一年の予祝とする心理が働いていたのである。本来、鮭が歳取り魚となる地域であるが、鱈の位置づけは高く、鮭をしのいだのである。

鱈一本買えれば、その年の正月は申し分なかった。荒縄を口から通して鰓《えら》に懸けて縛り、二尺ほどの長さにして手に懸け、雪道を引っ張って家まで持って帰った。一本の鱈は一家の幸せを象徴したという。昭和四〇年頃まで続いた鱈を歳取り魚にする習俗は急激にすたれていく。鱈が冬の日本海から揚がらなくなってしまったのである。鰰《ハタハタ》も捕りすぎと産卵場の埋め立てなどで急激に数を減らしていき、保護の対象にまでなっていく。

人が長い歴史を経て、命がけで捕ることを覚えた冬の沖鱈は、昭和三〇年代にはその数を激減させていた。

鱈、鯱は、日本の歴史を彩る魚である。戦国時代から本格的に日本海の鱈場の開発が進む。北地では先史時代から捕られていた魚ではあっても、この島国の中世、人が生存の持続に自信の持てない時代に登場してきて人を扶《たす》けた。若狭湾の一六世紀は鱈場開発の嚆矢となり、戦乱の京都に鱈が運ばれた。後、日本海側を北上して鱈場開発に突き進んだ川崎衆は、鱈場発見によって浜の寒村を見事な漁村に変えていく。二〇世紀初頭には北海道まで達する鱈場にともなう漁業開拓の動きは、水産日本のさきがけとされた。

鱈を追う人たちが太平洋戦争直前に辿り着いたのが、オホーツク海を内湾として、千島列島に囲まれる北洋の海域であった。カムチャツカ半島とロパトカ海峡を挟んだ南側のシュムシュ島（日本名・占守島）は周辺が鱈場である。太平洋の海溝に達する大陸棚で生まれ育った鱈が繁殖を繰り返す海域であった。根つけ鱈と呼ばれる、その場所で繁殖と成長を繰り返す鱈は巨大で莫大な数に上っていたことが語られている（第二章）。

そして現在、鱈や鯳の資源保護によってのみ、永続的に捕ることができるほどに鱈資源は枯渇している。消滅の瀬戸際に瀕して初めて、資源保護が語られるようになってきた。

一九八九年、日本沿岸での鱈の水揚げ高は五万八〇〇〇トン。鯳は一一五万四〇〇〇トンである。

ＦＡＯ（国際連合食糧農業機関）の統計は鱈、鯳の重要性を再認識させる。我が国沿岸を含む北太平洋全域の鯳漁獲量は一九七六年、ピークの五〇〇万トンに達する。その後、アメリカとソ連が二〇〇海里の排他的経済水域を宣言したことで北洋海域での漁業に転機が訪れる。日本のようにベーリング海やオホーツク海を大切な鯳漁場としていたところでは、入漁に許可制が敷かれたり、代価を払うことで許可される事例が一般的となり、二国間の漁業交渉は困難を増していく。

日本人が命がけで開発してきた北洋では、鱈、鯳、鮭・鱒など、日本人の生活に欠かせない魚の水揚げ高は減っていく。このように一時減少傾向にあったが、一九七八年から再び世界での漁獲量は増加傾向を示し、一九八六年には、歴史上最大の六八〇万トンに達している。ここで再び大きな問題が生起する。

二〇〇〇年には、鯳漁獲量は日本とロシアでは減少していくのである。最盛期の半分、三〇〇万トン（日本沿岸を含む）を下回るまでになっていく。もともと、北洋漁業で鱈、鯳を捕っていた日本人が、沿岸だけの水揚げ高で鱈、鯳を賄うことは困難なのである。そこに、北洋での鱈、鯳資源の減少が続くという危機的状況に入った。

つまり、「汲めども尽きぬ」といわれた北洋の水産資源の減少が顕在化してきたのである。鱈は、北洋に湧くようにいた魚であった。捕り過ぎが原因で資源を減らし続けている。かつてはロシアでも大祖国戦争（第二次世界大戦）の配給魚としてメンタイが来たことを語ってくれたイルクーツクのロシア人がいる。朝鮮半島でも、明太は重要な魚であった。庶民の手に入る、利用価値の高い魚として、重用された。日本でも鱈製品の代用とされたり、唐辛子漬けメンタイコの登場で価値の高い魚になってきた。

しかし、この魚ほど毀誉褒貶が激しいものはない。戦後の食糧供給が滞っていた都会では、スケト・スケソと呼ばれる鱈が配給の主役であった。特有の匂いが嫌われたことと、手に入れやすい魚として軽んじられた。「スケトばかり食べさせられる」という悲鳴が上がり、国会でも取り上げられて、「スケトよりましなものを食べさせろ」の声が高まった。この魚の価値はどん底まで落とされた。

ところが、国民に不人気の鱈は、擂《す》り身魚として、その価値を高めていた。不当な扱いを受けてきた鱈は、二〇〇海里問題で漁獲量が減少して、魚価が跳ね上がる。擂り身を蒲鉾などの練り物に使ってきた国民生活に、すぐに支障が出始めた。ちくわ、笹かまぼこ、伊達巻、魚肉ソーセージ、はんぺん、つみれ、鳴門巻き、薩摩揚げなど、日本料理に使う材料の多くが鱈の擂り身からできていて、日本食の伝統を支えていたことに皆が気づいた。

大衆食という言葉が産まれてくるのに、鱈の擂り身が広く貢献している。魚肉ソーセージは昭和三〇年代から爆発的に大衆に支持され、利用された。子供の遠足や運動会の弁当に必ずついたとされるのが卵焼きと魚肉ソーセージであった。魚肉ソーセージの名称は農林水産省の「魚肉ハムおよび魚肉ソーセージ品質表示基準」に定められ、魚肉の擂り身五〇パーセント以上で獣脂、調味料、香辛料、澱粉などを結着剤にしてケーシングに詰め、高圧高温殺菌したものである。魚肉の擂り身のほとんどが鱈なのである。魚肉ソーセージは一九四九年、愛媛県で試作に成功して、一九五二年から全国に販売されたとされている。この頃、大衆という言葉で食生活をまとめる動きが加速し、生活改善の動きと連動して大衆食が謳われた。「インスタントラーメンと魚肉ソーセージ」がその横綱とされた。

鱈の擂り身が蒲鉾などに加工される過程では、擂り身が一定の条件で固まることをみつけた人たちの業績に触れないわけにはいかない。北海道の釧路市は、水産の都である。鱈の水揚げ高は莫大であり、これにともなう水産加工が産業の裾野を作っていた。魚の擂り身は、加工する段になるとなかなか結着せず、擂り身を一定の固さに維持することが至上命令であったという。塩などを加えて結着の状態を観察していたが、間違えて砂糖を加えてしまったことがあったという。ところが、この間違いが擂り身を固く整形する効果のあることを露見させた。以来、結着剤に砂糖を加える技術が確立し、擂り身から作る多くの製品に使われているというのである。

気がつけば日本人は命を賭けて捕りに行った魚からも見放されつつある。視点を変えれば、鱈、鱈資源が海からいただく人類最後の資源であったと言われる時代が来ることが推測される。現在、海の魚の八割を捕り尽くしたという口碑がある。

いったい、海はどれほどの人を養いうるのか。鱈資源も無限ではない。食物連鎖の二次消費者（肉食）としての鱈は、一次消費者（草食）を捕食している。植物プランクトンを食べている一次消費者としての魚自体が減り続けている現在、絶滅の危機はより深刻である。

漁師衆が口を揃える、「魚がいなくなった」現状で、鱈は発見から近づく消滅まで、魚を通して人の歴史を辿ることができる希有な存在であり、一つの指標といえるかも知れない。中世末から消費され始め、五〇〇年弱の間に鱈資源は消えていこうとしている。

食糧として人に尽くし、人に絶滅させられていく姿を描くことになろうとしている数少ない魚なのかも知れない。鱈の発見から消滅まで人は見届けることになるのか。その時、人は生存が保障されているだろうか。

人は鱈から深く学び取らなければならない。

注

（1）倉野憲司校注『古事記』（岩波文庫、一九六三年、六四頁）。
（2）Andres von Brandt, *Fish Catcing Methods of the World*, London,1964, p. 88.
（3）マーク・カーランスキー／池央耿訳『鱈――世界を変えた魚の歴史』（飛鳥新社、一九九九年）。
（4）同前書「プロローグ」所収。ニューファンドランド島の鱈生産は日本の鱈製品製造でも一つのモデルとなったことが石川県水産試験場報告に記録されている。「新着島（ニューファンドランド島）の干鱈は頭部を捨てる」ことをもって、米国への輸出の基準とした。
（5）前掲書（2）
（6）同前書にも、ヨーロッパの商業的漁業者が鱈漁業に従事する人たちであったことが記されている。
（7）タラ戦争は第一次が一九五八年、第二次が一九七二年とされる。いずれもアイスランド沖のタラ資源を巡る争いから武力衝突に発展した。

(8) 赤羽正春「南北船の系譜」(『国際常民文化研究叢書五』二〇一四年)。「日本海で交錯する南と北の伝統造船技術」(『神奈川大学国際常民文化研究機構年報二』二〇一一年)。「大陸で育まれた北方船技術の伝播」(『神奈川大学国際常民文化研究機構年報四』二〇一三年)。

これらの造船技術の分析では、近世初期に造船上の大きな変革が日本海側で生起していたことを記した。その理由としてあげられるのが、沖まで出かけられる船の導入であり、これが鱈漁にともなうものであることを検証した。

(9) 成松庸二「マダラの生活史と繁殖生態――繁殖特性の年変化を中心に」(『水産総合研究センター研究報告』別冊第四号、二〇〇六年)。

(10) 同前書、一三八頁。

第一章　鱒の発見

我が国では奈良時代から武士の世に到る頃まで、鱒の文字で示される魚は文献に姿を現さない。『和名抄』にもない。『色部年中行事』など、鱒を郷土食として食べてきた地方《ぢかた》の文書にも出てこない。

奈良時代の公家政治を支えた、朝廷への税や行事に使われる貢納品などを記録した『延喜式』という文書がある。主計などに中男作物（一七から二〇歳に課せられる調の代用としての現物納租税）についての記録があり、全国から納められた各地の特産品が載る。北陸や東北からの貢納で多いのが鮭である。

越中国
　中男作物。紙、紅花、茜、漆、胡麻油、鮭楚割、鮭鮨、鮭氷頭、背腸、鮭子、雑腊。

越後からも鮭が貢納されている。いずれも保存が効く状態で製品にして出す。この中に鱒は出てこない。

中世末から近世初めになってようやく鱒が文書に散見されるようになるが、『延喜式』には越前国や若狭国の中男作物として次のように記されているばかりで鱒はない。

若狭国
中男作物。蜀椒子、海藻、鯛楚割、雑腊、雑脯。
越前国
中男作物。紙、熟麻、麻、紅花、茜、黄檗皮、黒葛、漆、胡麻油、荏油、呉桃子、犴油、山薑、海藻、雑魚腊。

鱈の産地となってる北陸地方の特産品に江戸時代初期になるまで鱈は姿を現さない。このことが長い間、謎であった(1)。

若狭湾で鱈が記録されるようになるのが、永禄一一年（一五六八）の領主に宛てた歳暮の鱈と、慶長四年（一五九九）「島磯見ニ付浦底、色浜両浦願書」である。後者は漁業特権を巡る訴訟文書であるが、御役として「栄螺《さざえ》二〇〇、なまこ百はい、鱈二ツ……」を出している。漁業特権お墨つきの代価と考えられる。

近世以前の説話集にも同様の傾向がある。『今昔物語』や『宇治拾遺物語』などにも鮭に関する語り物はあるが、鱈はない。

『徒然草』第一八二段の四条大納言隆親卿が乾鮭の姿形の劣ることから、供奉について諭す場面がある。ここでも鱈は登場しない。

公家政治と密接に結びついていた鮭は、武家政治となっても供奉の品として『吾妻鏡』に、領地の象徴として描かれてくる。

興味深いのは、室町時代から戦国の世を迎え、武家関係の記録に鱈という魚の記述が並行して出始めることである。時代は「応仁の乱」を境とする。これ以降、各地の文書に、今まで記されなかった鱈が散見されるようになる。

武家の世と鱈にどのような関係があったのか。

1　鱈と武家

室町時代は戦国の世を導きお膳立てする天変地異に曝された時代とされる。応永二四年（一四一七）以降、二五年には畿内旱魃となり、二六年には八月の京都で大洪水となる。二七年から二八年にかけても全国で旱魃と疫病の流行が続く。応永二八年『看聞日記』二月一八日の記録に、

去年炎旱飢饉之間、諸国貧人上洛、乞食充満、餓死者不知数、路頭ニ臥云々、（中略）今春又疫病興盛、万人死至云々

とあり、京都での大飢饉の様子が描かれている。

その後、長禄三年（一四五九）から寛正二年（一四六一）にかけて日本全国を襲ったのが長禄・寛正の飢饉である。気候の変動だけが主因ではないが、室町時代には飢饉など、困窮が続いた(2)。

「応仁の乱」は応仁元年(一四六七)に発生し、文明九年(一四七七)まで、約一〇年間にわたって内乱が続く。

京都の動乱を招いた飢饉の困窮は地方にもみられる。後に鱈場開発の拠点となる秋田県金浦(にかほ市)は「応仁の以前より鱈船盛りなり」の口碑が残る、古い漁村の一つである。応永二七年「庄内地方大飢饉」、応永三〇年「仙北地方大地震」、応永三一年「出羽地方飢饉餓死者多数」、正長元年(一四二八)「出羽地方飢饉」、寛正元年(一四六〇)「出羽地方飢饉餓死者巷ニ充」。

応仁の乱の頃、出羽金浦住人は、困窮の中で、鱈を捕り始めたとする言い伝えが残されている。飢饉の真っ只中で冬の沖に鱈を捕りに出かけ、大量の鱈を捕獲したというのである。「鱈船盛りのことあり」の記録は『金浦年代記』に残されている(3)。

日本海の鱈場開発に関する文書では最も古い記録とされる。だが、秋田県の金浦が最初に沖の鱈を捕り始めたということではない。応仁の頃、鱈を捕る動きが日本海側の各地漁村で本格化したということである。

そのことは、文明年間(一四六九～八七)以前に成立したとされる『精進魚類物語』に鮭はあっても鱈は出てこないのに対し、俳諧論書『毛吹草』に越前の鱈が記されていることからもわかる。『毛吹草』は松江重頼(一六〇二～八〇)が一六四五年に著したとされている。正月の項に干鱈がある。俳諧の四季之詞を分類した正月と一〇月にそれぞれ干鱈と鱈がある。諸国名産品の中には越前鱈が載る(4)。

『毛吹草』は室町時代を基軸に江戸時代初期に成立した書であり、越前にのみ鱈が記されていることから、応仁の頃から越前や若狭といった京都に近い場所で沖の鱈漁が始まったと考えるのが自然であろう。しかも、飢饉の真っ只中で、食べられる巨大な魚であり、干して保存が利くものであれば、飢饉の頻発する社会の中で、人々の要請に合致したことは間違いない。正月の項に干鱈があるのも意義があるのだ。冬に沖から揚がる鱈を干鱈として記録している訳があるはずだ。飢饉に対抗する保存食の意義を込めたのではないか。だから最も旬な時期の鱈をも保存の意味を込めて干鱈としたと考える。実際、鱈は旬の大漁時、一気に干さないと処分できない。三枚におろし、棹にかけて簾《すだれ》のように干す。

『尺素往来《せきそおうらい》』は、室町時代後期に一条兼良によって一四八〇年頃に編纂されたとされている全二巻の往来物であるが、ここに「多楽《たら》」の記録がある。各種の教養に関する往復書簡形式の教科書として、当時の各種習慣が幅広く描かれている。年中行事や利用されている魚などの記録がある。おそらく文献で最も早く取り上げられた鱈ではないかと考えている。

ただ、『精進魚類物語』の時代、蜷川親元「親元日記」の文明一七年正月に鱈を食べたとする記録があり、寛正六年（一四六五）に遡るとする論もある。応仁の乱を迎える時代である(5)。

そして、応仁の乱の余韻が残る時代の禅僧の記述である『尺素往来』では、当時の武家の教育を司る往来物に取り上げて多楽（鱈）を社会教養の仲間入りをさせたのではないかと推量する。字面だけを云々するのは避けたいが、多いと楽が組み合わされた呼び方には何らかの推測が働く。

応仁の乱の頃、京の都に優れた保存食の鱈を供給する契機があったと考えている。鱈が保存食として優れていることを述べた噂話に近い口碑がある。

「合戦の際、上級の武士は干鱈を腰に下げて戦ったが、下級の者は鯣《するめ》を腰に下げて戦場を駆けた。」

というものである。この語りの出所は分からないが、子供の頃から合戦の話として伝えられてきた。非常食として使われたと聞かされていた。救荒の食べ物としても価値のあることがみいだされ、戦いの時代背景で社会の教養として受け入れられていったものであろうか。

戦国の世から江戸時代初期、日本海側の各地で鱈場開発の記録が頻出する。武家の文書にも鱈が載る。戦国武将が活動した時代の鱈は特別な品であるかのような印象を受ける。

永禄一二年（一五六九）、小田原の北条氏康に宛てて上杉輝虎（謙信）が送った荷の礼状が「上杉家文書」（国宝）として上杉博物館（米沢市）に収められている。(6)

北条氏康書状
永禄一二年
為御音信昆布一合、鱈一合、干鮭十尺、三荷送給候、於当口各珎物、賞翫此事候、名酒一入催興候、委曲御両使へ申候、恐々謹言
六月十日　　氏康（花押）
山内殿

越後の上杉謙信から昆布、鱈、干鮭、酒が小田原の北条氏康に贈られた。越後と相州の同盟締結が背景にある。

越後の輝虎（謙信）から血判を据えた誓詞が使いの者によって北条氏康に届けられる。北条方も輝虎の意向に沿って誓詞血判を据える。氏康の七男（後の上杉景虎）は北条・武田同盟が成立すると、武田

信玄のもとに人質として赴き、信玄が駿河と相模に侵入して同盟を破ると小田原に帰る。永禄一二年は北条氏が武田軍に備えて越後との同盟（越相同盟）を結んだが、その際、七男は上杉謙信のもとに赴き、後に養子となって上杉景虎を継承する。

文書は永禄一二年の越相同盟に係るものである。同盟締結後、武田軍は駿河国に襲来する。六月一六日には、北条氏政（氏康の子）が越後の上杉軍に、信州への進撃を促す飛脚を飛ばしている。背後から武田軍を牽制してもらうためである。

この年、北条氏の本拠地小田原城は武田軍に攻められており、急を告げる日常の中で贈られた上杉からの品物に氏康は、「小田原では珍しい物で味わい深い。名酒でいただく」との礼状を認《したた》めた。昆布、鱈、鮭は北国産で小田原の北条氏領国でとれるものではない。六月の記録は、冬に捕った鱈や鮭を干した状態で製品としたことが分かる。「鱈一合」は昆布同様に折敷の箱に詰めた干鱈であろう。「干鮭十尺」は大きな鮭の内臓を抜いて、塩を施して干した物が一〇本あることを意味する。

当時の越後では、謙信の居た春日山城（上越市）近くの浜で鱈場開発が本格化していた。城下に納める鱈の猟（漁）場についての文書がある。鱈の文字が記された最も古い記録は明暦二年（一六五六）であるが、八七年前の永禄一二年とつながる資料である。干鱈、塩鱈を高田城下今町に納めていた鱈漁場を控えた漁村の漁師が、鱈場専用権の確認をとっているのである。漁場の争いに対し、もともと自分たちが開発した鱈専用漁業の漁場であると主張する。高田に城郭が移された後ではあるが、春日山に城を構えていた頃からの鱈場であることは間違いない。

鱈という魚は、沖の深海に棲む。ここに糸を垂らして魚を捕るには、沖の特定の漁場を海の上で確定する必要がある。しかも、その時期は冬の日本海である。鱈場の発見は、村にとって共有の財産であり、専用漁業権を画定できる貴重な場所である。上杉家に鱈を納めた漁村は能生小泊（糸魚川市）と推測される。

春日山から西に二〇キロ弱の距離にある漁村が沖の鱈場を控えた能生小泊集落である。鱈場開発は謙信の時代には確立していたことが考えられるのである。

2　中世の日本海と鱈場

「昔は鱈の名を聞かないが、これを賞するようになったのは中古以来のことであろうか。[7]」

元禄一〇年（一六九七）に著された『本朝食鑑』の鱈についての記述である。江戸時代の食に関する百科事典を著した博識の人見必大が記す。そして、鱈のことを詳述する。

> 東海・西海・南海では見ない魚であるが、但《ただ》北海の諸浜で多く出荷される。三越〔越前・越中・越後〕・佐渡・能州〔能登〕および若州・丹州・但州など、あるいは奥羽の海浜では、北に向いた処では冬ごとに捕獲《とれ》る。海人《りょうし》は海岸から二・三里のところで釣り、あるいは網する。（中略）
> いま時は官家がこれを珍賞するので、北州および奥州の太守・刺史等が争って献上している。孟冬《ふゆのはじめ》には開炉《ろびらき》の茗会《ちゃかい》の際に、京師《きょうと》・江都《えと》では新奇を好み（懐石料理に使い）、あるいは冠婚大饗の餽《おくりもの》として、これを平魚《たい》に劣らず賞している。（後略）

応仁の乱の頃から文献に名前を記されるようになる鱈は、この頃から捕られ始め、都に送られたり、塩での保存処理をした干鱈として流通し始めたと考えられる。その中心は鱈場という特定の沖の深海に鱈が群れている場所を突き止めた漁師衆の発見が契機である。

そして、この動きが応仁の乱の前後から文禄・慶長年間に集中して生起する。鱈場を抱えた日本海側の漁場では、鱈場の発見に関する文書が一六〇〇年を挟んだ時期に集中するのである。しかも『本朝食鑑』の「官家がこれを珍賞する」のは、京の都の上流階級に認知されていくことを示しており、この動きが全国の武家にまで流布する。

鱈のいる沖漁場を拓いて、沖の魚を食膳に載せる漁業の先駆的役割を果たしたのが福井県若狭湾に沿った漁村群であった。三方《みかた》郡美浜町早瀬浦に、「早瀬区有文書」が残されている。早瀬浦は若狭湾に面する三方《かた》五湖の一つ、久々子《くぐし》湖から出る早瀬川の両側に位置する。この「区有文書」の中に、次頁図9に示した寛文五年（一六六五）の「若狭沖漁場大絵図」がある。八四・四×一二五・二センチの大図面である。

この絵図は浦ごとに権利を主張していた漁場の争いを、一つの図面にまとめて安堵させたものとされている。

丹後経ヶ崎（京都府経ヶ岬）を大図面の左上部に、越前岬（福井県）を右上部に据え、図の下辺には右下に敦賀の浜、中央に早瀬浦、左下に小浜を描いて、湾曲した弧状の図面で若狭湾全体を示している。図面中央上部には二重の楕円が描かれている。つまり、若狭湾で中央となる最も海が深く各浜からも同

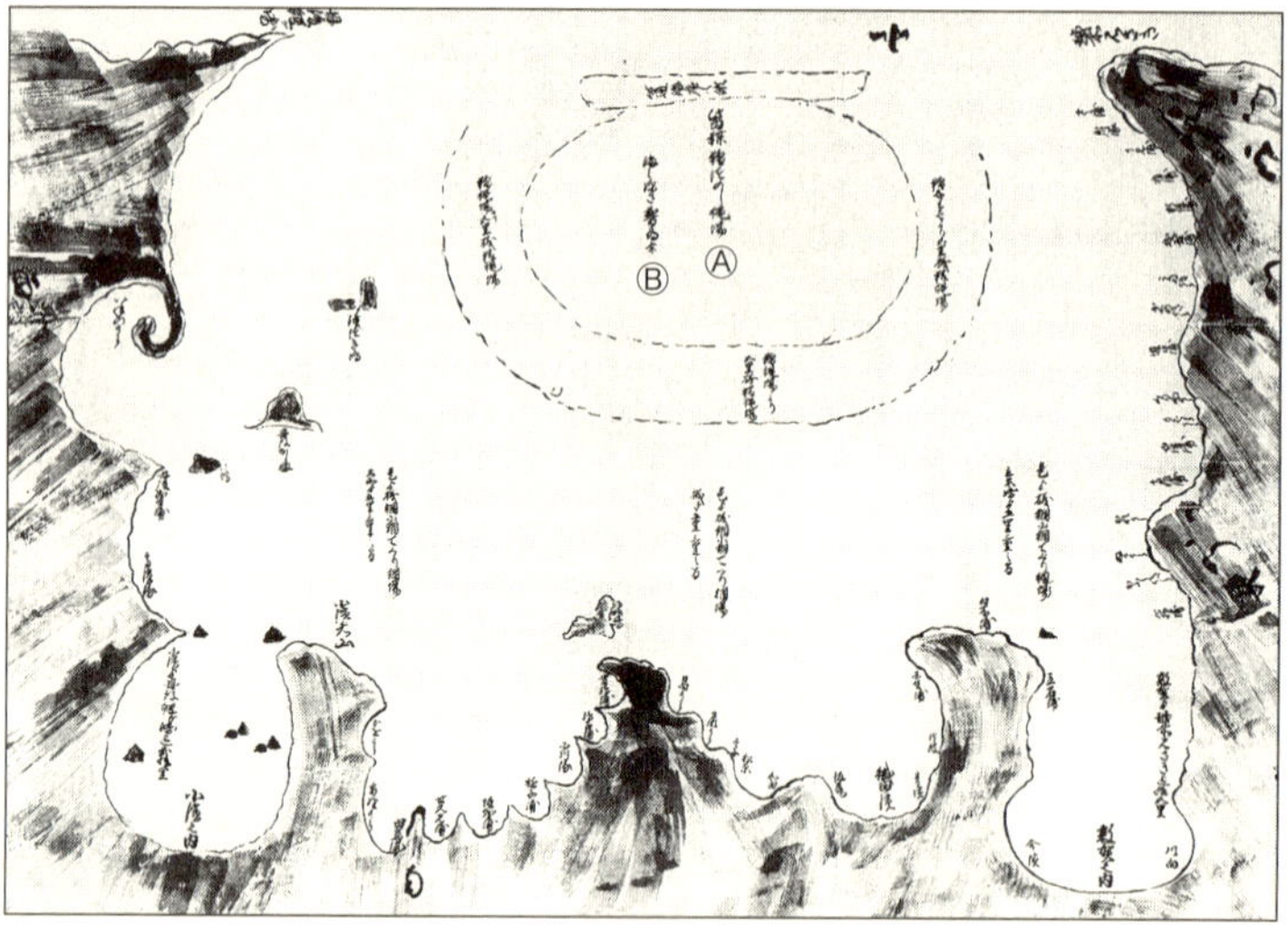

図9 「寛文五年　若狭沖漁場大絵図」（美浜町・渡辺利一氏蔵に加筆）

等の距離にある沖の漁場についての占有権が認められているのである。

楕円に描かれたこの図面で示す漁場は、上辺の限界を「丹後経ヶ崎より越前みさき迄三拾五里」の言葉を添えて切り、二重の楕円内側を若狭湾の最も深い場所として水深と漁場の指定を示す。

「此内鰈鱈つのし縄場」「海之深さ弐百尋余」の言葉を添えている（図中ⒶⒷ）。ここが特定の沖漁場で深海であること、鰈《カレイ》、鱈、ツノシの漁場として、漁法も縄釣りに指定されて行われていたことが分かるのである。ここは専用漁業権が決められる以前の入会《いりあい》で、三方郡の浦々と敦賀両浜と今浜が中心となって管理していたことが漁場争論に描かれている。[8]

敦賀の文書は本章の冒頭で「慶長四年」に記したものであることを述べた。長くなるが、沖漁業の先駆として、また鱈漁業の始まりを記す記念碑的な記録として引用する。[9]

島磯見ニ付浦底・色浜両浦願書

（前略）

一、嶋之御役之事、ささい〔栄螺〕弐百、なまこ百はい、鱈二ツ、冬春両度立申候、此外ニ為新出来毎月あわひ〔鮑〕卅はいツヽ被仰付候、如此御座候処ニ、海之なき〔凪〕次第ニ卅拾艘ツヽ自々罷越、結句在所之者共おあなつり〔侮〕嶋やふり申候儀、むかしより無御座候間、何共々々迷惑仕候、此等之趣聞召被成急度被仰付候ハヽ忝奉存候、

慶長四年二月廿日

色之浜惣中（略押）

浦底惣中（略押）

若林五左衛門尉殿様

慶長四年（一五九九）、敦賀市の浦底と色浜両浦が漁業特権の見返りに栄螺《サザエ》、なまこ、鱈、鮑《アワビ》を御役として出している文書である。しかも、地先の浜だけでなく、沖の漁場に出ていることが分かる。沖の漁業権は「一里以遠は入会」の原則が長く続いていた浜が多い。だから、浦底と色浜が沖の鱈場を占有しようとした時に、別の浜からも船が出されていて、沖で競合して争いとなるのである。

若狭湾は、中央部の縄場で鰈や鱈を捕る漁場を抱えていたことから多くの船の出入りがあった。漁師が沖で魚の仲買人と取引することがあった。専用の漁場として御役を払っている浦と、払わないで魚を捕りこれを仲買人に売り払う他の浦との間で、権利関係を巡ってもめたのである。

敦賀では、この時代には少なくとも二つの浜が沖漁場の権利を持っていたと考えられる。
一方、先述の早瀬を中心とする三方の漁師衆は、若狭沖漁場大絵図を描いた当人たちであり、敦賀の漁師とは漁業権を認められている者同士として、漁場には入会していた。ところが、敦賀衆が指定されている以外の漁法で沖漁場で漁を始めたことから争いとなったのが次の寛文五年（一六六五）の文書である。

敦賀漁師新儀鰈網搾ニ付差止方願書并絵図

乍恐言上仕候

一、内々北方浦ゟ御断可申上と奉存候処ニ、敦賀川向・今浜両所之者共、新儀新法之鰈網之口論双方共ニ新法ニて御座候御事、
一、先規ゟ北方之浦々海成り御定之以後、互ニ新法成儀仕事不罷成候処ニ、敦賀両浜之者共近年鰈網を搾底縄場江罷出、先規ゟ之底縄を妨ケ何共迷惑仕候、則鰈・鱈之住家海底ニ隔御座候ニゟ、鰈・鱈之猟場一所ならてハ無御座候ニ付、越前之浦々・若狭北方之浦々澳之家職、鰈・鱈之猟場浦々一所ニて御座候御事、
一、敦賀今浜村之者ハ元来猟師ニ而者無御座候、近年磯引一色ならてハ不仕候、同川向之者共も先規ゟてくり（手繰）網磯猟ならてハ不仕候、若此段々偽と被為成思召候者、先年者越前浦と同国之儀ニて御座候間、右之浦々江御尋被為成可被下候御事、
右之趣被為聞召分被仰付被下候者難有可奉存候、

寛文五年
五月吉日

早瀬浦
日向浦
常神浦
神子浦
小川浦

御奉行所様(10)

若狭沖漁場大絵図で若狭湾沖の権利を認められている者たちが、入会の約束に違うことをしている。つまり、入会の契約には漁場の場所（面）と、そこでの漁法（方法）がお互いの取り決めとしてあった。大絵図には入会漁場の中心円で囲まれた場所に次の記述がみえる。

「此内鰈鱈つのし縄場」「海之深さ弐百尋余」

この記述が示す入会の契約は、弐百尋を越える深さの場所を漁場とし、ここに居る鰈、鱈、ツノシを縄漁（小縄や延縄《はえなわ》などの釣り漁業）で捕ることを意味する。

この場所では「底縄を妨ケ何共迷惑仕候」と、決められた縄釣り漁以外はできないことを述べる。その理由は「則鰈・鱈之住家海底ニ隔御座候ニ𛂞」なのである。鰈、鱈の生育場所であり、鱈場であった。現在につながる専用漁業権の嚆矢と位置づけられる。

そして、「鰈・鱈之猟場一所ならてハ無御座候ニ付、越前之浦々・若狭北方之浦々澳之家職、鰈・鱈之猟場浦々一所ニて御座候御事」として、この場所が若狭湾に面した多くの浦々によって入会されていることを述べて、敦賀の漁師だけが鰈の新漁法を持ち込むことは許されない趣旨の願い書を認《したた》めたのである。

大絵図同心円中心部外側には次の記述もみえる。「鱈なわばより五里磯鯖縄場」そして、楕円同心円の外側と各浦々の絵図の間に横たわる海を磯と定義している。

「是ゟ磯、鯛、小鯛、てぐり網場。立石浦ゟ五里三里之間」

慶長四年「島磯見ニ付浦底、色浜両浦願書」の鱈を奉納している敦賀の文書と寛文五年「敦賀漁師新儀鰈網拵ニ付差止方願書并絵図」の文書は、越前と若狭の浦々が一体となって取り決めている契約書である。

つまり、慶長四年に敦賀で鱈を納めた記録は沖の鱈場開発が進んでいたことを示し、沖鱈場の開発が近世初期には確定していたことを意味する。

『毛吹草』に若狭からの鱈が記述される背景を、このように理解しているのである。文献で溯れる最も確実な鱈場開発の記録は、若狭湾の浦々から始まった。

3　小縄、延縄による釣漁

若狭の漁師が開発した沖の鱈場漁場は「弐百尋（三〇〇メートル）余の深さ」である。若狭湾が外海と交わる大陸棚の外れの深海に鱈の棲む場所があり、この鱈が群れて湾内に入ってくることを発見した（図10）。

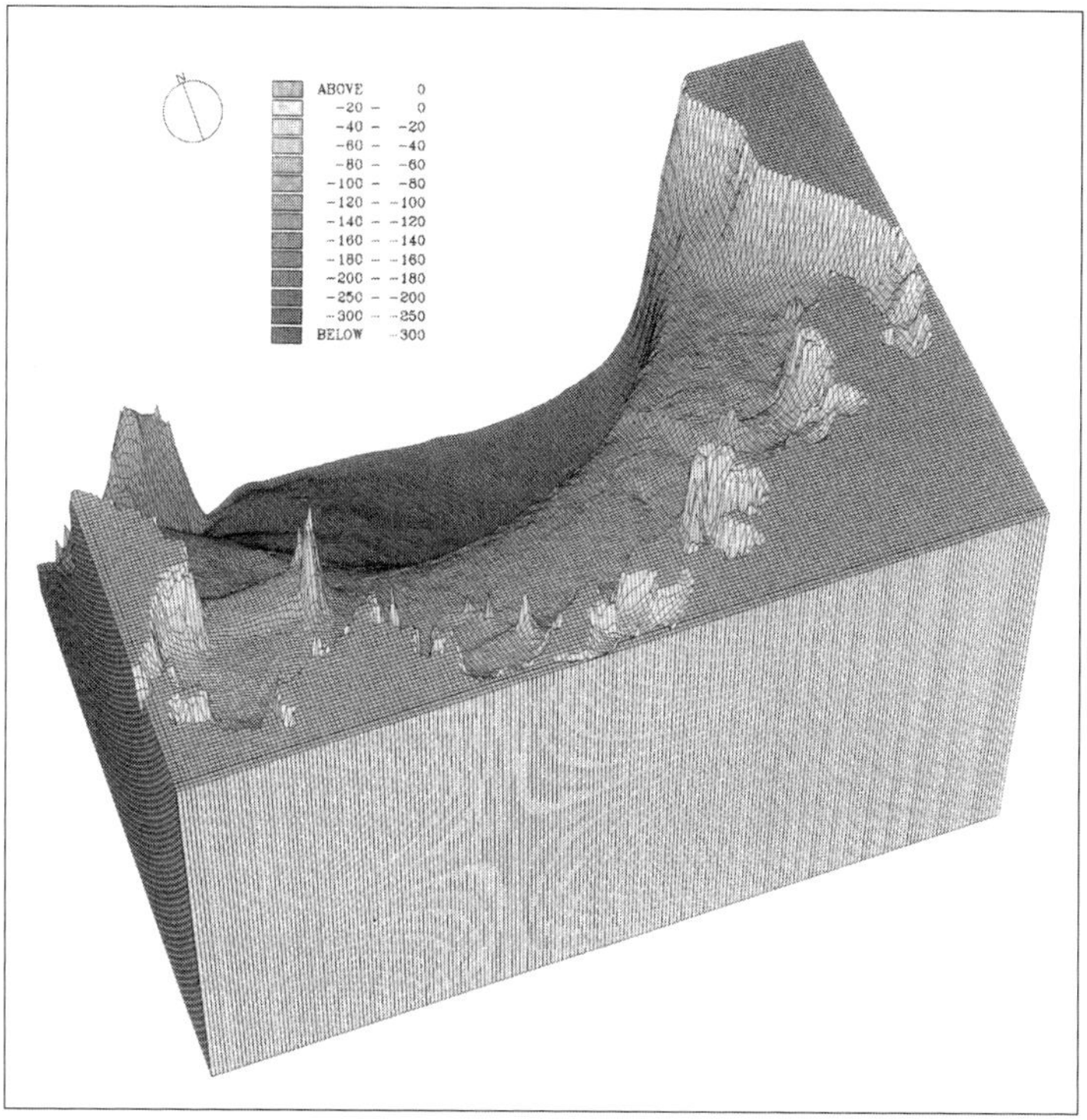

図 10　若狭湾（海上保安庁水路部『海のアトラス』丸善，1992，50 頁）

沖の特定の深さの場所に鱈の群れる場所を見つけた漁師は、釣り漁を得意とする者たちであった。そして、小縄、延縄《はえなわ》の技術に長《た》けた漁師の一群が日本海の沖漁業開発に突き進む。

日本海側の沖漁業は、各地で中世末から近世初期に鱈場の発見を繰り返す。応仁（中世末）の頃から、寛永（近世初期）にかけて、発見されたことを伝える文書がある。

福井県

○若狭湾　慶長四年（一五九九）から鱈漁が記録される。

○能生小泊　明暦四年（一

六五八）から鱈場の発見が記録される。

新潟県

○出雲崎　慶長七年（一六〇二）佐渡海峡に延縄が入る。

○寺泊　元和六年（一六二〇）から鱈場漁が記録される。

山形県

○小波渡　慶長年間（一五九六〜一六一四）から鱈漁が記録される。

○由良　慶長年間鱈船有りの記録あり。

○飛島　享保二十年（一七三五）に三十株鱈場の記録あり。

秋田県

○金浦　「応仁〔一四六七〜六九〕の頃、鱈船盛りなり」。

青森県

○鰺ヶ沢　元禄二年（一六八九）から鱈漁が記録される。

このように、若狭湾での小縄釣りの鱈漁によって記録に載り始める鱈場の発見は、中世末の武士が勢力を伸ばし、世の中が飢饉などで苦しんでいる時代に、北に向かって広がっていったことが分かるのである。慶長年間がその中心となる。

これを担った漁民の一群がいた。川崎衆と呼ばれる。鱈延縄漁法を携え、北の海に向かって鱈場開発を担った一群である。

川崎衆は鱈延縄漁法を駆使し、冬の沖に進出した。当然のように冬の荒れる日本海の沖に鱈場という鱈の棲む一画を確定できる人たちで、鱈捕り専業の漁民として認識されていく。彼らは、冬の荒れる日本海を小舟で乗り切る操船術と航海に長《た》け、沖漁業専門の船の発達を促した、職能集団であったことが分かっている。

彼らが乗る船には川崎船の名称がつき、出身地の名称で呼ばれた。富山県から出た川崎衆の乗る船は越中川崎船、新潟県から出た船は越後川崎船、山形県庄内地方から出た庄内川崎船、秋田県からは羽後川崎船である。

これら、鱈捕りの川崎船の大本は、若狭湾から出た川崎衆の一群の乗る越前川崎船であったことが推測されている。そして、若狭湾で鱈捕りを始めた一群が、後に各地で川崎衆と呼ばれるようになる、沖漁業開発の職能集団としての漁師であったと推量している。

そのことを示す資料を二つの側面から提示する。一つは若狭湾の鱈場を占有した漁民とそれを認めた人たちの動きであり、また一つは沖鱈場の特性と絡む鰤《シイラ》漁についてである。

4　川舟衆と川崎衆

福井県敦賀市に『道川《どのかわ》文書』という、海運関係ではきわめて貴重な中世文書が残されている。ここには戦国時代、敦賀の津で特権的な運輸業を営んでいた川（河）舟衆についての記録がある。

「川舟方公事銭注文」は文亀元年（一五〇一）の記録で、若狭や丹後への商いでは公事銭（賦課）六二文を出すよう求める公の書類などが残されている。朝倉景豊の花押があり、公事（行政）を司る立場として認められていたことが分かっている。しかも、道川は中世日本海海運の中枢である若狭を拠点とし、海路を辿った荷が敦賀で揚げられ、都へと配送する拠点を抑えていた。慶長五年（一六〇〇）には、「南部利直侯より、敦賀の道川三郎左衛門に対し、下北半島湊役の免許状を与える」との記述が『宝翰類聚』（盛岡藩最古文書）にある。下北半島の物資も道川の許可なしには都に出せなかったことが分かる。秋田杉の運搬でも道川の名前が出て来る。中世日本海の海運を司った豪商の一人である。豊臣秀吉の朝鮮出兵に物資運搬で貢献したからとの口碑が残る。

彼らは川舟衆と呼ばれた。座を組み、領主の公事を行った。朝倉氏や気比《けひ》神社への奉仕作業や新鮮な魚の奉納などを行っている。永禄一一年（一五六八）の文書には、御屋形様（朝倉義景）の犬の馬場用の砂を運んだことまで記されている。

この文書に鱈の記録もある。朝倉氏への歳暮である。

「一、従先規毎年毎年歳暮之為肴鱈百運上申候、（後略）」

越後の上杉謙信から昆布、鱈、干鮭、酒が小田原の北条氏康に贈られた年とほぼ同じ頃に、敦賀や若狭でも鱈を殿様への贈答品としている記録が現れる。しかも、こちらは捕れたての鱈である。

川舟衆の公事には、冬の日本海で漁師が命がけで捕る沖の鱈を流通させることも含まれていた。流通する肴についても、川舟衆が専売に近い形で領主や街に流していたらしいことを示す文書がある。寛永二一年（一六四四）「肴請買惣中一札」である。[11]

一札之事
如前々西浦江参肴買可申候、若不参候時、浦々ゟ生肴積敦賀江参我々ニ断被申候時、売買遅々不申候様ニ直段相場次第ニ可仕候、若右之通相違仕候者御奉行所へ御断可被申上候、為後日之仍而如件、
寛永弐拾壱年
請買　惣中
（中略）
川舟　小左衛門尉
西浦々
庄屋中

海上で漁師から直接魚を請け買いすることを示す資料で、川舟衆が携わっている。つまり、浦々から直接生肴を積んで敦賀に参り、我々川舟衆に断りを入れれば、売買が遅々としていても、そのときの相場によって売買をさせてあげるということである。

川舟衆が座を組んで、海上にまで権限を延ばし、生魚を流通させる仕事をしていたことが分かるのである。

川舟衆が鱈を扱い、歳暮として殿様に献上している事実は、各地で類似の文書が出ていることから、類似の形態が各地にあったと推測している。つまり、本来、鱈場は沖に発生した共有の漁場であり、入《いり》会《あい》の成立する場所である。各浦々の漁人が競って漁をすることができる場所に、専用の漁業権を与えられる契機があったはずだ。

川舟衆が若狭湾の沖鱈場で捕獲された鱈を、漁人から専門に入手するには、それだけの権限が与えられていなければできない。誰もが鱈を買い取る権利を有していれば、「毎年歳暮之為肴鱈百運上」という状況は生まれない。鱈を運上品にして、鱈を売買する権利を認めてもらっていたのも、川舟衆が取得した特権の一つである。

つまり、若狭湾の川舟衆の事例から鱈を街に届けた次の組織の存在が推測できるのである。

①冬の鱈場を確定して、この沖鱈場で鱈を捕る漁師の組織

②漁師の捕った鱈を整え、領主や藩主に届ける流通の組織

このいずれも存在したと考えられるのである。①は、後に述べるが、沖という漁業権のないところで漁場を見つけ、画定するという仕事をした人たちの組織である。この人たちにも何らかの名称がついていたものと考えられる。川崎衆がこれにあたる。

②は川舟衆に代表されるように、座を組織して流通経済活動を行った人々の組織である。

秋田県「金浦年代記」に、次の文言がある。[12]

慶長八年（一六〇三）正月にや館岡豊前殿當所の大鱈五六荷、最上へ御持参被成出羽守殿、御喜悦、仙台公にも御称美あり（後略）

秋田県象潟郡金浦（にかほ市）は鱈の名所となっている。当時、館岡の殿様がこの地を治めていたが、山形県の最上公がかつてはこの象潟一帯を支配していた。正月の挨拶に鱈を贈っているのである。

鱈は一尾一〇キロを越えるものがある大きな魚である。象潟から最上まで、そして遠く仙台にまで殿様の御用の品物を専属で運搬する組織があった考えるのが自然である。②の川舟衆のような組織は文書に出てこないが、魚を専門に流通させた人々の記録はある。近世には魚を商う人々が街にかたまって居住した。城下に肴町などの名称で残るところは、その多くが、近世城下に魚を流通させた専門の商い人たちの居住区である。馬を使って運搬することも多く、馬喰町として残っているところもある。

象潟の鱈場を開発した事を示す、秋田金浦の佐々木清兵衛家文書には、①の組織が載っている。川崎衆である。(13)

川崎十二所大明神御本地

古代は川崎村、金沢村其外何村とか合して三ヶ村を今は出雲崎と唱えて家数千軒余の大邑の駅馬となり、同所の鱈船三十二・三も今も四里五里の海上に産業を働く、扨又、古来承応年中〔一六五二～五四〕金浦へ川崎衆来たりて、今の山と海と方角を調べ今日に至り眼前の家業あり、からむし畑の糸も此頃より段々に用いたり、今、文化・文政より天保・嘉永に至りても秋田へは年々、越後舟も被来候、一湘に舟役大小に限らず貳尾ずつ、御役銭も古来通り少々づつなり

鱈釣る針金、但馬国出五・六番、糸縄は越後国より最糸寄り丈夫

この文書に記された新潟県出雲崎は、佐渡金山産出の金銀を陸揚げする本土側の拠点であり、長く北国街道の起点となっていた。佐渡に渡る巡見使は出雲崎から佐渡に向けて発った。

出雲崎の街は川崎十二所大明神御本地の記録にあるように、「川崎村、金沢《かなぞう》村、其外何村とか合して三ヶ村」である。秋田金浦の佐々木家で代々書き継がれてきたとされているこの文書にある出雲崎は、現在の街並みで再現できる。南から北に向かって、尼瀬、住吉町、石井町、羽黒町、鳴滝町、木折町である。木折町の北側は小川になっていて、海に注ぐ。この場所がかつては川崎と呼ばれていて、小祠が森に残る。川の崎にある地を指した。金沢は小川を超えた北側にかつてあった地名である。

尼瀬は海士《あま》の住む町。住吉町から羽黒町までは海運や商いで栄えた人たちの住居。最も北側の鳴滝町や木折町を中心とする住居が漁師の街である。この街には鱈場株を保持する三五軒の家が並んでいた。現在も鱈場株は世襲されている。後に記すが、この街の人たちは近世の佐渡金山の産出金銀の海上運搬に関わった人たちで、三五軒の人たちが小早と呼ばれる軍船を駆って金銀運搬の御用を勤めていた。この夏の間の御用に対し、勤めのない冬は、鱈場三五株を与えられて、この鱈場で漁をしていたのである。

つまり、川崎衆の本地は住吉町から東側の街の群れで、川崎、金沢で三ヶ村といえる。小川に沿った川崎と金沢の場所は、移動する旅の漁師が住まう場所でもあった。漂泊の漁師がここにたどり着いて、鱈縄という専門知識を保持して、人の行かない沖に出かけた。鱈漁の始まりはこのような姿であったことが思料される。そして、三五株の鱈場を安堵された人たちは、一定の住居を軒付帳に記されて集住し、現在の街並みを作った。

つまり、街並みの外れにある小川の先である川崎は、中世の漁師が漂泊してきて住まう場所であったと考えられる。川崎という場所は水の出る小川に沿う。旅をして海を漂っていた漁師が真水を求め、上陸する。仮の住まいであっても滞在するには適地である。旅漁を続けていた一群が川崎衆であったと思料される。

川崎衆は、次の記録によって、専門知識を持った旅漁をする沖漁師であったことが分かる。金浦の文書はそのことを示す(14)。

> 當村、応仁の以前より冬鱈舟有之処、正保年中に大地震に海底震ひ沈み、鱈釣り場見失い終には御領主より御公儀献上鱈も捨たり、是故、當村鱈も延引止みに相成候処、御領主御役人より上越後の国、柏崎近き所に川崎浜という所より数十人の人々漁舟にて下り来る。
> 金浦村与惣右衛門、与市郎、太兵衛、新四郎、五郎二郎、惣助、此六人に被仰付沖の釣り法を御定め有りて鱈場所、顕はれ出て、今に至るまで至極定規に相成事も御領主の御仕法、御役人の支配末代之事と見得候

図11　マルキと呼ばれた出稼ぎ漁業の夏船

新潟県柏崎近くの川崎浜といえば、既述した出雲崎の川崎である。出雲崎漁師はマルキと呼ばれる一〇メートル足らずの一枚棚漁船で旅漁を繰り返していた（図11）。夏の間、鱰《シイラ》や鰹《カツオ》などを追って秋田、青森沖まで出かけ、小川のある水場近くの浜に苫《とま》で小屋を葺いて泊まり、保存の利く鰹をなまり節にしたり、大きな鱰は地元に売ったりして漁

を続けた。彼らが出身地の出雲崎や柏崎の石地などの浜に帰るのは、「ヒカタと呼ばれる南西の風が一段落した時」であったという証言に接している。マルキを二艘並列の組み舟（舫《もや》い船）にして、双胴船のような形態で南の故郷に戻る姿を多くの浜では見送った（七九頁図17参照）。

この旅漁が盛んであった背景を越後の浜では現在も聴き取ることができる。たとえば、出雲崎や石地の浜では、冬の鱈漁が終わると夏漁に備えることになるが、漂泊してきた旅漁の漁師に漁業権は与えられておらず、地先占有権は、昔からの浜人のものであった。出かけられるのは、若狭湾の沖同様、一里以遠の沖であり、ここはすべて入会となっていた。つまり、沖漁に出る以外に地元に残る道はなかった。しかし、旅漁をすれば、北の海域では豊かな未開拓の沖漁場が残されていたのである。新潟石地の漁師は、夏になると庄内浜に出かけた。石地漁師は五十川《いらがわ》や小岩川といった浜に毎年出かけ、地元の人たちと懇意になって、出稼ぎ漁業の若者が相手の浜で所帯を持つなどの事例が数多く出ている。現地の浜の娘との婚姻は、不安定な旅漁に一つの区切りをつける方法で、現地でも有能な若者の入籍を歓迎する風があった。出稼ぎ漁をした浜の墓石の中に、旅漁で定着した若者の名字が刻まれている。かつて、新潟県北端の海村で、才治郎という名が記された墓石の故郷を追ったことがある。糸魚川の浜であった。出稼ぎ漁業が通漁という形で、冬には故郷に戻る形で通っていたものが、現地に根を下ろして定着する過程がみえる。

また、越後平野の信濃川切れ（堤防決壊の大洪水）で食べられなくなった低湿地に住む農民が、自分の子供を泣く泣く浜に預けることがあった。貰い子という。学齢に達していない時から浜の漁師の家に養子として入った。浜で沖漁をしている人たちは冬の鱈場に出かける人足として、貰い子を重用した。

家の跡取りである長男は鱈船に乗せずに、貰い子や次三男が鱈船で仕事をした。

きわめて過酷な運命に弄ばれるかの印象を受ける貰い子であるが、浜では、鱈縄の技術をたたき込まれ、最高の漁師となっていった。もちろん、境遇の辛さには自身で折り合いをつけたのであろうが。農村では、「浜にくれるぞ〔お前を浜にやる〕」という言葉は、むずかる子供を黙らせる最もきつい言葉として伝承されている。

この貰い子が冬の鱈場で活躍し、延縄《はえなわ》の技術を北の海に運んだ。

出雲崎鳴滝町で辛い体験ではあっても、自身で切り開いた人生について語ってくれた方がいた。貰い子として鱈場株三五軒の一つに子供の頃に入った。当然のように実の子供ではないことから、耐えがたい経験もあった。しかし、家には貰い子が二人もいて、実の子供たちと同じように育ててくれた。鱈漁は冬の沖、佐渡海峡の真ん中で揉まれるような波に弄ばれる。延縄の方法、釣り上げた鱈を二尾ずつ尻尾で縛って柱に架ける方法、氷る海での体の使い方、これらはすべて鱈船に乗り込んでたたき込まれた。漁法を習得したのは、仕事をこなしていく中であった。そして、貰い子である自分が、自由になれる二〇歳の時、育ててくれた家から出て、自由の身となった。貰い子は二〇歳になると自由になる約束があり、多くは出雲崎から出て、北海道で北の海を拓いた人たちが多い。また、東北各地で漁業に携わっている。何よりも、技術を身につけていることから、自身で道を開くことができた。

これは、明治から大正時代にかけての伝承であるが、秋田県金浦の鱈場を復活させた人たちが、このような背景を少なからず背負っていることは強調してもいいだろう。

正保の大地震は羽後本荘地震（一六四四）である。鳥海山の麓にある金浦では火山活動にともなう地殻変動が何度も記録されていて、俳人・松尾芭蕉が訪れた蚶満寺《かんまんじ》は、地震で隆起したことから、今では陸上に景観が広がっている。この頃、鱈場を見失ったのは地震隆起との関係があったろう。鱈釣り場を見失い、終いには「御領主より御公儀献上鱈も捨たり」というのは、金浦特産の品が公儀に届けられる貴重な献上品であったということである。鱈は当時、東北の鱈場を控えた藩から江戸に回送されていた記録がある。珍しいものとして、盛んに公儀に届けられていたことが分かっている。再び海の深さを測って鱈が群れる場所を見つけ直してくれた人たちが越後の出雲崎から出た川崎衆なのであった。川崎衆の伝承は北へ行くほど広がり、船は川崎船と呼ばれるようになる。

では、川崎衆の伝承は、どこまで日本海を南下西進するのか。旅漁をする漁師の存在は、中世、若狭湾の記録にも数多く出て来る。川崎衆との呼び方こそないが、漁の方法は同じである。

たとえば、福井県三方《みかた》町（現、三方上中郡若狭町）の『大音正和家文書』に、寛永一二年（一六三五）、能登から船が戻ってくるとの記述があり、隠岐へも出かけている記録がある。また、「神子浦小物成赦免願」には、この浜にかけられた小物成（税）が払えなくなっている理由の一つに、漁がうまくいかないことをあげている。

一、古来は底縄船八艘仕候へ共、只今ニ而ハ漸々二艘底縄猟仕候、是も丹州竹野浦ニ而仕入借用中、近年猟無御座候故船質ニ入帰候御事、(15)

底縄船が現在の兵庫県竹野町の浜まで出かけているのである。狙った魚は若狭湾の鱈場で獲れる魚に準ずることは、底縄の記述から思料される。特別な底縄という技術を保持した一群が、広く若狭湾から隠岐、但馬、能登へと出漁しているのである。

鱈場はこの時代に、底縄、底延縄、縄釣りの技術を保持する専門漁業者によって開発されていたことが分かり、彼らは、年間を海に生きる専業の漁師であったことが分かる。冬の間も沖漁業を続け、夏は沖で捕れる鰯などを追った。一年の間、各地に旅漁を繰り返し、一年中魚を捕っていたのである。とかく、漁民という言葉には専業の意味合いが強い。しかし、年貢を納めていた各浜では耕した畑で作物や穀物を作り、農作物（穀物等）で納めることが多く記録されている。魚だけを小物成で納めるというのは、数少ない事例である。鱈は専業の漁業者を誕生させた記念すべき魚なのである。

隠岐や但馬に川崎衆の名称が出て来れば、川崎衆の嚆矢はこれら西の地域ということになる。資料の精査が求められる。

5　鱈と鰯漁

鱈場開発の漁人《いさりびと》はかつて旅漁を繰り返し、漂泊する専業漁師であった。彼らは出雲崎の川崎衆のように、鱈漁によって専業の漁業者となった。

漁業権にきつく縛られている磯は、地先占有権によって、漁場の権利が決まっている。その浜に住む人たちの地先を真っ直ぐ沖に向かって画する。海岸の境界は村境である。海沿いの連続する浜は、そこに暮らすという存在によって、地先を自らのものとする権利を得ていた。ここでの漁業は決められた浜の人たちのみが行えるもので、外部の人は原則として排除された。世間に必要な魚の多くはこの磯の海から賄えたのである。

ところが、何らかの事情で磯の権利を貰えない部外者が、魚を捕ろうとすれば、誰もが入ることのできる一里以遠とされることの多い入会《いりあい》の沖にまで出かけなければならなかった。かつては、磯から遠い沖にまで出かけなくとも、魚は豊富に捕れた。しかし、応仁の乱の頃から、飢饉や天変地異の災害が頻発する。食べ物が足らない。頼ったのは豊穣の海の資源であったと考えられる。しかも、未開拓の海が広がっている。沖の海である。本来、沖の海は魚が回遊している場所であり、魚を追う術がなければ漁獲は望めない。

この沖に漁場を見つければ、地先の権利がなくともここで魚を捕ることができる。旅漁を繰り返していた川崎衆が鱈場を発見する。

「若狭沖漁場大絵図」（四四頁図9）に記された、図面中央上部二重楕円の中の記録がある。若狭湾で中央となる最も海が深く各浜からも同等の距離にある沖の漁場には、「此内鰈鱈つのし縄場」「海之深さ弐百尋余」と記されている。

「つのし」とは若狭で鱰《シイラ》や鮫《サメ》を指す。海の深さ二〇〇尋余りの場所で浮き魚で回遊する鱰や鮫が記されるのは不思議である。深海に北の寒流に載って南下する鱈と、南から回遊してくる鱰や鮫が同じ鱈場所にいて、同じ漁場の主となる。これらの魚はどこで結び合ったのか。

もともと鱰は呼称の多い魚である。全世界の暖かい海を中心に捕られてきた。長崎県五島列島で氷魚と書きヒオ、ヒイオ、ヒヨと呼ばれる。『万葉集』や『延喜式』にヒオ、ヒヲの記録があり、『和名抄』

にヒウオとある。また、『毛吹草』には「九万引《クマビキ》〔シイラ〕ツノ字ヲ云」とある。

　鹿児島など九州では万匹、万引、馬引と書いてマンビキと呼ぶ。マンビキの名称は全国的にも分布していて、東北地方でも漁師衆が呼んでいる。北陸地方の漁師衆に聞くと、釣鉤に懸かると強く引くからだという。鬼頭魚の字で示されることもある鱰は、おでこの突き出た猫のような顔にもみえる。事実、新潟県能生では雄の鱰をメンカブリと呼び、雌をメジイラと呼んでいる。『大和本草』には「筑紫にて猫づらと云う」とある。(16)

図12　シイラ

　全長は一・八メートルにまで達する。青藍色に黄色が混じりとても美しい全身は平べったく側偏している（図12）。

　外洋の表層を群遊する。ところがこの魚は越後を超えて北の海に入ると死を連想する魚であるとの口碑がある。出雲崎の漁師衆は、「死んだ遺体についてくる魚だ。」という。死体や木材のゴミなどがかたまった浮遊物の日陰になっている所を好んで、この下に群遊するという。事実、鱰漬《シイラづけ》漁業は沖の海面に竹で筏を組み、この陰に寄ってくる鱰を釣る。習性を見事に利用した漁である。漂流死体を拾った人たちは、確かに鱰が死体の下に群れることを述べて、不吉な魚であることから食べることさえしない人もいる。不吉さを強調する人たちの中に、体色をあげる人もいる。青緑や黄色に光る外観に、夏の盛り、盆の頃の魚として海から上がることを先祖の帰還と意識した人たちである。出雲崎に滞在した時、刺身でも煮物でもおいしいこの魚の値段がきわめて安いことを指摘した時、地元では食べない人が多いという説明を受けた。また、この魚は足が速い（腐りやすい）といい、人が生で食べると当たることがある。夏の暑い盛りの魚である。

ところが、鳥取ではシイラをシビラと、似た表現をするが、死との連想に無縁である。むしろ、夏の魚のない時期の貴重な魚として、大切に扱われる。一般的に関西では大切な魚とされるが、関東以北では死のイメージで語られる。

成長段階に応じて名称が変わる魚でもある。紀州では小さな一〇センチほどのものをヤナギバといい、成魚の大きなものをトウヒャクといった。五島列島では幼魚をヒウオ、若い時代のものをナカブクラといい、成魚はカナヤマといって一二キロぐらいになる。喜界島ではヒューが六〇センチで一・八キロまでのものを指し、クラドウミがこれ以上の大魚を意味した。

この鰯が若狭湾でも重要な魚であったことを示す資料が数多く出ている。この中で、弘化四年（一八四七）三方上中郡若狭町（旧三方町）の大音正和家文書を取り上げる。漁場を巡る争論「鱰漬場出入ニ付神子浦訴状」である。[17]

一、当浦之儀者往古ゟ漁場ニ御座候而、無高之者共も多く御座候得共、以御蔭漁業仕渡世相続仕候段難有仕合ニ奉存候、毎年、秋漁ニ鱰釣仕候場所ニ鱰附ケ（漬）と申、六月土用ゟ場拵仕候事ニ御座候、の書き出しで始まる。無高之者は税を納められない者であるが、彼らは旅漁をしていたことが他の文書から分かっている。隠岐や能登に出かけて鰤を釣っていた。六月の土用から鰤漬の場を作るという。

この場所こそが、「若狭沖漁場大絵図」（四四頁図9）に載る、図面中央上部二重楕円の所である。若狭湾中央、最も海が深く各浜からも同等の距離にある沖の漁場で、「此内鰈鱈つのし縄場」「海之深さ弐百尋余」である。ここに神子浦の専用の鰤漬漁場が画定していたのに、他の浜の者の出入りがあり、迷惑しているという訴状である。

注目すべきは、鰤漬漁場の画定には、次の文書のように、海底の様子が手に取るように分かる記述として残されていることである。後で述べるが、冬には鱈が群れる沖の漁場の画定には、沖で漁師が指を立てて、ヤマアテと称する三角法を使って、二点の山並みが交わる場所を複数（最低二方向）重ねて漁場の場所を確定する方法と、海の底の様子を理解する方法があったのである。

神子崎と申処ゟ凡一里半余も沖ニ、北ニアシナガクリ、南ニイマデクリト申底クリ御座候、其間凡三十丁斗り茂可有御座候、是を神子之漁場ニ相定、其幅ニ而磯附・仲附・沖附と三段ニ沖江出申候、舟壱艘ニ磯者貮人乗、仲・沖者三人乗ニ而相働申候事ニ御座候、

神子崎から一里半の沖に、足長と呼ばれる堆（海底から突き出た山でクリと呼ぶ）と今出堆が北と南に走っていて、この間三十丁を神子の漁場とし、磯、仲、沖の三区画を鰤漬の漁場としている。

つまり、鰤漬の漁場は、海底の様子がすべて分かっている場所で、

ここに表層を回遊してくる鰤を漬《つけ》と呼ばれる筏を流して集め、釣ったのである。回遊魚を集めるのであれば、沖のどこでも良さそうなものであるが、鱈の群れる最も深い場所を初めから画定していた理由は何か。長い間、謎であった。鱈場が鰤漬漁場となる理由があるはずだ。日本海の鱈場は鰤漬漁場として記録されている所が多い。出雲崎も冬漁の鱈場は夏に鰤漬漁場であった。小泊も同様であり、秋田県金浦も同じである。

この問題を解決するには鰤漬漁法の姿を確認しなければならない。現在も佐渡海峡で鰤漬漁業をしている漁師の方法は、日本海側に共通する。そして、インドネシアにも同様の方法があり、黒潮に乗って暖地の海とつながっていることが分かってきた。

直径七〜八センチの青竹を約三メートルに切り揃え、一五本ほどを束ねて、三ヶ所藁縄できつく縛る。この筏状の塊が漬木になる。これを海上に浮かべ、流れないようにするために、水深に応じた立（縦）縄を結び、底に錘《おもり》（沈子）を入れる。海の深さが二〇〇尋であれば立縄は二五〇尋位にする。潮の流れが速い場所では三〇〇尋というのもある。沈子は一〇〇キロ余りの数個を枝状に分けて設置する。結束した漬木には海上での目印として葉のついた青竹一・五メートルほどのものを建てておく。日を遮る場所のない沖では、漬木を隠れ家にする浮遊の虫などが日を経るごとに寄りつく。ここに鰤が餌を求め、また、自身の習性として、漂流物につくことから、鰤漁場が出来上がる（図13）。

このように、鰤の集まる場所は、二百尋を越えるような海底の深い場所が適していることを漁師は理解していた。鰤漬漁師は海の底の状態を最もよく理解する人たちであった。鰤という魚のために、なぜ水深二〇〇尋（三〇〇メートル）を越える海の底を検視したのか。出雲崎の鱈場について、長岡市に伝えられてきた温故談話会が「温故の栞」にまとめている。地域の伝承を記述した書で、『越後風俗誌』として残されている。ここに興味深い指摘がある。

> 漁場は守門嶽、弥彦山、米山、小木山の峰に方向を定め夫々細密なる境界あり、沖しいらと云う所を漁場の果とし、佐渡漁場との界にて、出雲崎の磯部より七里なり。中しいらは四里、なぎさしいらは三里。之を総体して鱰場ともいう(18)。

鱈漁の場所が鱰を釣る海域で区画されているのである。沖・中・渚の鱰漬漁場が、冬には鱈を釣る鱈場であったということである。

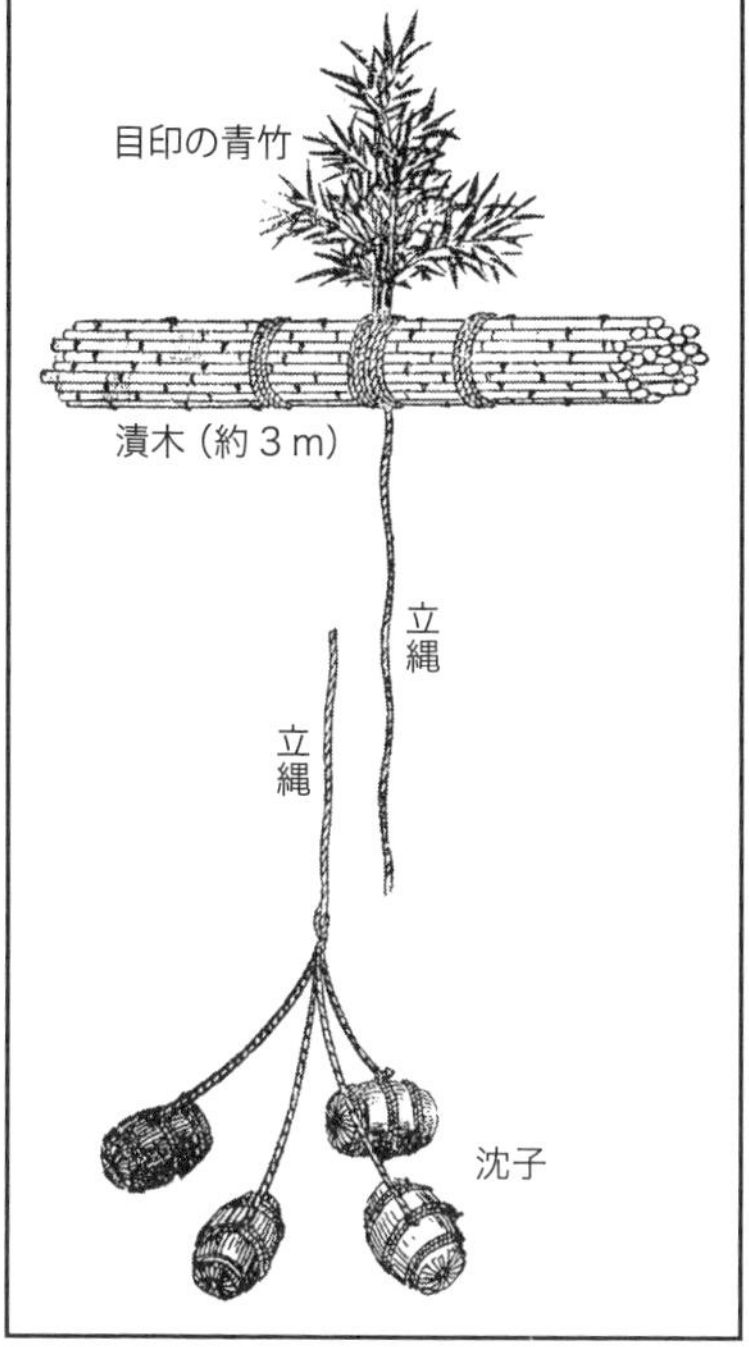

図 13　鱰漬漁法の漬木と沈子（農商務省水産局『日本水産捕採誌』1910 年に加筆）

若狭湾のつのしが鱈場と同じ場所に描かれている「若狭沖漁場大絵図」と、出雲崎の鱰漁場は同じ扱いである。一体、鱰と鱈に何の関係があったのか。再び、出雲崎の伝承をまとめた『越後風俗誌』を引用する。

> 沖しいらは海底薬研の形に

て深八十尋あり、毎年二百十日より、しいら漁を始る例なり。前以って桐の生木の皮を去り、数十本を筏の如く編て、しいら場の海上に繫をつけて流し置くに、一種の小虫其木一面に群生して、海底に潜むしいらは之を喰わんと浮むを釣て捕う。又陰暦十月朔日より鱈漁を始る例にて、鱈は彼木にえびの卵を産みつけるを喰らわんとて海底より段々浮上がるを釣て捕ふるものなり。此の鱈場に生ずる雌蟹は、えびと鱈との間をあやつるものなれば漁せざるを常とし、捕ふる時は鱈の不漁を来すが故なり。(19)

鱰漬漁の漬木は、竹を使うことが多いが、出雲崎では、桐の木を使った（佐渡では竹）。出雲崎近隣の潜水漁業の磯では、桐の丸太を使って浮きとしている。この筏状の漬木には、多くの小虫が寄る。鱰はこれを食べるために深い場所から回遊する表層へ浮いてくるというのである。陰についてくる魚を観察した結果であろう。深海に棲む鱈も、この蟹を餌にする。

鱈と鱰は同じ海底の場所で発生する小さな海老や蟹の餌に左右される共生関係の中で棲息場所がかち合っていたのである。

もう一つ指摘しなければならないのは、鱰漬漁で使われる延縄《はえなわ》は、冬にはツバシと呼ばれる枝縄を取り替えて鱈縄として使うことがあった。鱰漬漁は漬木の周りに集まる鱰を釣る。若狭湾の江戸時代の記録では小縄となっていて釣糸と釣鉤をつけたものを複数流して、直接釣っている。ところが、表層部分に流す浮縄は、浮子を替えて重くすれば、底延縄にもなる。

鱰漬漁の延縄は、鱈の底延縄の先駆形態であった。延縄の技術は次章で詳述する。

6 北地の鱈漁

南から回遊北上してくる鰤《シイラ》を追って沖に進出し、ここで鱈に遭遇して漁場を開拓したのは飛島《とびしま》から男鹿半島入道崎までの羽後の海域であった。飛島では、鱈場がやはり鰤場と重なる。夏の鰤、冬の鱈で一つの専用漁業権を維持していた。

これに対し、北の鱈場は鰤と関係しないで産卵に来遊する鱈が主体となる。鱈が産卵に来る陸奥湾を控えた浜では、鰤と関係なく、鱈の産卵行動を凝視した漁法で鱈漁業が行われてきた。青森県下北半島が陸奥湾に突き刺さる場所、津軽海峡の外海から内湾に入る関門に脇野沢集落がある。鱈の村である。

脇野沢は陸奥湾の物資積み出しの要衝として、田名部や野辺地と内湾で繋がっていた。下北半島はヒバ材の産地である。若狭の川舟衆が南部藩と海上交易で特権的な契約を結んでいたことが知られているが、ヒバ材が日本海航路を辿って若狭にも移出されていた。中世の海運は西の敦賀に向けて動くことが多く、敦賀から京都に陸路と琵琶湖水運を辿って運ばれている。

ところが、鱈は江戸時代に東回りで江戸に運ばれている。三陸を中継地に江戸まで届く海路に沿って運ばれたという。内臓を抜いて、塩を詰め込んだ生の鱈が、大量に運ばれたとする伝承がある。

陸奥湾で鱈の水揚げ高が大きくなったのは、外海から陸奥湾の産卵場に鱈が集結したからである。外海から入った鱈は湾の砂泥の海底で産卵するために脇野沢の前の澪《みお》を通る。事実、漁法は罠の要素が強い仕掛け網であった。

図14　陸奥湾のジャッペ

旧正月頃が鱒漁の最盛期である。脇野沢では初鱒は南部藩に献上することが慣例となっていた。鮭のハツナ儀礼と同様、初物は藩主に上げて漁業権の安堵と漁の安寧を祈るのである。初鱒は三番まで、田名部の代官所から同心がつき添って盛岡に運んだ。藩主はこれを江戸へ転送する。幕府への献上品となった。初鱒一本につき百文の褒美が出たとされている。[20]

鱒は津軽海峡から鉞《まさかり》の形をした下北半島の刃の部分に相当する絶壁の連なる海岸部に沿う澪を伝って陸奥湾に入ってくる。脇野沢は産卵場となる陸奥湾の基部にあり、ここから内湾を東に田名部の港まで連なる村々の前の海で産卵する。脇野沢は鱒の進入路の最初に立地するのである。

現在では刺網や底網によって漁獲されるが、かつては延縄《はえなわ》であったという。また、江戸時代の記録には科《シナ》皮の繊維で編んだ縄が使われた一本釣りとの伝承にも接した。船はジャッペと呼ばれる船底材を刳ったところに上棚を二段にわたり外側に張ったclinker（鎧張り）の技術で造られている北方船である。全長七メートルほどで、車櫂を使って推進していた（図14）。四人乗りが海難の過去帳から明らかとなっており、漕ぎ手が舳先《へさき》部で推進を担い、艫《とも》部で延縄を延える二人が漁をする。縄漁による一本釣りから加賀天当船（川崎船。図15）が導入されて、延縄が組織化されたのが幕末であったと推測されている。陸奥湾の天当船には六人が乗り組み、一艘から二筋の縄を同時に設

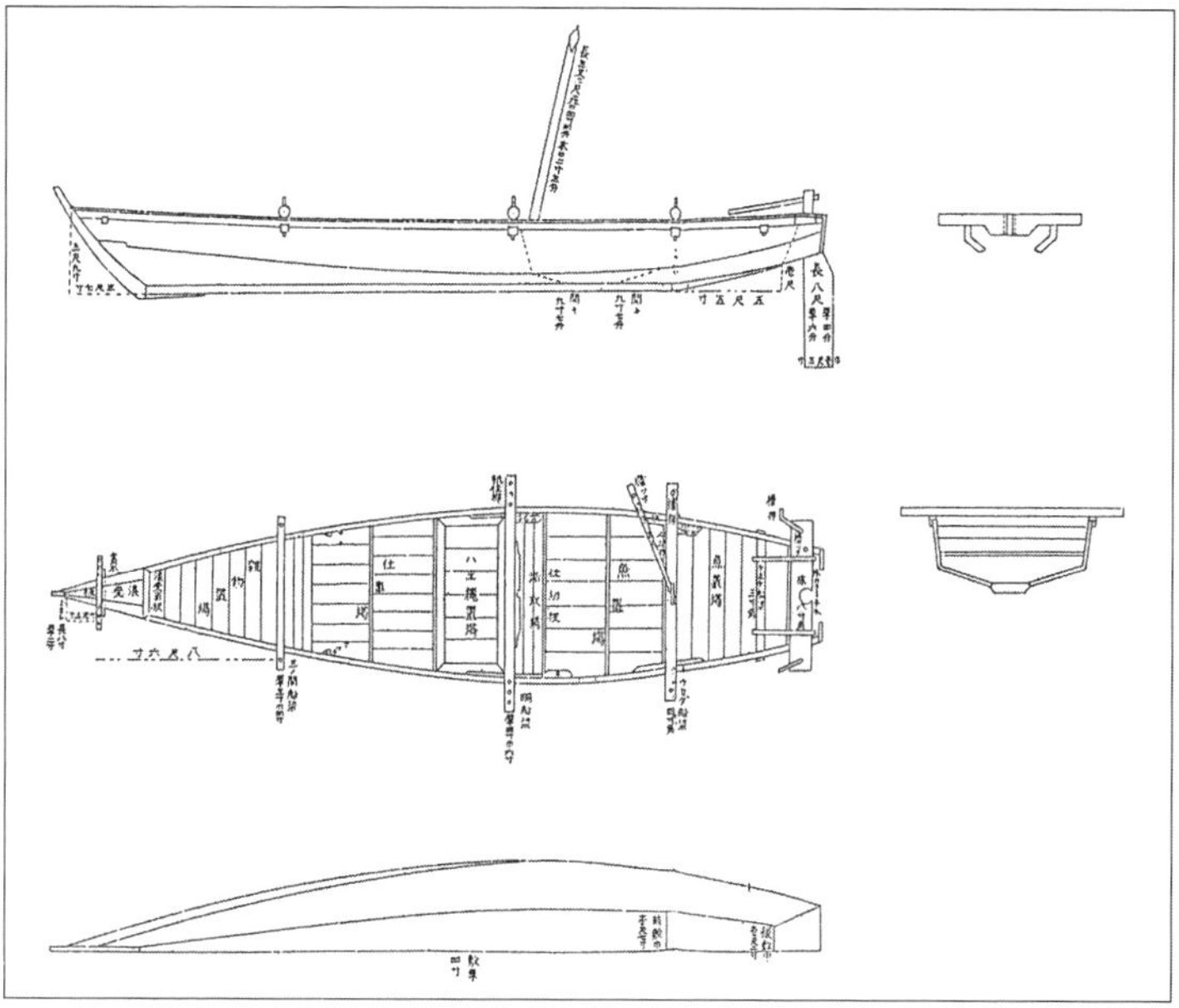

図 15　陸奥湾で使われた加賀天当船（『明治 29 年日本漁船調査』）

置した。

漁期は旧暦の一一月二〇日から翌年の一月二〇日頃までであるが、鱈が産卵のために陸奥湾にやってくる盛期となる一二月二〇日以降、冬至の頃から最盛期を迎えた。出漁は場取りという取り決めで延縄を流す漁場に早く着いた者から流し始めることが決められていた。シューリ（日和見）がよければ朝方四時頃、湊で振られる提灯を合図に一斉に一〇〇艘もの鱈捕り船が出漁する。鱈場につくと、最初に場所を確保した者が、ヒダル（延縄の端の浮き樽）を「ここから行くぞ」と叫んで次の船に知らせる。次の者は、この下手（潮の流れの下）についてヒダルを入れ、延縄を一番の者と絡まないように、平行に延ばしていく。三番手以降も同じ行動を取ることで縄は平行に並べられていく。延縄は籠一枚に六〇本の釣鉤をつけている。籠は四〇から五〇枚をつなぐことになる。

産卵が終わった鱒はモドリ鱒と呼び、痩せている。ゴボ鱒とかビチコ鱒（雌）の名称で呼ばれた。雄の鱒はタツ鱒といい、雌はコ鱒と呼んだ。タツは白子（精巣）を指し、コは真子（卵巣）を指す。

漁獲は二〇〇から四〇〇本とされていて、昭和二二年の不漁に見舞われるまでは、鱒を漁獲の中心に据えて生活してきた。鱒を積んで湊に戻ると結い（共同作業）で鱒を処理した。新鱒は内臓を口や鰓《えら》から除いて塩を詰めるもので、積み取り船が来て北陸地方へ移出した。鱒の真子は新潟に送った。型が少しでも小さいものや傷のあるものは干鱒や棒鱒に加工した。

もともと脇野沢（図16）は廻船問屋角屋松村藤次郎がヒバ材と鱒の運漕で財を成したことが指摘されている。[21]

天明元年（一七八一）、水鱒七〇〇〇本で二六両の稼ぎを出している。寛政七年（一七九五）豊漁時には、水鱒を満載した船が三陸宮古を中継地にして江戸へ向かう。蝦夷地から来た蝦夷物と称される鱒と競ったとされている。脇野沢鱒の江戸への移出の様子を地元の方は次のように推測していた。水揚げされた生の鱒（水鱒）は、浮き袋を膨らませてひっくり返った状態で浮かんでくる。水圧の高い海底から一気に海面まで揚がってくるため、浮き袋が一気に膨らむのである。大きな口を上にして白い腹をみせて浮かぶ姿は鱒漁の醍醐味を感じさせる瞬間でもあるという。この水鱒は足が速く（鮮度が落ちやすい）、腐ってしまわないうちに江戸まで搬出する必要があった。大きな口の浮き袋を破ってここに一握りの塩を詰め込んで保存できるようにしたという。江戸まで二、三日であれば、生の状態で届けることは可能であった。

図16　鱈の村・脇野沢（右上：「リフレッシュセンター鱈の里」に展示されていた底網漁の様子　右下：橋の欄干の鱈像　左：国道のウェルカム・ポール）

江戸では武家の正月料理に使われていたことが分かっている。佐渡奉行として赴任した川路聖謨《としあきら》（一八〇一〜六八）は『島根のすさみ』で鱈と鯳を日記の中で記し、江戸での食べ方と比べている。江戸でも一般的な魚でなく、権力者がたしなむ肴であったことが推察できる(22)。

鱈の本場は多くの漁法を揃えていた。陸奥湾が鱈の産卵場であることから、モドリの鱈が海峡に出る前に捕るよりは、腹にタツやコが入っている内に捕った方が価値の高いことはいうまでもない。刺網は魚道に沿って建てられ、入ってくる鱈を捕った。また、底網は底建網のことで、明治四〇年代に普及したという。鱈の進入口に底建網を設置して、この中に鱈をおびき寄せ、網を揚げてすくい捕る漁法である。「下北郡統計書」に記されている。

脇野沢は沿海山高ク海マタ深ク各種魚道ノ衝ニ当リ、漁撈モットモ便ナリ、加之、明治十八年同村ノ漁夫櫛引福蔵初メテ鱈及ビ鯛ノ建網ヲ発明セシヨリ、漁業マスマス発達シ……

鱈の産卵場を控えた陸奥湾の入り口は、鱈を捕る多くの技術が集積し、また新たに誕生していた場所であることが分かる。底建網はある程度の資本家や共同事業によらなければ操業を続けること自体が難しいものであるが、延縄漁は個人でも続けられるという優れた特性を持つ。

延縄は陸奥湾でも核となる技術であり、現在のように底建網が主体となっても、個人で鱈漁を続けている漁師の中には、まだ延縄を使っている人もいる。この漁法は、商業的漁業であっても、個人的に経営できる方法である。

北地では脇野沢のように早くから産卵のために接岸する鱈を捕っていたことが分かっていて、岸近くに寄ってくる鱈は、縄文人も食べていたことが、その遺物（骨）によって解明されている。北海道有珠《うす》一〇遺跡の縄文時代晩期層から鱈（マダラ）の骨が検出され、耳石から冬期に捕られていたことが分かった。田名部でも遺跡から鱈の骨が検出され、陸奥湾でも鱈が縄文時代から食べられていたことが分かっている。このように、産卵場が岸近くにある北地では、鱈は早くから人の食糧となっていた。

多くの日本人の食糧として鱈が認知されるのが、中世のきわめて食を確保しにくい社会の中であった。都が荒れ、餓死者が頻出する社会に鱈は登場してくる。

江戸の都で鱈が珍重されるようになったとき、武士が鱈を独占した。鱈場開発は慶長年間に日本海側で一斉に行われ、鱈は武士社会に必要な魚として周知されていく。この背景には、中世の延縄漁法を操る漂泊の漁師が担う技術革新があった。沖への進出は漂泊の川崎衆が担った漁業の革新であった。

注

(1) 黒板勝美編集『延喜式』(国史大系、吉川弘文館、一九八四年)。『今昔物語集』(新編日本古典文学全集、小学館、一九七一~七六年)。『宇治拾遺物語』(新編日本古典文学全集、小学館、一九九六年)。西尾実・安良岡康作校訂『徒然草』(岩波文庫、一九八五年)。黒板勝美編集『吾妻鏡』(国史大系、吉川弘文館、一九三二年)。『色部年中行事』は北越の中世文書で、年中行事の貢納品や料理の記述がある。しかし、鱈の記述はない。

(2) 『看聞御記』二巻(続群書類従完成会、一九三〇年)。

(3) 齋藤武司『金浦町郷土史年表』(金浦町公民館、一九八〇年)。

(4) 松江重頼『毛吹草』(岩波文庫、一九八八年)。

(5) 伊藤信博「室町時代の食文化考——飲食の嗜好と旬の成立」(『多元文化』一四、名古屋大学国際言語文化研究科、二〇一四年)。佐々木道雄『韓国の食文化』(明石書店、二〇〇二年、二二八頁)は、蜷川親元の『親元日記』寛正六年(一四六五)正月十日の条を挙げているが、資料が確認されていないことから、今後の研究に待ちたい。

(6) 米沢市の上杉博物館所蔵品展の際に記録した。

(7) 人見必大、島田勇雄訳注『本朝食鑑』四(平凡社東洋文庫三七八、一九八〇年、四五頁)。

(8) 福井県『福井県史』資料編八「中・近世六」(一九八九年、二五頁)。

（9）同前書、六九九〜七〇三頁。
（10）同前書、九〇六頁。
（11）同前書、三五四頁。
（12）「金浦年代記」（金浦町公民館、一九八〇年）。金浦の漁業関係資料を集積したもので、前掲書（3）の姉妹編に当たる。
（13）金浦の鱈場文書は佐々木清兵衛家が保持していたことから佐々木家の名前をとって記録されてきた。現在は『金浦町史』に掲載されている。
（14）前掲書（12）。
（15）前掲書（8）九〇六頁。
（16）渋沢敬三「日本魚名の研究」（網野善彦ほか編『渋沢敬三著作集二』平凡社、一九九二年）。橋村修『漁場利用の社会史――近世西南九州における水産資源の採捕とテリトリー』（人文書院、二〇〇九年）。
（17）前掲書（8）九一三〜九一六頁。
（18）温故談話会「温故の栞」（『越後風俗誌』第二集、一九八三年）。
（19）同前書、所収。
（20）高松敬吉「下北半島・脇野沢村の鱈漁撈習俗」（『民族学研究』四二巻四号、日本民族学会、一九七八年）。脇野沢の鱈漁業に関する記録、研究は恐山の研究で実績を作った高松敬吉らによって進められた。『脇野沢村史、民俗編』の外に、児童向けの記録なども複数出されている。
（21）鳴海健太郎『下北の海運と文化』（北方新社、一九七七年）。
（22）川路聖謨『島根のすさみ』（平凡社東洋文庫二二六、一九七三年）。

第二章　北進する漁人

日本海漁業の展開では、繰り返し北進する漁人《いさりびと》の群れがみえる。それぞれの時代、それぞれの魚を追って漁《すなど》りの人たちが出稼ぎ漁を繰り返したり、漂泊の旅の中で北進を続けて現地に拠点を築いて移住するなどの動きが、うねりのように生起した。

特定の魚を追って北進する人たちの群れがある。鱈を追う人たちは、鰤《シイラ》と組み合わせた形で、一六世紀の慶長年間に日本海側の鱈場を開拓していく。

鮪《マグロ》を追った越中衆は明治三〇年代、北海道の釧路に達する。既に鱈漁業を始めていた越後衆と共存して街が大きくなる。

鰊《ニシン》は出稼ぎ漁民にとって宝の山であった。群来《くき》には莫大な鰊を収穫し、富を築いた者たちが北海道開発に力を注ぐ。新たな開発は豊穣の北の海からの恵みを利用した。

なぜ北に向かったのか。

能登半島の先端部富山湾寄りに姫（石川県鳳珠《ほうす》郡能登町）という湊町がある。ここから北洋に向けて、越中川崎船（加賀天当船）が出た。出稼ぎ漁では姫の出身であることは一つの誇りであり、漁に熟達した者の群れとみなされた。結束は固く、姫の者で固めた船団が海を駆けたと伝えられている。この浜で出会ったお年寄りに、「どこまで行きましたか」と聴いたところ、「オーストラリア」と応えられ、一瞬たじろいだことがある。北洋から日本漁船が閉め出された二〇〇海里問題の後、オーストラリアの漁業規制が比較的緩いことを知った姫の人たちが、船団をオーストラリアに向けたのである。魚は豊富で現地に売り渡す方法で取引きしたという。

姫の漁師は、明治時代末から北洋に進出しており、鱈漁業ではオホーツク漁業開拓者である。彼らは、夏の間北洋に進んだが、進出できない冬には、家に帰って能登の海で魚を捕っていた。この彼らが、黄海に鱈を捕りに行ったという話をしたことがある。冬の間の仕事として、中国で重用される鱈であれば、好い商いとなることを確信したのである。同時に、一年中稼げる。商業（専業）漁業者としての矜持があった。魚がいて、それが手に入るのであれば、どこまでもいくというのが彼らの規範なのである。漁民が北進したのは、人の生存に必要な魚が存分に捕れる豊穣の海が広がっていたからである。

1　出稼ぎ漁業

山形県庄内地方の五十川《いらがわ》（鶴岡市）では鰯《シイラ》漬漁業を行う人がいる。この漁業を伝えたのは、西に二〇〇キロ離れた新潟県柏崎市石地《いしじ》の漁民である。石地漁民は鰯漬漁業で北部日本海側各地に知られた。六月頃、マルキと呼ばれる独特の一枚棚漁船（船底材の敷と舷側板で箱形に構成された船）、二〇艘ほどが船団を組んで来遊する。一艘に三から四人乗り組み、二艘ずつ柱を渡して双胴船のように舫《もや》って帆走してくる（図17）。

上陸地点は五十川の河口で、砂浜に苫《とま》小屋を作ってここで寝泊まりしながら漁をしていた。この場所は川のきれいな水のある場所で、炊事や洗濯も川水を使って生活した。鰡漬漁では地元の人に頼んで漬漁（海面に竹の筏を浮かべ、ここに鰡を集めて捕る）に使う竹や木を入手し、漁の施設を作った。鰡漁は沖の漁業権が確立していない入会《いりあい》の場所で行われるのが普通である。ところが、この場所は五十川集落の鱈場である。鱈漁の時期には柏崎に戻る彼らの漁期は夏の鰡漁にだけ地元から許可されていたのである。

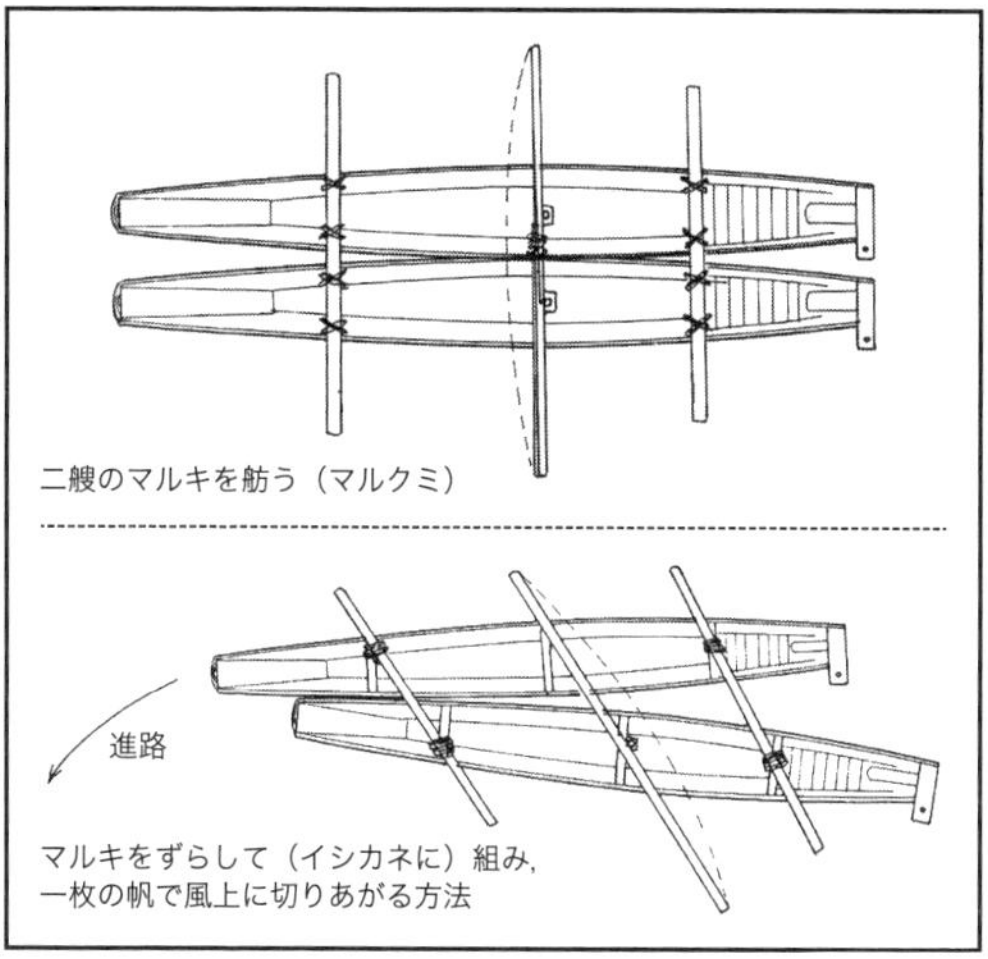

二艘のマルキを舫う（マルクミ）
進路
マルキをずらして（イシカネに）組み，
一枚の帆で風上に切りあがる方法

図 17　マルキと呼ばれる一枚棚漁船（拙稿「操船技術の一方法」『民具マンスリー』第 19 巻 3 号，神奈川大学常民文化研究所，1986 年 6 月）

鰡はよく釣れたという。同時に、鰹《カツオ》や鯖《サバ》が回遊してくるために、ここでの漁は加工とセットになっていて、鰹と鯖の節（蒸して乾燥させた）をこしらえた。漁獲物は地元で消費したものもあるが、多くは柏崎まで運ぶ専用の船が一艘稼働していたという。鯖節などは生節の状態で繰り返し運び出されていたという。

出稼ぎの彼らが生活拠点の石地に戻るのはヒカタ（台風の予兆）の強い日であったと語る伝承がある。台風が来る時期にこの仕事を終わらせるということである。二艘ずつ舫った船が、日本海を西に戻っていく姿があった。石地に戻った彼らは冬の鱈漁への準備に余念がなかった。年間を通して漁に生きる専業の漁業者であった。

石地にこの出稼ぎ漁業の実態を聴きに行ったことがある。ほとんど忘れ去られようとしていた。明治時代まで続いたこの出稼ぎ漁は、参加した人たちの多くが石地に残っていなかったからである。

若い漁師の多くが石地に残らなかったのは、残っても鱈場の権利は世襲であり、一家を保つだけの漁業が難しかったからである。そして、通漁の技術を身につけていれば、外に出ても十分にやっていけたからである。

わずか一〇〇年程前まで繰り返されていた光景である。出稼ぎ漁業は夏の間だけ北や南（本拠地以外）の漁場に通う通漁と、通った先に定住する移住があった。

北海道苫小牧の近郊に白老《しらおい》がある。ここの浜は新潟県藤塚浜の人たちが移住して街を作った。明治の中頃、藤塚浜の大火で焼け出された人たちが、故郷の生活に見切りをつけて北海道に渡った。

山形県小波渡《こばと》は庄内地方でも、最も古い漁村とされている。慶長年間に鱈場を発見した、当地の先進的な漁村として、鶴岡の城下に魚を供給する中心的漁村であった。小波渡漁民の動きは秋田への通漁から北海道への移住へと拡大していく。大正八年に村自体が水産業者大会で顕彰された。

豊浦村大字小波渡
地方最古ノ漁村ニシテ村民勇敢能ク漁業ニ従事シ未タ地方ノ発達セサルニ先ンシ南越後ニ遠洋漁業ヲナシ北秋田領ニ出稼漁業ヲ為シタルノミナラス遠ク六十余年前ヨリ北海道鱈釣漁業ヲ開始セリ各地方民漸ク之レニ倣ヒ漁具漁法ニ至ルマデ凡テ模範トセサルナシ実ニ遠洋漁業ノ開拓者トシテ將タ

出稼漁業ノ先駆者トシテ地方斯界ノ権威タリ其ノ効績甚大ナリ茲ニ本会ノ決議ニ基キ之ヲ表彰ス
大正八年七月七日
西田川郡水産業者大会会長従六位勲五等　永井秀蔵　印

小波渡は庄内にあって、沖漁業拠点として優れた船を使って沖に出ていた。「南越後ニ遠洋漁業」というのは粟島沖にまで出かけて鱈場を発見したことを指している。粟島沖の鱈場は、粟島の漁民ではなく、小波渡の漁民がみつけたことから、専用漁業権が小波渡になっている。「北秋田領ニ出稼漁業」は、男鹿半島入道崎を迂回して八森《はちもり》など、山本郡の海域に進出したことを述べている。この海域は鰰《ハタハタ》など、冬の漁に多くの力を注いだところである。小波渡の出稼ぎ漁業者は鱈を目当てとしていた。秋田内陸の歳取り魚を大量に捕るようになったのも、小波渡の延縄《はえなわ》技術が基層にある。

そして、「北海道鱈釣漁業ヲ開始セリ」の記述が白眉となる。小波渡の技術で北海道の鱈場開発をしたことを暗に示す。彼らは北海道の古平《ふるびら》を拠点とした。積丹半島北東部のつけ根に位置する古平は鰊《ニシン》漁で栄えた場所である。小樽を中心に、西の日本海側、余市、古平、岩内、寿都《すっつ》から江差にかけての海域では、明治三〇年頃をピークに鰊の最盛期が続き、これに伴う水産業が隆盛を極めた。

早春、産卵のために鰊が押し寄せる。雄の精液で海は白く濁る。群来《くき》である。網元がいくつも誕生して巨万の富を築いたのも群来によって夥しい鰊が捕れたからである。鰊は身欠きや数の子が水産資源として加工されて本土に運ばれる。余市の網元では新潟県刈羽郡出身の猪俣家が知られ、鰊によって得た富は、鰊御殿として耳目を集めた。山形県遊佐《ゆざ》町から小樽に渡った網元では青山家が誕生している。

北海道の古平に小波渡衆が渡ったのも、庄内から余市や小樽に出稼ぎ漁業をして成功するものが相次ぎ、先に移住して北海道で活躍している彼らが同郷の者を呼び込むようになったからである。小波渡衆の古平移住は、最初の間は通漁であったものと考えられているが、現地を故郷とする家族が出始めると、移住に変わっていく。この傾向は、北海道に渡った本土の漁業者の辿った道で共通する。

大正八年の記録によれば、小波渡衆はその六〇年前、北海道に延縄技術をもたらしたと記されている。ちょうど一八六〇年頃から、この海域で鱈場開発が始まったとする口碑が北海道にはあり、年代としては幕末に近い。小波渡衆が北海道の鱈場開発で先陣を切ったことが推測できる。

当時、北海道に渡って漁業をするには、北海道まで出かけられる優秀な船の存在が不可欠であった。庄内遊佐から青山家が江戸時代末期に砂で泣かされ続けた故郷に見切りをつけて北海道に向かった伝承が残っている。「普通の磯舟では津軽海峡を渡れないことから、川崎船を造ってもらい、これで北海道に渡った」というのである。川崎船は庄内川崎と呼ばれる、一本水押《みよし》、二枚棚の一〇メートル前後の櫓押し板船で、当時の最先端の技術で造られていた。飛島《とびしま》と本土を結ぶ小早（当時の小型軍船）として採用されたことが嚆矢とみられている。川崎船による飛島と遊佐との交易は物々交換であった。飛島の干物などの物産を春先には五月船として仕立てて酒田や遊佐などに来て、米と交換していたのである。この船の存在は、鱈場開発の鍵となり、沖にまで進出できる船として、庄内各地で川崎船として名声を博していく。

明治三〇年を境に鰊が減り始めた北海道日本海側から太平洋側に目を向けたのが越後佐渡衆である。

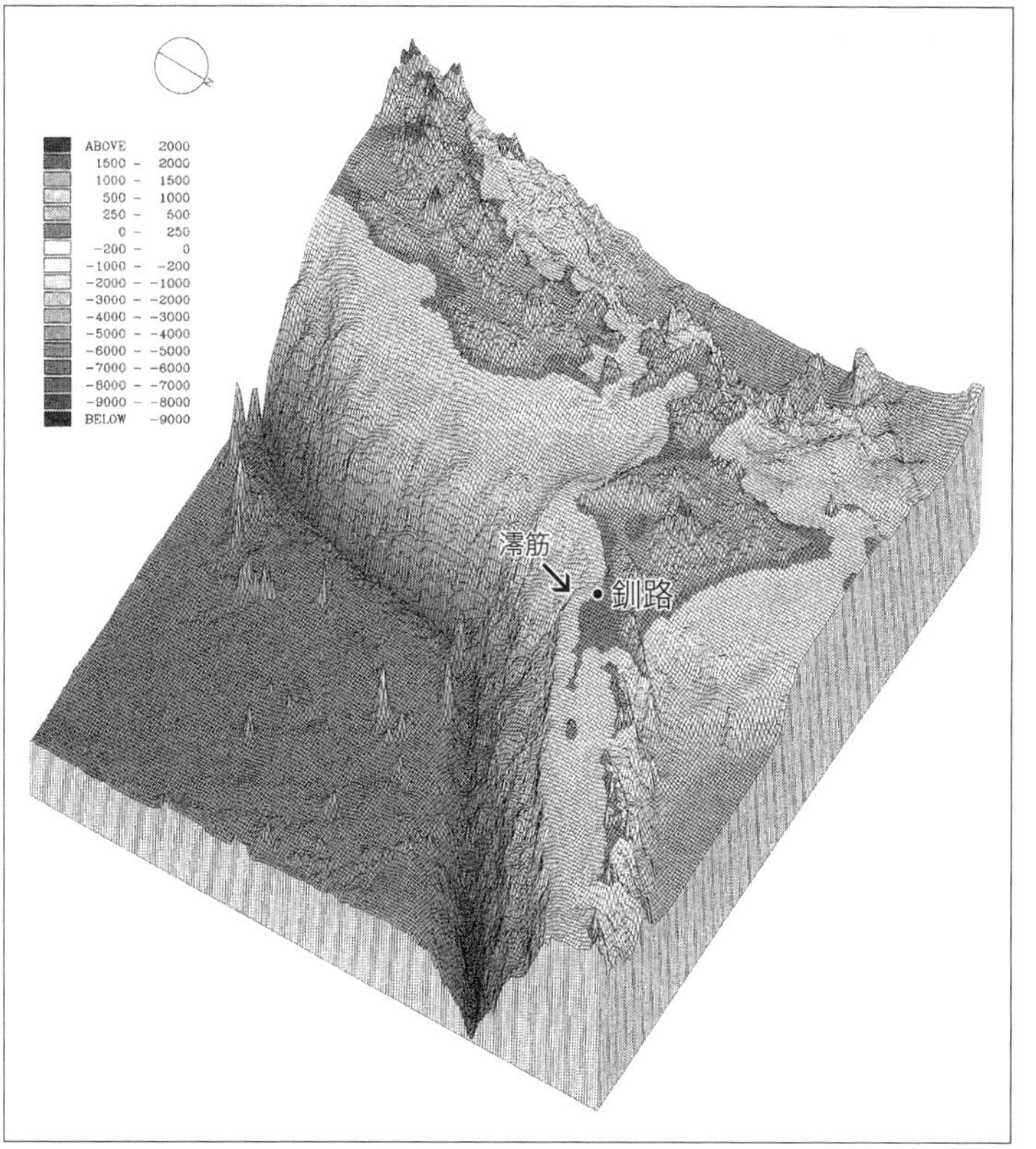

図 18　釧路（沖で澪筋が深海とつながっている様子が分かる．海上保安庁水路部『海のアトラス』丸善，1992，70 頁に加筆）

明治二五年（一八九二）から大正一一年（一九二二）までの県別北海道移住者戸数は四万七〇〇〇戸で越後佐渡衆が全国一位である。多くが鰊場での労働に従事したが、家ごとに独立する者が多くいたという。個人で鰊漁を始めた奥山家は、岩内で網元の漁業権とかち合わない周辺部で刺網を行い、富を蓄積していった。後に、網元となるが、昭和の初めには鰊が捕れず、鱈や鮃《ヒラメ》などの鮮魚を小樽の都市に卸す仕事をしたという。

家族経営が特徴となった本土から移住した漁業者は、少ない資本で漁を行うことに特徴があった。刺網や延縄は、家族経営段階から始められるため、多くの漁業者が延縄の技術に飛びついていく。この延縄で狙った魚こそ、鱈、鯱であった。

鰊に去られた西海岸から東海岸に向かった越後衆が辿り着いたのが、釧路である（前頁図18）。釧路川の先に薬研《やげん》のように深くなった場所があり、ここに鱈が群れているのを発見し、これを捕り始めたのが釧路漁業の嚆矢と語られる。明治二〇から三〇年代のこととされている。この後、越後衆が少ない資本で延縄を行い、移り住んだところは、白老、白糠などに及んでいる。

大規模な建網を使う大資本家に鰊漁場が寡占状態となる以前から、少ない資本で家族経営の延縄で漁場を開拓した漁民がいた。この人たちが、鱈場という沖の専用漁場を北海道の沖でも画定して、自らの生業を鱈によって築き上げていった。

このように、北に向かう漁民の群れはいつ頃からどのように形成されてきたのか。北の海に向かった人たちの姿を鱈を通して探ってきた。そこには、中世末、日本人の朝鮮半島での戦《いくさ》や交流が深く関わっていた。朝鮮半島から学んだ鱈の食習や漁法について、その黎明を明らかにしたい。

2　慶長年間の朝鮮鱈

北部日本海側の鱈場開発についての文書では、慶長年間の記録が鱈場を控える多くの村に残っていて、専業の漁業者が鱈場開発に携わった。川崎衆と呼ばれた。彼らは延縄《はえなわ》技術を保持し、彼らの乗る船は川崎船と呼ばれた。歴史の記録が、慶長年間を中心に北部日本海海域から北洋にかけて広がっていく。なぜなのだろうか。

文禄・慶長の役による朝鮮半島との交流が関わっているのではないかと考えるようになったのは、鱈、鯱の本場が彼の地やここから北の海であることだった。

しかも、江戸時代の中頃には、日本北地の諸藩が正月の贈答に鱈を生で江戸に送るという行動に出て、江戸で珍しがられたという文書も出て来る。

本格的に鱈場の開発が進み、諸藩が鱈によって恩恵を受けるきっかけとなったのが、海を越え、大陸に攻め込んだ戦争であったとすれば、多くの疑問点が解ける可能性がある。

一、武家が鱈を重宝がるきっかけとなったのは、時代の動乱であり、非常時の食糧として、保存の効く鱈は重用された。特に、大陸で戦時の非常食となっていれば、これが日本にもたらされたと考えられる。

二、沖に出て深海の鱈を釣る技術の確立は、優れた船の開発と、延縄技術の確立が欠かせない。慶長年間に、技術革新の起こる出来事があったのではないか。特に、船の技術は朝鮮半島で鎧張り(clinker)の大型軍船が就航しており、南方船の平板張り小型船（和船）では、太刀打ちできなかった事実がある。日本の武士は大陸の進んだ技術の真っ只中に身を置き、進んだ技術を手に入れることが出来たというのが実態なのではないのか。

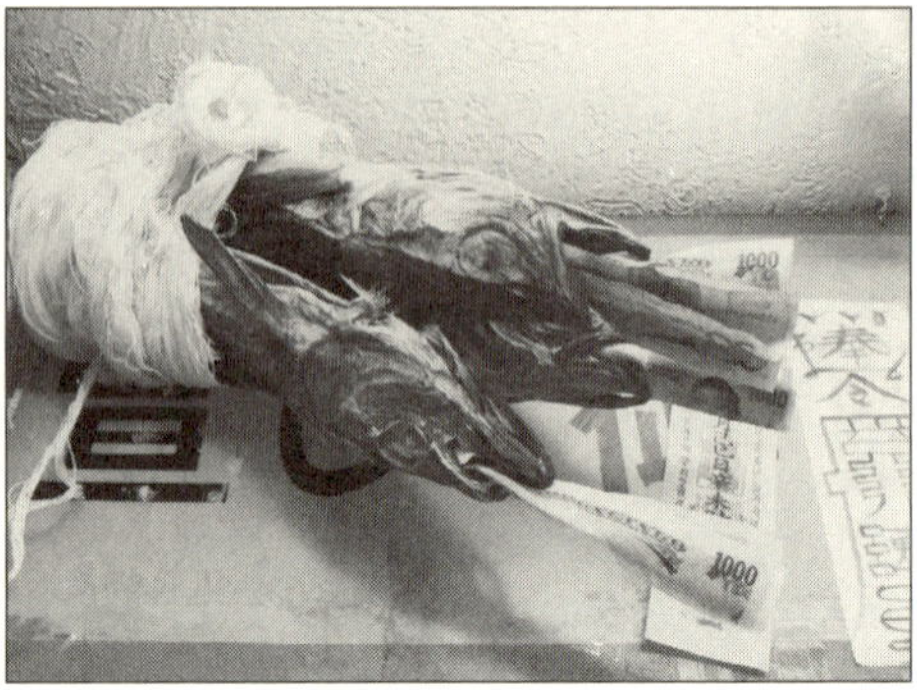

図 19　玄関の棒鱈（韓国，南大門）

朝鮮半島に攻め込んだ日本の軍船は当地の亀甲船（鎧張りの北方船）にさんざん打ちのめされる。兵站は延び切り、食糧供給は滞った。つまり、日本の兵は食べ物と技術の両面で苦戦した。

朝鮮半島では非常食としての魚が日常生活に顔を出す。石首魚《イシモチ》、鱈（マダラ）、明太（スケトウダラ）などである。棒鱈は明太が串刺しになって市場で売られている。どこの家でもこれを保存していて、玄関の上に架けて魔除けにしたり（図19）、家の者が旅に出る時に棒鱈を叩いて送り出したりしている。何よりも、棒鱈を持参して旅に出るのが習慣であったことが語られている。呪《まじな》いと考えがちであるが、日常生活の区切りの部分ではいつも棒鱈が顔を出す。信仰をはぐくんだ非常食なのである。

あらためて鱈、鮸の本場が朝鮮半島であることを日常生活の中で描く記録がある。一五六九年生まれ、一五九四年科挙の文科に合格した許筠《ホギュン》の著した『屠門大嚼《トムンテジャク》』がある。「朝鮮八道うまいもの」としてまとめられた内容は、平時の食べ歩きを意識したかの観があるが、書かれた背景には文禄・慶長の役、つまり壬辰倭乱（豊臣軍の侵略）の動乱があった。一五九二年の倭乱では、母の実家がある江陵《カンヌン》に身を寄せ、さらに北方へと難を逃れたという。この時に食べたものが記録されたというのである。[1]

大口魚《テグオ》〔テグ、まだら〕　東、南、西の海ですべてとれるが、北方のがもっとも大きく、色が黄色っぽく、東海のものは色が紅く小さい。中国人はこの魚を非常に好む。西海のがもっとも小さい。(2)

東海は日本海であり、ここの北の鱈が最も肉厚で品がよいという。西海は黄海である。鱈、鯱の分布は一般的には対馬海峡までであるが、この南側にまで海底を南下して黄海に達する群れがいた。この時代の朝鮮半島から中国東北部にかけて、鱈はその形態から大きな口をした魚として、文化的に認識されていたことが分かる。日本では国字を造って初雪の降る寒い季節に捕れるから鱈とした（『本朝食鑑』）とされ、俳諧の書『毛吹草』に越前鱈がようやく登録される時代である。本場の朝鮮半島では、既に産地まで特定して語られるほどありふれた存在であったことが分かる。

同時代、張氏《チャン》が著した『飲食知味方《ウムシクチミバン》』がある。一五九八年生まれで儒学者李時明の妻である。一六五〇年頃に書かれたとされているが、嫁ぎ先の味を嫁が姑にみてもらうことなどを説いて、儒学者の伝統を伝える姿が色濃く出ている。料理が各家で伝承されていることが分かる。魚肉類の項で二種類挙げている。

大口《テグ》の皮のヌルミ

干した真鱈の皮を水に浸け、具（いわたけ、松茸など）を薬果くらいの大きさに切り、包んで鶏肉の煮汁に入れて煮る料理。

大口の皮の和えもの

干し真鱈の皮を水で煮て細切りにして、いわたけと混ぜる。醤油で味つけした後、鱈の皮で包み、糸ねぎを皮の中に入れて巻き込む。これに酢醤油で小麦粉をといたものをまぶして蒸す。(3)

本格的な料理である。鱈の皮のみを使った料理であるが、身の部分や頭の煮ものなどを記述しないで高級な手間のかかる料理としているところにこの料理書のすごみがある。つまり、倭乱の時代に、朝鮮半島ではこのような手の込んだ料理が既に完成していたのである。鱈の各部をそれぞれの料理とするほどに、洗練されていた。

我が国にも豊臣秀吉に出した鱈料理や、尾張家のもてなしの鱈料理がある。ここではお吸い物に鱈が入っている記述がある。日本の慶長年代の鱈料理とは、この程度であった。

江戸時代前期、食物本草書として、医家の人見必大が一六九二年に著した『本朝食鑑』は、鱈に関する該博な知識と実地を踏んだ記述が残る貴重な資料である。この中に、朝鮮《ちようせん》乾鱈《ひたら》の項目がある。天和二年（一六八二）来朝した韓人洪世泰に鱈魚のことを質問している。

弊国では大口魚と称し、北地で多く獲れる。曝乾《さらしほ》して貨殖の材としている。(4)

との答えをもらっている。そして、対州（対馬国）の商人が朝鮮の海市より持ち帰ったものは我が国の干鱈と同形で味も似ていることを述べ、肉厚のものと薄いものがあることを解明する。

薄肉のものは、小鱈を乾したものおよび経年の羞《ひもの》である。初め漁人が獲った時、まず上の白肉を削り取って曝乾し、これは鱈の筋と称し、守護に献上する。その余の薄肉のところは、曝乾し、全国に出荷しているのである。また別に太守・刺史等の厨に生鮮なものを、全体の姿のままに曝乾したものを供納している。これは肉厚で白色であり、朝鮮の乾鱈のようである。いま太守・刺史・県令が貢献しているものはこれである(5)。

貢納品として鱈の筋を守護に献上し、残ったところは全国に出荷する朝鮮の鱈利用を記録する。

つまり、朝鮮では、鱈が貨殖の材として、我が国の鮭と同じような役割を担う、重要な魚であったことが分かるのである。人見必大の丁寧な聴き取りや実地調査は朝鮮の『東医宝鑑』の「毒なく、食べれば気を補う、脂こい腸の味は佳い。東北の海で生まれる。大口魚と俗に呼ばれる。」という記録を踏まえ、鱈という魚の文化史にも及ぶ考察を施している(6)。

このことから、鱈の食習慣は、朝鮮半島が本場で、この食べ方、利用法が我が国に及んだと考えられる。

李朝（朝鮮王朝）の地理書として、端宗二年（一四五四）にまとめられた『世宗実録』がある。これに一四四七年、乾鱈四〇〇尾が対州（対馬）に輸出された記録があるという。この事例からも、『本朝食鑑』に記述された人見必大の対州から取り寄せた干鱈と合致し、考察は的確である。

文禄・慶長の役つまり壬辰倭乱は彼の地の貴重な食材、鱈の食習を日本に導く契機となったことが考えられるのである。

3　日本海と鱈

韓国釜山に近い慶尚南道巨済島《コジェ》では、「鱈まつり」を真冬、鱈漁の時期に行う。真鱈が捕れる漁場に近い。大きな腹を上にして浮いてくる鱈は、冬の味覚として、彼の地での風物詩となっている。

現在、韓国料理の鱈は、独特の存在感を示す。テグタンという鱈料理は頭部が丸ごとスープの素材となって煮込まれている。味つけは唐辛子と塩、コチジャンなどであるが、頬肉などを食べながら味わうスープで、体を温める。韓国料理の海鮮素材は海に囲まれた我が国同様、多彩である。

そして、深海に近い巨済島のような鱈場に近いところは、近世以降に漁業発展していく姿がみられる。文禄・慶長の役で彼の地の食習慣を学んだと考えられる日本は、この傾向が特に強くあらわれる。

それまでの日本人は、本格的に沖の鱈場へ出かけ、鱈、鯇を捕ることをしてこなかった。朝鮮との交流で、鱈が重要魚種となっている現実を、初めて学んだというのが実態だったのではなかろうか。

若狭湾の鱈場については既述した。中世の終末期には既に京都に鱈を運んでいたことが分かっている。朝倉氏の文書を示した。この沖鱈場の専用漁業権のお墨つきを与えたのがこの地を治めた朝倉であり、『道川《どのかわ》文書』には、兵站を担った川舟衆が記録されていた。彼らは北は下北半島から西は朝鮮半島まで、海運を担ったことがわかっている。文禄・慶長の役では若狭から朝鮮半島に物資を運び、彼の地から若狭に名産品を運び込んだ主役であったことが推測される。

日本海の鱈、鯳の分布を確認する必要がある。日本海側では対馬海峡を南限に北に広がり、太平洋側は銚子沖を南限に大陸棚に沿って北の海に分布することが一般的に語られている。リマン海流の出口が対馬海峡であるとの認識である（二七頁図8参照）。

この分布傾向を地質学の面から説明することがある。氷河期に半島と陸続きとなっていた対馬海峡は、暖流を遮断していた。日本海に太平洋から海水が供給されたのは宗谷海峡であるという。津軽海峡は宗谷海峡より浅い。つまり、北のリマン海流は最も深い宗谷海峡を出入り口に日本海に入り込んでいたというのである。タタール海峡がサハリンと大陸で接する間宮海峡はアムール川の吐き出す砂州が河口を覆い、ここの水も日本海に供給されていた。つまり、暖流が全く入り込まない内湾の湖状で、貧栄養の冷たい日本海が存在していたと考えられているのである。この状態ではぐくまれていた魚が北の宗谷海峡から入ってきたタラ科の魚であるという。中央に大和堆《たい》という海底からせり上がる浅瀬を中心に、海盆の平たい底が広がる所に鱈、鯳が群れていた。この魚は地質時代の記憶を保持するとされている。

朝鮮半島東海岸からロシア沿海州にかけての沿岸は鱈、鯳の好漁場として、ロシア、北朝鮮、韓国、日本の漁業者の入り交じる争いの海でもあった。

日本海の海底にまで一気に海が落ち込む能登半島周辺は、深海の鱈や鯳が産卵時になると斜面を登って岸に近づく。特に富山湾は一気に海が落ち込むところで、川の先は溺れ谷になっているという。このようなところを伝わって鱈が浮上して産卵する。富山湾では昔から鱈場が近くにあった地の利に恵まれていたのである。冬の産卵時には、寄ってくる鱈を岸近くで釣り上げることができる。

能登半島七尾には鱈飯があった。吹雪に荒《すさ》ぶ日、鱈が揚がる。「鱈様」と地元の人が呼んだという。

大鍋で直接煮て、白い身を食す。内臓には脂がのっていて体を温める。鱈が揚がると漁師はこれだけでご飯となったことから米がなくても鱈飯と呼んだのである。

このように、海が一気に沈み込んで深海に達するところでは、鱈が岸近くで捕れることから、専用の漁場を指定しなくても、鱈は比較的簡単に捕ることが出来た。

海盆のように底が平たい日本海は、落ち込みの激しい海岸側に鱈の好漁場ができた。同時に、堆や島の周辺が鱈場に近くなる。西から、対馬、隠岐、能登半島、佐渡、粟島、飛島、奥尻島、焼尻島、利尻島、礼文島と連なる島々は、列島に沿って海底からつきあがっている。

鱈が群れた西の端、対馬海峡を塞ぐ地峡から日本海の海盆に海が落ち込む島々で鱈の記録をみていく。

隠岐（島根県）は日本海の一群島である。北緯三五度五九分より同三六度二一分。東経一三二度五六分より一三三度二二分。四つの大島からなる。西側が島前《どうぜん》で知夫里《ちぶり》島・西島・中島からなり、島後《どうご》が一つの大島となって東側にある。水産業の魚種と漁獲量（物産統計）を示す統計がある(7)（表2）。

この統計資料から水産業の変遷と特徴が垣間みられる。スルメに加工していた烏賊（柔魚）は産業の主力を譲り、保存加工に適した鯖《サバ》や飛魚（文鰩魚）、鰤《ブリ》が時代とともに伸びている。鯖は鯖節に加工して出荷され飛魚はアゴと呼ばれる出汁の原料となった。そして、鱰《シイラ》が統計に出なくなった代わりに鱈が登場しているのである。隠岐の統計資料で鱈が初めて確認されるのが昭和六年の西郷町である。他の町村では鱰の統計は出て来るが、鱈の統計はない。

このことから、島後の沖漁業基地、西郷町の魚種の変遷は、産業構造の変化を示していることが推測できる。事実、鱈肉由来と考えられる蒲鉾や竹輪の練り物製造産業が記録されている。長期保存に耐え

表2　隠岐の水産統計

魚　種	明治40年	大正3年	昭和6年　西郷町
二番柔魚〔ニバンスルメイカ〕	28万4228	13万　442	2500
真鰯〔マイワシ〕	1095	1万　434	2500
鯖〔サバ〕	4万2715	1万3565	5万2500
鱶〔フカ〕	1万1700	710	9000
鯛〔タイ〕	1万6195	6322	1万1250
鱰〔シイラ〕	6854	9330	—
文鰩魚〔トビウオ〕	3075	2405	1万1250
鮑〔アワビ〕	1万9109	7407	1000
海苔〔ノリ〕	8036	6436	—
和布〔ワカメ〕	6557	6964	6000
石花菜〔テングサ〕	3220	5305	—
ブリ	—	—	1万7600
アジ	—	—	7000
カレイヒラメ	—	—	1万　800
タラ	—	—	4800

単位：円

る鯖節のような乾物ばかりではなく、短期間乾燥しただけのスルメや目刺しなども盛んに造られていたのである。このことは、本土との交易に備えたものであろう。

鱈の記録が昭和六年というのは遅く感じるが、統計資料として、産業構造に入ったのがこの時代と考えるべきであろう。つまり、鱈を開いて乾す技術が確立したのが昭和初期と考えられる。この時代、戦争に備えて鱈の需要が国際的に高まっていた。鱰の統計が西郷町で消えるのは、捕らなかったのではなく、産業としての有意性から滑り落ちたのであろう。鱰の加工品は身を乾して保存するものである。鱈の身干しの方が優位になったと考えられる。鱈は保存目的で乾燥させれば、数年もつ優れた特性がある。しかも、非常食として、水に戻せば体積が大きく戻る特性も持つ。

鰯を捕る鰯場は、鱈場とかち合い、夏の鰯、冬の鱈と循環させれば二倍の利益が出せるのであるが、鰤や飛魚のような回遊性の魚を夏に狙えば、鰯に手が回らなくなっていくのは自明のことである。

4　佐渡と真鱈、鯱

佐渡の鱈、鯱を考えるには、江戸時代の佐渡金山にともなう生活から読み解かなければならない。日本海の鱈が江戸の都で庶民に受け入れられていくのが、江戸時代の末期に当たる。佐渡金山の運営と鱈（マダラ、スケトウダラ）が結び会う。金山労働者の食糧として鱈、鯱が重用された経緯がある。一揆の発生、行き詰まる幕藩体制。これを克服しようとする水野忠邦が部下の川路聖謨《としあきら》（一八〇一〜六八）を佐渡奉行に送る。鱈はここでも不安な世相を映す。

まず最初に検討するのが、江戸に住み、人々の健康に役立つ食の魚介類を一三三種類も紹介した、武井周作という医師の業績である。天保二年（一八三二）に『魚鑑』を著す。

江戸でも鱈が魚河岸に入り、人々に認知されてきたことが分かる。「たら」の項を引用する。(8)

たら　東医宝鑑に呉魚の名を出す、俗に大口魚といふ、又鱈の字を用ゆ、越前のもの天下に甲《だいいち》なり、蝦夷越後に多し、奥羽よりも出す、皆塩蔵《しをつけ》なり、塩によろしく、生によろしからず、歳首《ねんじ》の節物なり、一種いろ微黒《ねつみ》にして、痩小《きやしやう》なるものを、しつこけだら又すけとうだらといふ、味ひ佳からずといへとも、佐渡すけと金山に間近き所にて、漁るものは佳し、よりてすけとうといふ、又東《え》都《ど》近海まれに、漁り得るものもこれなり、

気味　甘平毒なし

主治　胃を開き食を消し、宿酒を解し、小水を利《つく》りて、頗る血を破る、妊娠五ヶ月までは忌む、寒中子あり塩漬し酒媒となし、まさに魚飯となしてよし、又雲腸あり即白こなり、

「佐渡すけと」がスケトウダラの語源であるかのごとく記している。佐がスケ、渡がトからであると読める。

川路聖謨が佐渡金山を抱えた徳川直轄地に佐渡奉行として赴任滞在したのが天保一一年（一八四〇）七月二三日から翌年の五月一五日迄である。この間の日記が『島根のすさみ』として著されている。日記の中には食べ物の記録も多く、冬の厳しい寒さの中での生活が描かれている。この中に、真鱈と鯱に関する記述が七ヶ所ほど出て来る。江戸の食と異なる姿が描かれている。数ヶ所取り上げる。(9)

・九月八日　今日、はじめて鱈を漁せしとて、甲賀佐助より差出す。今、海よりあがりしよし也。江戸になき魚なれば、よくみしに、塩なるものとは形大にこと也、腹大にして、丸き魚也。さしみと成して物せしに、味別段也。鮮《あざら》けき魚は物せしかど、懸かる美肉を食せしは初て也。さしみ白きこと、ひらめよりもしろし。更に、なまぐさ気なし。至て肉柔かにして、先ずかつおの柔サ也。身はさくさくとして至て軽く、さて味ありて、さしみの第一なるべし。はらわた、雲わた、油わた、其

外の名ありて、味大によろし。雲わたというものは、白子の類いとみゆ。油わたはあんこうの血わたの類なるべし。豆腐じるによろしという。煮たるものは、こちとあいなめをかねたるもの也。身、よく一ひら一ひらにほぐれ、柔にして甘し。たらは病人も給べ、さしみは過食しても小便は多くなれ共、腹にたまらず。至て早く消ゆという。寒国の魚にて、魚の雪に類するもの故、鱈の字あるも知るべからずと覚ゆる也。松魚のさしみにくらべ、その半程を物しぬ。鱈の江戸にありなば、中々、中人以下の食にあるべからず。必ずあんこうと肩を並べ、其上に出べきもの也。憐れむべし、北国より出羽、蝦夷の辺に夥しく漁するもの也。よって、多きもの故、かれは物おしみせり、鱈を客に出せりなど申せしよし也。やすき時は、大魚一尾百文にいたらずという。(後略)

・十一月九日　たらの味噌づけ、味よし。あまだいの如し。母上に奉りたきものと申しき。塩あまき味噌につけ候わば、寒中には江戸へ参るべしとおもいぬ。

・十一月十四日　鱈、此のほどはとるる。淡き魚故、塩にせしはよろしからず覚え候。

・十二月朔日　たらを葛かけにいたし、給べ申し候。至てよろし。朔日に付、菜を給べる。汁もたら、ひらもたら也。

真鱈は冬の寒い時期に揚がる。寒中の食として、江戸にはないものという。そして、母上に食べさせたいという心根まで書き出す。そして、二月には真鱈と並んで鯱が揚がる。

・二月十二日　この島にてはすけとうと云う魚を冬よりかけて今も夥しくとる也。その子、或は干し、或はしおにして、大坂より中国へあきのう也。日々の出帆、ことに多し（すけとうは、江戸にていう小たら也。こしにてはなべてすけとうという也。佐渡にて国々へも商う故に、佐渡のたらという心にて佐《すけ》渡《と》というを、すけとうとなまりしや。土地にても、かく心得るものもあるよし也）。

佐渡を「すけと」と読むことから佐渡の鱈がすけとだらとなったという、そして、「すけとう」になったのは越の言葉であると述べている。これが当時の思潮であろう。『魚鑑』の記述と一致していることから、この説明で通っていたと推測される。

江戸の小鱈は、近海で稀に捕れると『魚鑑』にあることから、真鱈に似た魚として認識されていた。しかし、武井周作も川路聖謨も江戸の知識人である。

寺島良安『和漢三才図会』は正徳二年（一七一二）成立。人見必大『本朝食鑑』は元禄一〇年（一六九七）に著されている。どちらも、鱈の記述の後に、類似の表現で記述されているのがすけとうである。『和漢三才図会』は「須介党《すけとう》」の項を立てる。「鱈に似ていて小さく、色は黒に白を帯びている。味は佳くない(10)。」

『本朝食鑑』の記述は次の通りである。「一種に、俗に介党《すけとう》と称するものがある。色は微黒く、白色を帯び、形は小さい。味は佳くなく、最も下品なものである。」

同時代の文化人が鱇をすけとうの名称で記し、鱈の一種としながら真鱈よりも劣る物との見方をしている。

ところが再び『魚鑑』に戻ると、「一種いろ微黒《ねつみ》にして、痩小《きやしやう》なるものを、しつこけだら又すけとうだらといふ、味ひ佳からずといへとも、佐渡すけと金山に間近き所にて、漁るものは佳し、よりてすけとうといふ、」との記述に改まっていく。

一七一二年の『和漢三才図会』から一一九年後の一八三一年『魚鑑』までに、佐渡金山に関する何らかの情報が江戸でも広がり、佐渡のスケトウダラが劣る物からよりよい物に位置づけを高めている。川路聖謨『島根のすさみ』は佐渡奉行が金山近くで記した日常の魚であり、鱈を劣るものではないと記している。

つまり、当時、江戸でのすけとうの呼称は、佐渡に拠っていることが共通の認識とされている。では、佐渡ですけとうと呼ぶ魚が捕れるようになったのはいつのことであったのか。

佐渡では、中近世史の研究蓄積が進み、多くの文書が解読されている。すけとうの記録は、佐渡金山の歴史と密接にからむ。

慶長八年（一六〇三）、石見《いわみ》（島根県）から佐渡代官（奉行）に就任した大久保石見守長安が、金山の隆盛に伴う人口増加に対処するため西国石見の進んだ延縄《はえなわ》漁法を保持する漁師三名を定住させて、勝手次第に漁《すなど》ることを許した。とする口碑が語られている。現在から四一〇年前の出来事が、観光案内でも語られる。

残された文書資料を読み解くと、口碑の正確さとその喧伝の効果が姿を現す。佐渡はすけとうと呼ばれる海の底に棲む魚の島なのである。

鱈の文化史は、その双璧を真鱈と鱈が担うとすれば、真鱈が若狭で語られ始めるのに対し、鱈は佐渡から物語を始めなければならないのである。

大久保長安が招いた漁師が延縄で捕った魚こそが鯨である。冬の盛りに佐渡沖まで開拓し、鱈場を画定して水揚げした鯨は、生食、保存食として、長く島民の生活を支え続けてきた。

石見からは徳左衛門、与三衛門、久八の三名が達者集落地内の姫崎を開発して姫津と命名する。現在の佐渡市姫津のさきがけである。

明暦三年の「小物成留帳」（税としての運上品）には、「すけと延縄」、「さめ網」、「しいら漬漁」など、西国の先進技術によって捕られたことが記され、干鱈役などが載っている。

鱈の延縄は先進技術である。鱰《シイラ》漬漁でも使われた延縄は、鱈漁と共用した。鯨の延縄は真鱈とも共用する。

佐渡での真鱈、鯨の延縄漁場は一六一〇年代には全島に広がったとされているが、沖に成立した鱈場は、明治三四年の漁業法施行前に専用漁場として、特定の漁業者の権利を慣行的に保障していた。この取り決めは元治元年（一八六四）延縄漁業を規定した「沖漁規程」であるとされている。この規程により、佐渡で延縄漁業の出来る沖漁師が一五六人に定められたとされている。しかし、今まで延縄が行われてこなかったところで鱈場を画定してここで真鱈や鯨を捕ることは、誰も手をつけなかった豊穣の海を拓くこととなり、元治元年の取り決めまではかなりの漁業者が真鱈や鯨を捕っていたことは明らかである。(11)

では、真鱈と鯨では、どのくらいの比率で水揚げがあったものなのか。そして、鯨が佐渡を代表する魚になった背景は何か。夷《えびす》町（両津）の一六七〇年『夷町小物成納方之覚』をみる。

一、干鱈四一二枚　　銀納
一、干鮑二六四〇枚　銀納
一、烏賊九六〇〇枚　銀納
是は八四、五年前〔一五八五〕迄、夷町は久知殿之御持に而、猟役とて鱈鮑烏賊など生肴に御取被成候処に、其後川村彦左衛門殿田中清六殿吉田佐太郎殿中川主税殿四奉行にて当国御支配砌より、干鱈干鮑干烏賊にて納来申候を御訴訟申上銀納に相成只今迄納来候由申伝候(12)

小物成として納めていた真鱈、鮑、烏賊《イカ》は、一五八五年までは現物納であったという。生肴を決められた手順で肴町の商人（役所から任命）などに提出する方法である。その後、四奉行が治めるようになってからは干鱈、干鮑、干烏賊で納めたという。そして、一六二〇年頃（五〇年ばかり前）から石高制の浸透であろう。銀納になったという。

『佐渡年代記』には、他国出しの筒鱈（干鱈、干鮑とは異なる）一本に付役銀一分一厘（一一パーセント）とあることから、奉行所にとっても、貴重な資源として扱われていたことが分かる。事実、他国出しには佐渡奉行所の許可を必要とした。一八〇〇年の記録には「すけとう鱈五八四貫目」を新潟に出している。烏賊が六一七五貫目の時である。烏賊の一〇分の一である。

あらためて一六七〇年の小物成の構成をみる。干鱈の六倍、干烏賊の四分の一強である。烏賊は佐渡を代表する産品として、近世特に著名であったが、これに次ぐものとして、干鮑が位置づけられている。鮑は延縄での漁であるが、縄には真鱈の六倍もの鮑がついたと考えられる。大量に捕れる魚は見下されやすいが、これが冬の保存食として重要なものであればどうだろう。保存と移出制限に政策が動く。特に、他国に自由に出されないよう、佐渡奉行が取り決めたことから、重要な食べ物とされていた。

今も佐渡では保存食として一夜干し烏賊とカタセが認知されている。カタセは鯇の腹を開き塩漬けした干物である。重要な蛋白源として佐渡鉱山はじめ庶民の食生活に欠かせなかった。

鱈（マダラ、スケトウダラ）と人の歴史をひもとくと、乱世の鱈がみえてくる。人の世が乱れ、困窮する時ほど鱈の存在価値が上がっていく。ここには、保存食としての鱈が顔を出していたのである。人が十分に食に恵まれない時、長期の保存に耐え、いつでも食べられる干鱈や干鯇は貴重な資源として、人を扶《たす》けた。

5　日本海中部海域から北へ

日本海は若狭湾と佐渡で鱈をめぐる歴史が勃興してきたことを記してきた。日本海中部海域は対岸の北朝鮮やロシアとの距離も離れ、膨らむ海域には多くの開拓者を待つ海域が広がっていた。

この日本海中部に海底からせり上がった浅瀬が存在して好漁場となっている。大和堆《たい》である。ここを発見したのは特務艦大和である。日本海の底は海盆として平らな鍋底状態であると考えられていたという。大正一五（昭和元）年（一九二六）、日本海盆の中央部に大きな海底山脈のあることが分かる。ここが大和堆である。測量を経て大和堆の大きさが画定された。

この堆の発見には福井県の漁師が関わったという話を若狭の浜で聞いた。漁師の中に、いつも大漁をして帰る者がいて、地元の話題になったというのである。人の行かない沖に好漁場を見つけて、ここから魚を運んでいたという。この場所が堆であったという。しかし、大和堆は日本海の真ん中にある。おそらくこの漁師が発見したのは、大和堆とは異なる近場の堆だったのではなかろうか。大和堆の存在そのものは大正一三年（一九二四）に分かっていたという。海の深さを測り、海底地形を明らかにするのは、延縄漁師の十八番である。彼らは秘密の漁場として、一子相伝で守ってきていたとも語られている。

堆には海流がぶつかり、深層の海水が引き上げられるなどしてプランクトンが湧く。当然のように魚が集まり好漁場となっていく。底魚の真鱈やズワイガニはこのような堆の周辺に濃く分布するという。日本海中央部に好漁場が確認されたことは、漁業者にとっては福音であった。問題は、この場所まで出かけて魚を捕る技術の確立がまたれたことである。新しい漁撈技術と優秀な沖船の組み合わせが必要であった。

大正一〇年代は、日本海側に限らず、日本列島各地で無動力の帆船に機械式動力を積む、漁船の技術革新が勃興していた。焼き玉エンジンからチャッカ（着火）動力を経て、ディーゼル動力に移行する海の動力革新は、より広い漁場を求める漁業者の動きが後押ししていたことが一因である。

同時に、沖の深海に魚が群れ、人の生活を支えてくれることに気づいた人たちが、一斉に沖に向かって船を出した。

大和堆の発見と同時代、魚がいないと思われていた沖に、鱈の群れる好漁場が発見され始めた。日本海北部海域の最高の漁場に、武蔵堆がある。特務艦武蔵が発見したことからこの名がついた。大正一四年（一九二五）のことである。北海道礼文島の南南西、留萌《るもい》から西側の日本海にある堆で、最浅点は一五〇メートル前後であるという。

堆の発見とここの漁業開発のためにも、動力船の導入がまたれた。大正末の海では、海の底まで見通した地形の開発と沖まで出かけられる動力船の開発が同時に進められていたのである。

そして、この開発が決め手となって、鱈と鯱資源は水揚げ高を飛躍的に伸ばしていき、同時に九〇年後の二〇一四年には資源の枯渇が問題となるまでに捕り尽くされていく。

松前、江差で鰊《ニシン》が捕れなくなったのが安永五年から天明二年（一七七六〜八二）頃とされている。享和・文化年間（一八〇三〜一三）に鱈釣漁が始められたという。鰊に変わる魚種が必要であった。この技術を伝えたのが、本土側から鰊場に来ていた漁民であったとされている。鰊は捕れる漁場が北上していき、これにともなう漁民の群れは松前から岩内や小樽に移動する。そして一八六〇年代初めには、庄内小波渡《こばと》の鱈釣り技術で鱈漁が隆盛を迎えるのである。つまり、一八〇〇年代から一〇〇年間で、北海道南部海域では鱈や鯱漁業の一大産地が作り上げられていくのである。鰊に替わる魚種として。

6　北海道移住

明治二四年（一八九一）農商務省の統計では、本土漁村から北海道に渡った漁民は七万人余りいる。新潟県、富山県、石川県は漁船を持ち込んで移住する人たちが多く、青森県、岩手県、秋田県などはヤンシュウと呼ばれる出稼ぎ漁夫が多かったという。

北陸地方から北海道に渡った漁夫の多くが、さきがけとして北海道に渡って網元となっている人の縁故を頼って出かけている。同時に越後衆の北海道漁業では、当地に定着する人たちが多かった。故郷の長い海岸線の各場所で発達してきた漁業の技術が、北海道で遺憾なく発揮された。

明治三五年（一九〇二）、増田庄吉が佐渡で鯱延縄《はえなわ》漁法を学んで北海道岩内に帰る。増田は安政元年（一八五四）、福井県丹生《にゅう》郡国見村生まれで明治二〇年に北海道に移住していた。岩内の海で鱈漁を行い、莫大な鯱の釣果を得る。これによって鰊漁の衰退に直面していた各浜は競って鯱延縄に移行したといわれている。増田式延縄と呼ばれ、北海道延縄漁業確立の嚆矢とされている(13)。

ところが、鱈釣りそのものは北海道では縄文時代やオホーツク文化の時代には、かなりの鱈を捕って食べていたことが香深井《かぶかい》2遺跡の発掘などで分かっている。つまり、鱈漁業の嚆矢という面からは、北海道は先史時代からすでに食文化として鱈は採り入れられていて、誰が始めたという問題で考えると論点がずれる。

大切なのは、増田式延縄が生業としての鯱漁業を確立したことであり、庄内小波渡《こばと》の鱈釣り技術も古平《ふるびら》ですでに実用化されていたことである。

北海道移住では、多くの先人の艱難辛苦を聴き書きしている。明治二〇年（一八八七）新潟県北蒲原郡藤塚浜から北海道白老《しらおい》に移住した宮森家の事例は深く心に刻まれた。白老に移住した二、三代の方々にも現地で会い、初代から語り伝えられてきた苦労を記録してきた(14)。

北蒲原郡藤塚浜から北海道に移住した宮森太惣次が海を渡って北海道に移住したのは、明治一七年と一九両年に故郷を襲った大火で焼け出されたからである。砂丘の村である。水が思うように使えず以前から砂に泣かされ続けてきた浜であった。宮森家の家系図に蔵という女性が載っている。明治一九年の大火の際、蔵の中で産まれたからであるという。一家は産まれて間もない蔵も連れて、いつも浜で漁に使っている川崎船に家財道具を積み、落堀川（紫雲寺潟干拓の際に海に開けた通水路で藤塚浜はここを川湊としていた）の川湊から再起をかけて北海道に渡った。当時を記憶していた松田網元から聴いている。「春彼岸過ぎ、海が凪《な》いでくると毎日のように桃太郎旗を川崎船の艫《とも》に指し、焼け出された人たちが残った家財道具を積んで村の人に見送られて出ていくんだ。子供心にも切なくてなあ」。

宮森家は一週間かけて故郷藤塚浜から函館に入ったという。ここにいったん逗留する。函館には、入舟町がある。ここは越後人町と呼ばれ、越後の人たちが北海道に移住してきたとき、いったんここにハバキ（脚絆）を脱ぎ、北海道の情報を手に入れるところであった。北海道の情報とは、鰊《ニシン》漁に人が必要であるからその浜の誰々の所に行くと仕事がみつかる。などの外に、漁業としてこれからは東に行く方が魚が濃いなどの重要な情報が集まっていたのである。ここは、漁具などを商う古くからの町である。

宮森家は、ここで北海道の西海岸に入ることを諦め、東海岸の浜を探したという。明治二〇年の時点で西海岸の鰊はもう最盛期を過ぎているということが分かったからである。一家の大黒柱であった太惣次は、東海岸に賭けた。函館に家族を住まわせ、越後から乗ってきた川崎船で東海岸の浜に通漁して魚の濃さを確認したのである（一八七頁図45の地図参照）。

当時、小樽や留萌《るもい》などの西海岸は鰊の浜として漁業権は大きな網元に握られ、家族で漁業経営するような宮森家の希望に沿う場所はなかったという。

太惣次が夏の間、函館から烏賊《イカ》釣りで室蘭沖に出かけた時、室蘭のエドモと呼ばれる岬の陰に苫《とま》囲いの仮小屋を建てて夏の間住み、ここで烏賊を加工して函館に戻るという通漁をしていた。この場所が気に入った太惣次は、家族をここに呼び寄せることを考えていたという。ところが、冬に通漁した時、オロシと呼ばれる北西の風に曝され、家族で住むには気象が荒すぎることが分かり、この場所を断念したという。翌年の春、太惣次の通漁は函館から苫小牧の沖に進出する。虎杖浜《こじょうはま》である。

故郷新潟の藤塚浜は砂地の農業と海での漁獲物で生きてきた。農業では米の代わりに芋や麦を作り、海では地曳網から延縄まで、何でもこなして生きてきた。春の飯蛸《イイダコ》漁から冬の鱈漁まで、遠浅の砂地に出来た村である。生業を特化することで大規模な産業となることはなく、こまめに一つ一つの仕事を集積して食べ物を確保していたのである。

この藤塚浜とそっくりの浜が白老の虎杖浜であったという。太惣次がここに故郷をだぶらせたのか否かは分からない。しかし、彼はこの浜の海の深さを測り、遠浅から一気に深く落ち込む海の地形をみて、故郷と同じ漁業が出来ることを確信したのであろう。同時に、白老は後背の山が村を守る形で風を防ぐ。最も怖い沖への強風に対し防御できる地形であった。船で沖に流されない範囲で魚が捕れる。ババ鰈《カレイ》、鮃《ヒラメ》、鯱、鱈、鰯《イワシ》などの寄りつく内湾に虎杖浜はある。

函館から家族を載せて上陸した場所は、ポンアヨロ川の河口であった。飲み水の確保と船を真水に入れて板の痛みを防ぐためであった。上陸して最初に陸揚げしたのは川崎船の船底に乗せてきた重りの代わりもした一家の墓石であったという。

この話を聞いた時、覚悟の移住であることが私にも伝わった。現地を訪れた時、小川のポンアヨロ川が、大きな河川にみえた。

宮森太惣次一家は、白老移住の先駆者となる。後にここには新潟の藤塚浜、そして隣接する次第浜からも移住者が続出して、街を作ることになる。現在も、東側に藤塚浜出身の家並みが続き、西側に次第浜衆の家並みが続く。ＪＲ虎杖浜駅が後に設置された時、駅から海に向かって大通りが開かれ、この東西に藤塚浜と虎杖浜出身者の街並みが整備されていく。現在もそのように区画されている。

白老の虎杖浜に居を構えた宮森家は、太惣次とその息子たちが海から豊かな魚を供給した。故郷の海で培った延縄は大活躍し、鯳は縄に鈴なりになったと語られている。明太子作りも盛んに行われ、白老の名物は婦人会が工夫を重ねて作ったという。

太惣次の慧眼は、魚の販売先を確保していたことである。登別温泉に魚を供給したのである。登別温泉は北海道開拓時代から重要な観光地で、客は絶えなかった。魚を売り捌いたのは、故郷越後でイサバと呼ばれるぼて振りで、天秤棒に越後笊《ざる》と呼ばれる深めに出来た竹籠を両側に吊して、売り歩く。太惣次の妻がこれを担った。越後と同じ様式である。魚は獲れるとその日のうちに天秤棒に笊を架けて内陸部の村へ売りに出た。おなごの仕事である。白老のアイヌ集落にも魚を届けたことを聴いた。

図 20　宮森太惣次の子孫・宮森初二さんの烏賊釣りトンボ

北海道移住では釧路を漁業基地として発展させた、越後衆と越中衆の動きに触れないわけにはいかない。

明治一〇年代、故郷の浜を出て北海道に出稼ぎ漁業で来た越後衆の中に、次第浜の漁師がいた。

彼は釧路川の先が薬研《やげん》のような地形で溺れ谷になっていることをみつける（図21）。そして、ここに鱈が群れ、産卵期には溯上してくることをみつける。越後で培っていた延縄の技術を駆使したのである。海の深さを測って地形を知り、漁場を画定する。この鱈場で鱈を捕り始めたのが釧路漁業隆盛の始まりと語られている。当時の釧路はクスリの名称で記録される場所である。胴海船（図22）を使ったアイヌの人たちの漁が行われていたという。胴海船は刳った船底材に側板を鎧張り（clinker）にした全長七メートルほどの小舟で車櫂（オールのように船側両側に取りつけたパドルをぐるぐる回すように漕いで推進する）を使っていた。当然沖に出られる船ではない。ここに、越後から当時の無動力帆船で板船最高の性能を持つ全長一〇メートルの漁船、川崎船が入る。沖に出かけ、深海の鱈を捕り始めたのである。釧路は太平洋の海溝縁にあり、深海の鱈が取りつく沖の好漁場に面していた。

越後次第浜衆は、延縄と手繰網《てぐり》（図23）を持ち込む。手繰網は袋状の網を沈め、船を漕いで曳き回すもので、一艘で行う場合は、魚のいる場所に着くと、袋網の片側端の綱を碇《いかり》で固定し、もう一方を船側で保持して袋網を垂らす。袋網が広がるように船を回転させて、碇の場所まで回して両側の綱を一緒に引き上げる。綱の先にある袋網にかかった魚が水揚げされる。この方法は、大正時代、動力を積んだ機械船が、袋網の両側を保持して併走して魚を捕る底引網（トロール）の先駆となる。

延縄と手繰網、これを操る川崎船、この進んだ技術が北海道東部の釧路漁業を伸展させる。

釧路に出稼ぎ漁業の実態を調べに出かけた際、釧路の越後人町に導かれた。釧路川の先端、幣舞《ぬさまい》橋から河口東側に庇を並べていた。対岸の西側は越中衆の町であった。彼らは鮪《マグロ》を追って釧路に入ったという口碑をもつ。いずれも、本土の越後や越中に出稼ぎ漁業を推し進めた村があり、母漁村と呼ばれた。

釧路の母漁村では越後の次第浜が著名である。

釧路漁業は、出稼ぎ漁業者の進出で一気に漁業基地として発展していく。母漁村の次第浜では、釧路出稼ぎに支度金を準備するほど、人手不足となる。次の文書は次第浜の重立ちであった田村悌太郎が釧路出稼ぎの支度金を支給して釧路に人を送り込んでいた様子を記したものである。

釧路出稼キ約定前金受取証

一　金弐拾圓也　前金受取申候処確実也

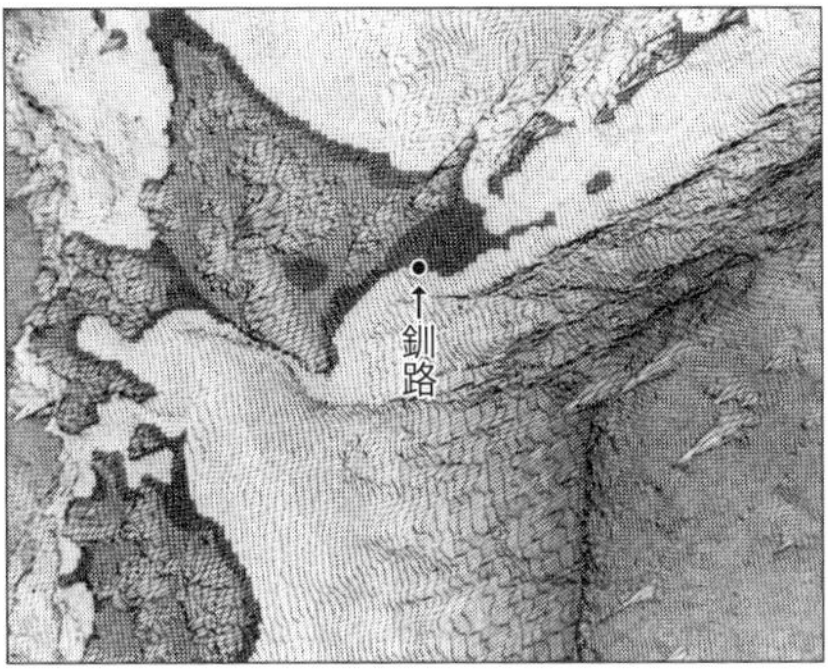

図 21　釧路沖合の落ち込み

図 22　胴海船（現在のもの）

図 23　手繰網（『日本水産捕採誌』）

明治四一年弐月弐拾壱日
笹口浜　阿部市太郎
次第浜　田村悌太郎　様

笹口浜は次第浜から北に一〇キロほど離れた漁村である。次第浜衆の釧路出稼ぎだけでは足りなくなるほど、釧路漁業が隆盛期に入っていたのである。

次第浜から北海道行きの機船がチャーターされていて、契約後、春先の三月に機船に乗って釧路に向かったという。支度金は当面の諸経費として使われ、秋の漁切り上げには歩合に応じて賃金が支払われた。

母漁村から釧路に渡った人たちの聴き取りは、釧路の布施正らによって行われていた(15)。

明治一五年生まれの渡辺六三郎は一〇歳の時、父親と函館に出稼ぎ漁業をした。次第浜から手船（自分の船で川崎船と呼ばれた沖船。図24）で函館に渡り、ここで六年間烏賊釣りをした。次第浜衆は西海岸を小樽方面に行く人たちもいた。一六歳で次第浜に帰って、明治三五年の兵隊検査を済ませて、二一歳の時に釧路に行った。釧路へ出かける人たちは次第浜の口利きを介して集められ、春四月に、出稼ぎ漁業者を蒸気船に乗せ、三日で釧路に着いた。次第浜での見送りは壮大なものであったと語られている。

すでに釧路に移住した者が網元として次第浜で人を集める場合と、自身が人手を数人集め、連れて釧路に向かい、現地で漁をするものに分かれていたという。というのも、最初から川崎船で釧路に着いた者は網元となって大きく仕事を広げていたが、現地に船を置いていったん次第浜に戻って人を集めるとい

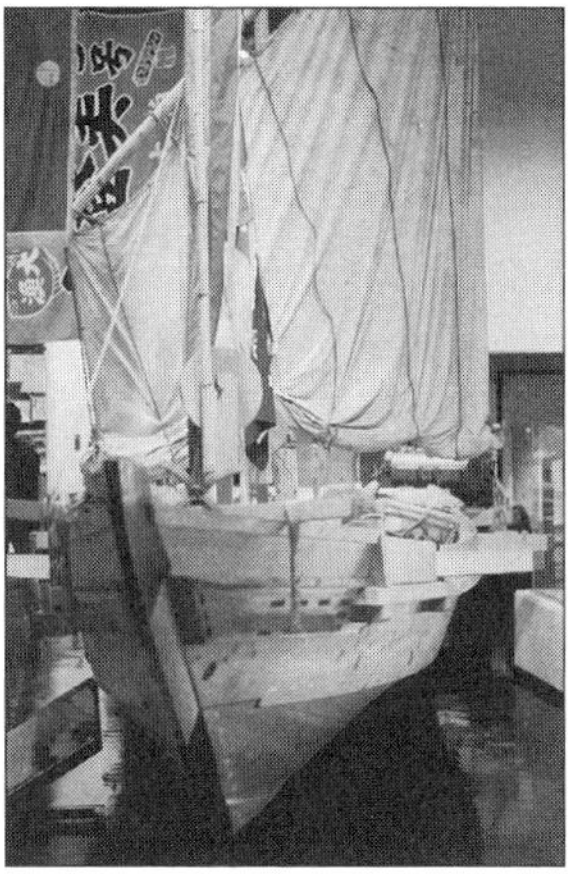

図24　越後川崎船（右：新潟県次第浜　左：釧路市立博物館の展示）

うことも行われていたのである。当時の釧路は太平洋側南部藩の出身者が持ち込んだ船を使って漁業を行っていたが、これは手繰網に適しない胴海船であったという。ここに越後から川崎船に乗って手繰網の技術に熟達した川崎衆が入り込み、手繰網漁が釧路で確立していくのである。鰈、鮃などがよく捕れ、魚粕を作った。当時、越後次第浜では一日の日当が二五銭程度で、一〇〇円貯める事は容易でなかったというが、釧路では三ヶ月働けば一〇〇円貯められたという。川崎船を自分で仕立てて漁具を完備し、漁業を行うには三〇〇円ほどかかったが、網元として独立する者が相次ぎ、釧路の次第浜出身者は町を構成する大切な住人となっていった。親方衆として、川崎船を保持して釧路で網元となったのは、渡辺六三郎、本田重五郎、本田儀三郎、本田銀夕、高橋寅松、鈴木和三郎、鈴木五郎、宮下三郎、渡辺丑太郎、渡辺啓作らであった。

明治一四年生まれの宮下イ之吉が二一歳の時に釧路へ出稼ぎに出た時は、一四人もの親方が次第浜出身者であった。釧路へ行く時は若衆を頼んで春に行き、秋には戻った。親方一人に六人の若衆というのが普通であった。米から味噌まで運んだという。

親方一人に六人の若者が組になるのは、川崎船の運航と深く関わっている。船頭の指揮の下、六人の櫓押しが若衆となり、鱈延縄や手繰網を行ったのである。この漁撈形態は越後の鱈釣漁業で産まれたものである（三章参照）。

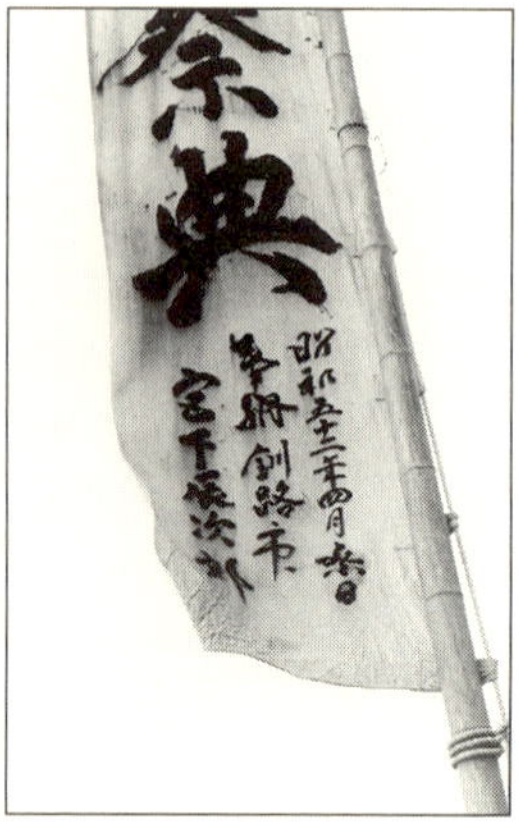

図25　越後次第浜の母漁村に奉納された幟旗

次第浜衆の釧路移住は、しだいに釧路定住となって釧路の街の発展につながっていく。

釧路での移住調査では、釧路在住の方々から、故郷への想いや移住への決断の凄みを告げられた。釧路では、昭和も中頃になるまで、墓地がなかったという。出稼ぎ漁業で来た人たちは、三代目になるまで、故郷を慕い続け、「いつかは故郷に錦を飾る」という気持ちで、墓を作らなかったというのである。さすがに三代目ともなると、釧路で生まれ育ったものであるから、墓を整備し始めたという。

今も、越後次第浜では、町長選挙などになると、釧路からの応援が届く。神社には、釧路で成功した親方衆が寄進した鳥居や灯籠、幟旗《のぼりばた》（図25）が並ぶ。次第浜の鎮守日枝神社に奉納された鳥居には、昭和一五年に二名の親方連名の記録が残っている。

釧路市入舟町五丁目
献納者　田村友太郎　母　リノ

釧路市川上町
献納者　高橋長一郎

また、釧路市長選挙には、母漁村からの激励が届く。今も、越後衆や越中衆の子孫が、選挙ごとにまとまるという話は、故郷を想う気持ちの裏返しであることに気づく。盆踊りも、越後盆踊りとして、故郷の歌と踊りを伝えている。

7　北方開拓

日本の海の民の行動を通観すると、二つの大移動のうねりが浮かび上がる。一つは江戸時代初期、西国の漁師を東日本へ移住させ漁法を伝え新開の江戸に魚を供給したこと。あと一つは明治から昭和初期にかけての北洋開発である。ロシア、カムチャツカ半島に請地を設け、大量の鮭・鱒を日本に運んだこと。北洋の鰊《ニシン》を加工して本土に運び、鱈を加工して第一次世界大戦の戦地に輸出したことなどが挙げられる。しかも、当時の北洋漁業は国の命運に関わる領土の保護と、それにともなう領海の保全とかかわっていた。戦争状態の世界で日本の食糧供給を続ける北洋漁業の動きは、敗戦後の日本人には無謀な行為であったと否定的に映りかねないが、ベーリング海からオホーツク海、ロシア極東と漁《すなど》りを続けた日本人の活動は、正確な記録にともなう正当な解釈を行い、学ぶ縁《よすが》としなければならない。

北洋漁業開発の動機の一つに鱈（マダラ、スケトウダラ）があった。ここでは戦争の影が忍び寄る。

不安な社会世相の元、突き進む漁民の姿が浮かび上がる。北洋漁業開発をお膳立てした江戸時代の思潮から解き明かしてみたい。

本多利明　江戸時代後期の経世思想家に本多利明（一七四三～一八二〇）がいる。北越後出身説が信憑性が高い。

幕藩体制の行き詰まりが表面化してくる享保期（一七一六～三六）、幕府は打ち壊しや一揆などに対処するため改革を断行していく。北越後村上藩では米不足から塩谷騒動（一七四四）が起こる。当時の「村上藩軒付帳」からは、人口や軒数が享保期以降頭打ちとなって横ばいのまま推移していく一方、余剰人口は商人や出稼ぎ漁民などになって北東北から蝦夷地に支店を設けたり、出稼ぎ漁民として蝦夷地で漁場開拓に進んだことが推測できる。農民は新田開発に取り組み、低湿の潟が開発され始めたのがこの時代であった。

このような時代に利明は一八歳で江戸へ出て、関孝和《たかかず》門下の今井兼庭《けんてい》に算術を学ぶ。関流の免許を皆伝される。同時に天文や暦学を千葉歳胤《としたね》に学ぶ。二四歳で江戸音羽に算学と天文の私塾を開く。音羽先生の愛称で呼ばれるが、自身は魯鈍斎とか北夷斎という謙虚な号を好んだとされている。一時期、加賀藩で教える以外は市井の経世思想家として一生を送った。利明は世の中を治め、人々の苦しみを救う「経世済民」には、鎖国下であっても、新しい土地への植民（北海道開拓）や、大船をつくって海外と貿易を盛んにして国を富ませることが必要であると主張した。

オランダの三角法を日本に紹介した利明は、測量術を弟子の最上徳内に教え、蝦夷地や樺太探検の際に活用させている。同時に、地図作りに貢献する基礎知識ともなった。

国内で、新しい土地や新しい経済活動への渇望が湧き起こる時期に少年時代を北越後で過ごし、長じて江戸で経世済民を説くようになる利明の周りには、押し寄せる北の大国ロシアの脅威があった。同時代、林子平はロシアの脅威を説き、『三国通覧図説』『海国兵談』などを著す。工藤平助も仙台にいて北方の脅威を指摘している。『赤蝦夷風説考』は幕府への献策書となっている。ロシアとの交易を説く面で、利明と一脈通じていた。赤蝦夷はロシア人のことである。この時代の蝦夷やロシアに関して幕府に献策した書は数多く、鎖国をやめさせようとする意見などが広く述べられていて、北への渇望が強く描かれている特色がみえる。これが一つの思潮となっていく。江戸幕府の鎖国政策は行き詰まっていた。

一八世紀後半、ロシアから日本に流れ着いたベニョブスキーと大黒屋光太夫（一七五一～一八二八）の帰還を契機に、利明は北方問題や西洋に関して積極的に言及するようになる。彼の目は領土拡大を続けて日本に迫るロシアと、その背後にあるヨーロッパ思想に注がれた。

文化四年（一八〇七）、ロシア船が択捉島《エトロフ》と利尻島で松前の商船に攻撃を加える。ロシアの南下を恐れた幕府が蝦夷地全域を直轄地とした矢先のことであり、幕府はロシアとの関係樹立を迫られることになる。利明が弟子の最上徳内を蝦夷地への幕府調査隊に入れてもらって、彼からの報告を元に本多利明の名前で『蝦夷拾遺』など、一連の献策書を発表したのも、アイヌの人たちを仲間としてともに活動しようという撫育政策によって北の大地を豊穣の地に替えること、鎖国下でもロシアの南下が交易の好機となっていることを捉えていたからである。

多くの著作がある本多利明であるが、彼の主張は『経世秘策』と『西域物語』に凝集されている。貿易立国、重商主義、北方植民、人口論が展開されている。この思想を支えたのが、算学、暦法、航海法に関する著作で、四三点に上る。ロシア関係の一三点と合わせて五六点の著作が元になって主著二点に凝縮されている。つまり、膨大な科学技術関係の基礎知識を駆使して北方問題（蝦夷やロシア関係）の著作が生まれ、それが主著二冊を貫く経世済民思想へと昇華していったのである。

利明の主張の背景に、北陸や東北地方の国内事情も作用していた。それが分かるのは、寛政元年（一七八九）の『蝦夷開発に関する上書』である。

「私儀北越出生之者故、壮年之節ハ水主ニ紛レ度々渡海仕候」

利明が若者の頃に蝦夷地まで渡航したことの真偽には議論がある。しかし、当時、北陸、佐渡などの漁民が毎年北海道へ渡って漁業に従事しているところを間近でみていたことは推量できる。北越の廻船問屋や造り酒屋、お茶屋が東北の湊に支店を構える。出稼ぎ漁業者は蝦夷地で捕った鰊や鱈そして鮭・鱒を廻船問屋が桃崎湊や新潟港に大量に運び込んでいた。漁業者は給金の外にほまちと呼ばれる土産物を持ち帰ることが許されていて、大量（原則給金の一割）の魚が故郷に持ち込まれていた。

弟子の最上徳内は樺太に歩を進める。利明の目指した日本の姿は、大陸ロシアとその背後に見え隠れするヨーロッパが商業のつながりで栄え、大規模な工事によって灌漑をするなど、人が生活できる範囲を人が広げていく姿にだぶらせていたことは間違いない。日本の針路を大船での海外交易、特に北方ロシアとのつながりを重視する政策に向けることは彼にとって必然であった(16)。

樺太開発　樺太出身者を中心に全国で五〇〇〇人余を束ねる全国樺太連盟がある。連盟によれば、樺太の歴史は「日露戦争に勝利した一九〇五年に始まり四五年の敗戦、引き揚げに至るまでの間」だという。日本人が樺太を故郷としたのは五〇年足らずということになる。ところが、日露戦争後の南樺太取得に先立つ半世紀前の安政三年（一八五六）、ロシアに先んじて樺太に植民を試みたのは北越後の廻船問屋や庄屋を中心とした、本多利明の出身地に近い人々の動きであった。越後出雲崎の熊木家は早くから樺太の水産物を新潟に運び、ここから長岡を経由して江戸へと流通させていた廻船問屋である。同じ出雲崎の廻船問屋敦賀屋の鳥井権之助と義兄で三条井栗村の大庄屋松川弁之助は、本格的に蝦夷地開発に取り組んだ先駆者となる。特に松川弁之助は函館の街を作る際にも重要な役割を果たしていた。

寺泊、出雲崎、柏崎と並ぶ海岸線に沿う越後の村々から樺太と関わる人たちが続出する。柏崎市鉢崎の松田伝十郎（一七六九〜一八四二）は幕府の役人の養子となった縁で幕府役人となり、樺太で腕を振るう。当時の樺太では、西側の岬にシラヌシ（白主）という交易の場所があり、アムール川流域（現ロシア）から清（アイグン条約締結まで清の領土）の物産を抱えて、ムウという車櫂で推進する船に一二人も乗って海に出て、タタール海峡を樺太沿岸沿いに南下してシラヌシへ交易に来ていた。交易品の中には中国皇帝の龍をあしらった蝦夷錦や、美しいガラス玉など、権力者が身につけるものが多くあった。ここでの交易ではアイヌとの物々交換であったとされるが、アイヌがマキリ（懐刀）などの貴重品を出し尽くすと、アイヌ側の借財が増えていった。すると、借財のかたに娘を差し出すという状況が続き、蝦夷地のアイヌは困窮を極めた。この交易は、江戸時代に行われていた密貿易である。アムール川流域の人々を山丹人《さんたん》と呼び、山丹交易といわれた。

最上徳内は『蝦夷草紙』の中で、娘が連れ去られる場面に立ち会い、落涙の禁じ得ない状況を記録している。(17) このひどい人身売買をやめさせるために、派遣された松田伝十郎は全権を任される。アイヌの「返済方手段なく難渋」の負債を、山丹交易に来た相手方と調べ出す作業にかかり、帳簿につけて、明らかにした。幕府役人であった松田は、負債を四年間で返すための資金投入を幕府に願い出て、実行に移す。この仕法によってアイヌの娘が大陸に連れ去られる事例がなくなっていき、樺太の治安が整った。幕府はロシア・日本のいずれの国が領土を主張しても不思議ではない樺太で、領土の画定と住民の保全に取り組んでいたのである。

この樺太が水産資源の宝庫であることは出雲崎の廻船問屋が早くから交易に訪れて知っていた。松田と同郷の人々である。樺太から日本国内に運ばれた物資は鮭・鱒、鱈、鰊、昆布などを中心とする海産物であった。

幕末、樺太は鱈延縄漁業の拠点であった出雲崎や佐渡海域での漁業者に知られる未開の地であった。先鞭をつけたのが廻船業で財を成していた人々の組織である。出雲崎には当時六軒の大店《おおだな》があり、いずれも日本海海運で財を成していた。この中で樺太に船を回していたのは熊木家や敦賀屋など数軒であるが、廻船問屋同士のネットワークが当時からあり、樺太から海産物を運んでいた廻船問屋同士の情報交換が進んでいたことが分かっている。彼らは日本海の各湊ごとに仲間を募り、頼母子講に類似する金融情報を共有する組織を作っていた。千島講は幕末にあった越後から北海道に及ぶ廻船問屋の組織で、各湊での物資の値段を書き留め、お互いに札として交換し合い、情報を共有して、高く売れる場所で商いが出来るように融通し合っていた。

たとえば、北海道で積み込んだ鮭（塩鮭）と鱈（干鱈）を束（一〇本）ごとに湊ごとの値段を各船頭が記す。この相場記録は湊ごとの講中の問屋に知らせる。交易しながら運航している他の船頭は、各湊ごとに加盟している千島講の問屋に行ってこの相場を知る。ここで自身の情報も出して交換し合う。これで鮭や鱒の相場が分かり、売買が成立した。

この組織のまとめ役の一つが出雲崎の鳥井権之助の廻船問屋である。樺太の海が宝の海であることを知った問屋は、海を拓いてここから物産を本土に運ぶことを考えた。それには、本土の漁民が出かけていってここで海産物を捕るしかない。現地の人に捕ってもらった物を運んでいるだけでは商いとして成立しないほど本土での需要はあった。

鳥井たちの目指したのは漁業植民であった。松田伝十郎の仕法によって安定した国土としての樺太が視野に入ってきたのである。植民に先立って、鳥井は樺太の東西海岸を探検視察して有望な漁業となる場所を拾い出している。一方、松川弁之助は鳥井たちの動きを支え、本土から運ぶ物資などの手配を行い、東海岸での漁場開拓のために、樺太南端を大きく迂回しなければオホーツク海に出られないことから、半島のつけ根にある湖に沿って水路を開削し、ここからオホーツク海に出る運河を掘り始めた。鳥井が拓く東海岸の村はオホーツク海に面して鮭・鱒、鱈が豊富なところであったことと、樺太の山脈に隠れる東側にあることから、冬のオロシと呼ばれる大陸からの寒気を防ぐ場所として決められた（次頁図26）。

運河の開削に送り込んだのは、三六〇人、物資運搬の弁財船は二〇艘という大がかりなものであった。安政四年（一八五七）、鳥井や松川の計画によって、越冬用に多くの物資と人が越後から送り込まれた。米二〇〇俵、味噌二斗樽（一斗は一〇升）二〇本、酒四斗樽一〇〇本、醤油一斗樽一〇本、釘二万九

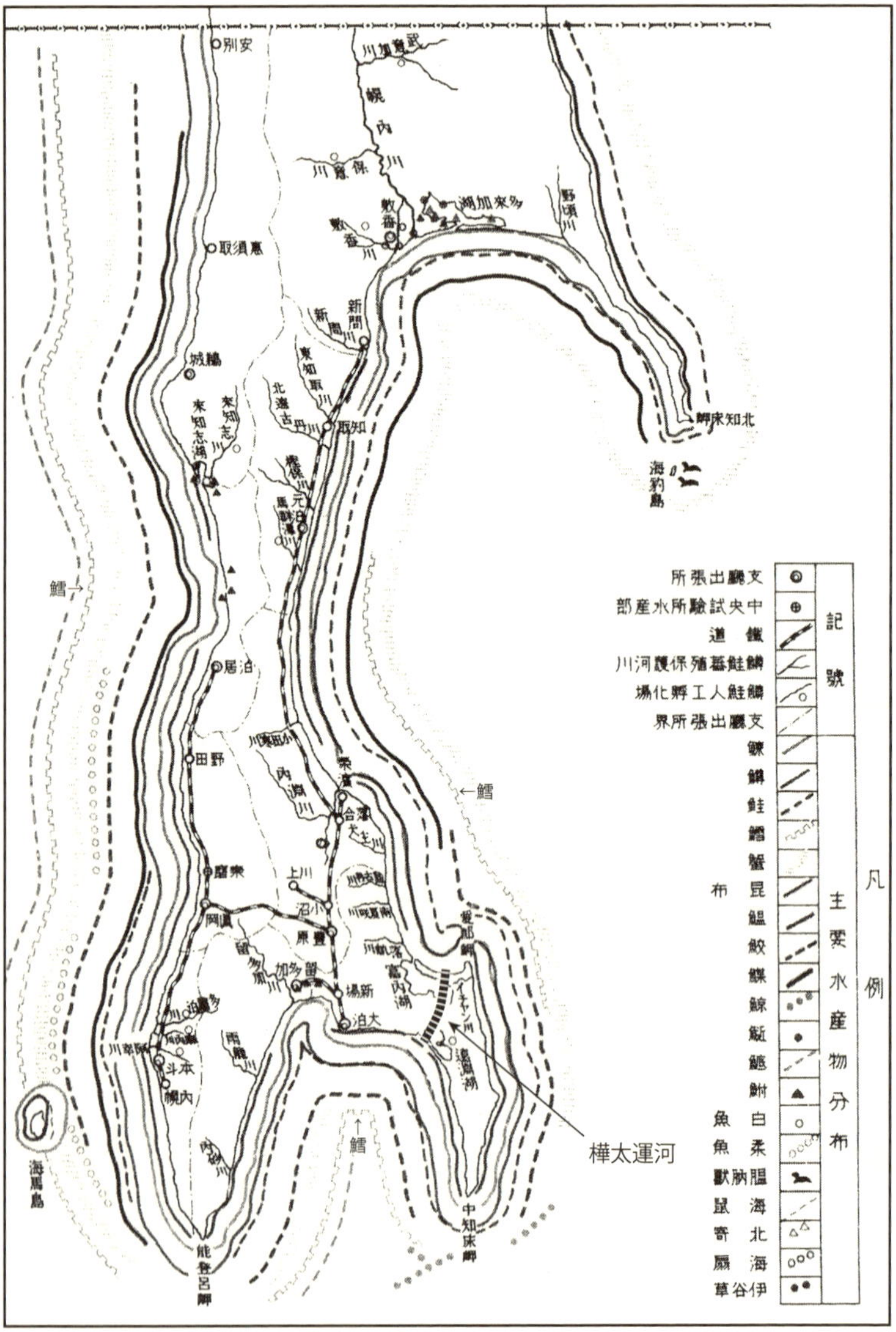

図 26　樺太運河と水産物の分布（『樺太庁施政三十年史』に加筆）

〇〇〇本、附木、布団、鱒網、蚊帳、箒など。

送り込まれた人たちも多彩な職を手にする人たちであった。漁民は北蒲原の浜の若者たち。大工は福島潟開発で家を作ってきた人たち。木挽《こびき》も大工とともに仕事をしてきた人たち。鍛冶屋は現地で釘などを作るために。

物資運搬には本土とのつながりが重要で、これが絶えると死活問題となる。荒川湊桃崎浜（胎内市）の廻船問屋佐藤広右衛門が鳥井と松川の指示を受けて輸送にあたり、樺太との間を往復した。

計画は周到に準備され、多くの検討が成された形跡がある。しかし、漁業植民は、現地で一年間暮らさなければならない。そのために、何軒かの家を建てて村を作る必要があったことが分かる。植民では四五人の越冬組が東樺太に残されたが、二四人を水腫病で失った。いわゆる脚気とされている。北方の植民は大きな試練に立たされる。

日本人が樺太で完全な定住に至るのは、日露戦争後、南樺太が日本領土となってからである。鳥井と松川の漁業植民は多くの犠牲者を出して失敗したかのように語られるが、北方への日本人の植民では、漁業植民の方法が最も優れていることをこの後証明する出来事が起こる。報效義會の千島拓殖事業である（第四章）。

先進漁業基地の出雲崎　幕末、樺太開発に赴いた出雲崎の廻船問屋敦賀屋の鳥井権之助たちの行動を理解するには、出雲崎（次頁図27）という日本海北部海域開発史上稀に見る海の民の街を説明しなければならない。漁業開拓の姿を調べていると、開発を担った人たちが集積した拠点となる海村や海域のあることに気づく。若狭湾は中世から旅の漁民をはぐくんできた。そして近世鰊場の本格的活用は佐渡と

図27　出雲崎の街なみ

対岸の出雲崎や寺泊に囲まれた海域で進められてきた。この出雲崎と対岸佐渡を挟む佐渡海峡は、鱈漁業を生業とする商業的漁業者（専業漁業者）をはぐくんだ海域である。

出雲崎町尼瀬の地名は、素潜りでエゴ草や天草を採る海士《あま》（男の潜水漁業者）が住むことから来ている。出雲崎では尼瀬の歴史が最も古い。戦前まで、石井町や住吉町などの中心部から、一枚棚の全長八メートルある漁船を二艘ずつ筏状に組んで舫《もや》い、沖に出た。夏の間、北上してくる鱰《シイラ》や鯖《サバ》、鰹《カツオ》などの魚を追って通漁した範囲は、現在の上越市今町から秋田県土崎に及んだ。庄内五十川《いらがわ》に出稼ぎ漁業した事例はすでに記した。住吉町の福井謙一は戦前秋田の土崎との間を通う責任者であった。漁《すなど》りをさせれば日本海を縦横に走っていた彼らである。廻船問屋六軒は船頭や水主《かこ》の供給をこれら海を駆ける民の中から登用していた。樺太まで船を回し、物産を運ぶことから、出雲崎が樺太開発や北洋漁業の先駆者として名乗りを上げていくことは自然の流れであった。出雲崎を北方開発の拠点にのし上げていった経緯を俯瞰すると、江戸時代の鱈場開発にその起源がある。

江戸時代の沖漁業開発は、沖まで稼働できる沖漁船の開発と併行する。鱈場で稼働できる船は鱈船と呼ばれ、沖漁船であった。そして、出雲崎の鱈漁船が川崎船と呼ばれた。川崎衆という漂泊の漁民が乗る船であったことからその名がついた。以後、川崎船は北洋漁業開発でなくてはならない存在として、各出身地ごとに越中川崎船、越後川崎船、庄内川崎船、羽後川崎船、北海道川崎船という名称で、船の各部を改良してそれぞれの漁場に合う型を完成させていく。

そして、越後川崎船は、小早、早船と呼ばれる幕府の軍船がその起源であった。同じく軍船の関船でも、御座船、安宅船などは将の乗る大型の船である。一本水押《みよし》に厚板の敷材をつけ、この上に舷側板を二段積み上げ、ここに御座を設けて、将の居る場所を作った。弁財船の上部に館を載せた形になる。この船は出雲崎でも使われなかった。使われたのが小早である。この船は一本水押に厚板の敷材をつけ、舷側板二枚を積み上げた、全長一〇メートルを超える板船である（図28）。

図28　御召船を曳く小早漁船（右手の二艘.「佐渡奉行渡海図」宮内庁書陵部蔵）

御座船を中心にそれを守る早船が配置されるが、この外側で、櫓押しで素早く動き回って、伝令や護衛の仕事をしたのが小早である。

舟大工にいわせると駆逐艦の働きをする船であるという。水押を寝かせ、水を切る下の舷側板を九〇度近くまで捻って窪ませる。櫓は最大一二丁も立てられる。水主は櫓こぎの交代も含めて二四人乗り組むことが出来たという。

出雲崎に小早が導入されたのは、佐渡金山の金を運搬する御用船警護に使用するためである。出雲崎と佐渡を結ぶ小早は全長一五メートルで一二丁櫓。当時、最高速船であった。この小早が出雲崎の鱈場漁師である川崎衆によって運航された。海峡を苦もなく横断する船が沖へ進出する漁船の雛形となっていくのである。

その形態を巡見使の渡海から解き明かしてみたい。寛政元年（一七八九）巡見使が江戸から三国越えをして長岡に入り、ここから出雲崎に達して船で佐渡に渡っている。高田、長岡、新発田《しばた》の各藩が出雲崎に出役して手配をする。

一　二百石積御召船壱艘　　出雲崎船頭　吉右衛門　判
〔二百石三艘、百五十石四艘を手配〕
一　小早漁船壱艘　　同所船頭　久兵衛　判
〔小早漁船三艘を手配〕

・二〇〇〜一五〇石積みの小廻船（小型の弁財船）七艘を雇ってお召船とした。商船の借り上げである。
・小早漁船三艘をそれぞれの船頭ごとに水主も借り上げる。

この年の渡海で、借り上げた船は一〇艘である。渡海は次のように行われた。お召船には葵の御紋が大きく印された帆を立てる。小早漁船が四艘でお召船を曳いて沖に出る。残りの六艘も同様に曳船される。各船が帆を孕む場所まで小早漁船が出す。葵の御紋の印された七艘が風をはらむと、一気に佐渡まで走る。佐渡でも小早が待機していて、船を迎えに出て、船綱を取って湊に引き入れた。

この小早漁船こそが、小早という当時の軍事機密の集積した造船技術になる船であり、漁業への転用船である。そして、船頭は鱈場株三五軒の者で、水主は鱈捕りの漁師であった。小早漁船は幕府の一二挺櫓立て小早を小型化したものである。

出雲崎の漁船を調べると冬船と夏船がある。冬船は冬の鱈場で稼働する鱈船の川崎船を指し、夏船は出稼ぎ漁業に使われたマルキである。小早が漁船として使われることはないと考えていたが、小早漁船の文書が数多くみられ、次の文書を確認したことから、鱈場株三五軒の漁師は小早漁船を保持していたことが分かり、江戸時代の関船が漁船となっていた姿が分かってきた。幕府の御用をする小早漁船とは鱈場三五株の漁師に与えられ、夏の間幕府の御用をこなし、冬は鱈漁に出ていたのである。

取極一札之事

一鱈漁之儀者大洋海一般漁業可相成事ニ無之、海底如川筋両岩瀬中通之外不住兼ニ付、至而場所狭ク船数多候而者、互ニ漁事差障候ニ付浦々ニ而も船数取極有之、当所之義者佐州江御渡海場御用地ニ付、御渡海船之時々引船御用船主役相用、海上危路用意御備船組引受古来船数極有之処、聢与取極書等無之故、出帆前後又者場所内勝手儘配縄仕方ニ而時々争論不尽、同職一同費勿論不穏義ニ付、漁師一同示談船数三拾五艘ニ取極候上者、漁事仕方相互中合漁事方相稼、以来前書取極之外鱈漁船増方致真敷、若渡世勝手ニ寄余業いたし度節者、代り之鱈漁船相立船数不相減様、此書附相渡鱈漁

事相営、如仕来佐州御用勤方入精可相守義専一いたし可申候、為後日之取極一札依而如件

弘化三午年〔一八四六〕二月

出雲崎町納屋頭　五郎右衛門

同　弥左衛門

鱈漁漁船主

前書鱈漁船取極之趣相違無之間、佐州御用精勤第一ニ心懸可申候、依而奥書致印形候処如件

右町

名主

年寄

鱈延縄漁の出来る船主が三五軒あるが、これは佐渡海峡の鱈場の澪《みお》筋がいくつもあり、複雑であるところへ、外部から延縄《はえなわ》で入り込む漁師がいて争いになっていたという。この煩わしさをまとめて鱈場の権利を三五軒の船主に決めたのである。この決定に当たっては「佐州御用精勤第一ニ心懸」ることが条件で、三五軒の持つ船が鱈船であり小早漁船であり、川崎船と呼ばれた。幕府御用の佐州への渡海に対する見返りが鱈場の慣行占有権の譲渡であった。

小早漁船の来歴は第三章で述べるが、当時最先端の櫓押しの関船は、佐渡金山という幕府の生命線を守るために造り出されたことが分かっている。

慣行専用漁業権として鱈場を占有した三五株の鱈場漁師は、夏の間渡海の御用をすることが義務づけ

られていたが、幕府にお伺いを立てる術も心得ていた。寛永九年（一六三二）の書付けがある。

生鱈献上書付
生鱈越後いずもさき
より江戸御本丸
御台所迄急度
可相届者也
寛永九申

老中青山幸成　大蔵　御印
老中内藤忠重　伊賀　御印
老中永井尚政　信濃　御印
老中酒井忠勝　讃岐　御印
右衆中

毎年生鱈を贈り、ご機嫌伺いをしながら鱈場の漁業権とその専用の漁業権を守り通した。小早漁船による佐州渡海の御役は二年に一度である。

ここで佐渡への渡海がどのように行われたのか確認する。江戸時代後期から小早漁船（鱈船）が北進して北洋まで開拓を進めていくのである。出雲崎の海での船の動きの俊敏性が北の厳しい海を開拓する原動力となっていくからである。

巡見使は佐渡までどのように送られたのか。寛政元年の事例で述べる。そして、海上での手順は佐渡金山産出の金銀海上輸送にも適用されていることが分かっている。

五月一〇日　七艘の御召船を取り繕う。葵の御紋の入った帆を取りつけ、飾りをつける。
五月一三日　巡見使到着。接待役の三家から鍼医、御馳走役、御使者役を出して接待。
五月一四日　巡見使は筑紫従太郎、大久保長十郎、堀八郎右衛門である。麻の上下を着用し、接待役の詰め所に挨拶回り。ここで口上、食事を取る。
五月一五日　御召船を部下の者が検分する。小早漁船三隻で送り迎え。御召船二百石クラスの借り上げ小廻船は、港が浅いため、沖係りしていた。ここで船頭が御船祝いを実施する。船霊《ふなだま》様にお膳を捧げ、航海の安全を祈った。接待役の三家は責任者が各家紋の印された旗を持ってそれぞれの御召船に乗り込む。船頭と出帆の日和《ひより》を協議し、巡見使の荷物を小早漁船で運び込む。
五月一六日　巡見使の家来の荷物運び込み。
五月一七日　船頭が日和見をして、一八日早朝出帆と決める。これには次のような背景がある。曳船として手配された小早漁船は一艘の御召船に四艘がついて曳く。七艘の御召船であるから二八艘の小早漁船が曳船を行う。初めに召し上げられた三艘を除くと、残りは四艘となる。この四艘は日和見と水先案内のために海峡で働いているのである。二艘の小早漁船が受け入れ先の佐渡小木湊に連絡に走り、巡見使渡海の時刻を知らせる。この船を飛船と呼ぶ。残り二艘の小早漁船は日和を海峡で検分して航路に他の船が入らないように道づけをしている。渡海の場所は鱈場なのである。

五月一八日　御召船に医師や役人が乗り込んだ後、巡見使が小早漁船で運ばれて乗船。接待役の三家もそれぞれの御召船三艘で従う。辰下刻（一〇時）出帆。船団は佐渡海峡へ八から九里出た所で曳船から曳き離される。この場所は小早漁船を操る三五株の鱈場漁場である。ヤマアテなどで詳しい海面の場所が分かる曳船船頭によって、佐渡までの航路が確認できた時点で離れる。この際、巡見使がねぎらいの言葉をかけており、御召の小廻船は風を孕んで帆走できる状態にあったことが分かる。曳船の小早漁船二八艘はここから出雲崎に戻る。残りの七艘は御召船を警護している。そして、佐渡から三里まで近づいたところで、足軽二人を小早漁船に移し、小木湊に向かわせている。

三里ニ相成候節先江遣、御船場ゟ小木御本陣迄御先払申候

一、佐州御着岸御用意之ため、小早船へ敷候毛氈御召船へ入申候

小早漁船に乗った足軽は佐渡の小木湊に控えている老中に、出帆した時刻や、搭乗している人たちのこと、着岸時刻などを記した書状を持たされている。全速力で入る小早漁船を待っていた佐州小木湊では、待機していた小早が御召船を曳くために一斉に出航する。佐渡海峡を渡ってきた御召船とこれに従った小早漁船は、小木湊から来た小早に出会うと、各御召船が佐渡の小早に曳かれていくのを見届けた時点で出雲崎に戻る。

佐渡金山産出の金銀運搬でも小早漁船の果たした役割は重大であった。この際にも、飛船という小早

が登場する。佐渡で金銀を積んだ御召船は、佐渡小木湊の小早に曳かれて出航する。船団がでる前に、飛船が一艘、出雲崎に向けて出港する。この小早は小早漁船ではなく生粋の関船（軍船）である。元和五年（一六一九）の『佐渡年代記』に、

一、上納金銀渡海のため御船二艘櫓数七十挺立を造る外に小早御船とて櫓数二十挺立をも造る。慶長八年是迄造作の御船十二艘也

飛船は「小早御船」の櫓を二〇挺立てたものであろうと推測する。

出雲崎では金銀運搬の御召船が出る知らせが飛船によってもたらされると、三五艘の小早漁船が決められた配置につく。佐渡海峡を渡ってきた御召船と小早の船団と、出雲崎の小早漁船の落ち合う場所が日和によって決められる。出雲崎に近づくと海上に出て待機していた出雲崎の小早漁船と御召船が合流し、御召船に綱がつけられ小早漁船の曳船が始まる。御召船は、小早漁船に曳かれて出雲崎の湊に入るが、沖係のため、御役に当たったのは小早漁船の人たちであった。御金蔵（出雲崎の湊に金銀をいったん陸揚げする蔵があった）に艀《はしけ》で運び、ここに貯蔵した。この後、北国街道を辿って目的地に運ばれた。

このように、佐渡海峡の金銀運搬航路は鱈場を通る。そして、此の鱈場に最も精通した漁民が渡海の役に当たる。小早漁船は関船として二〇挺立ての櫓を備えるものではなく、関船の小早を小型化したものであることが分かってきた。鱈船とも呼ばれた小早漁船については次章で詳述する。

出雲崎は鱈場を抱え、金銀運搬の要衝に当たっていたことで、幕府の管理下として多くの恩恵を受け

る。当時の軍事機密である関船の技術が特定の漁民にもたらされ、小早が漁船の技術に入り込む。しかも、鱈漁は専業として確立できる権利を幕府から与えられる。延縄の技術は慶長年間当時、最先端の技術であったことが分かっている（第三章）。このように、日本海の沖漁業開発は、先進拠点の確立が北部海域へ波及するきっかけとなっていった。事実、秋田県金浦は地震によっていったん失った鱈場を出雲崎の川崎衆によって再発見してもらい、鱈の町として確立していく。

注

（1）鄭大聲編訳、許筠《ホギュン》の「屠門大嚼《トムンテジャク》」がある。朝鮮八道うまいものとしてまとめられた。『朝鮮の料理書』（東洋文庫四一六、平凡社、一九八二年）二三六頁。
（2）同前書、二三六頁。
（3）同前書、三一頁。
（4）人見必大、島田勇雄訳注『本朝食鑑』四（東洋文庫三七八、平凡社、一九八〇年）四八頁。
（5）同前書、四八頁。
（6）『東医宝鑑』は一六一三年に刊行された李氏朝鮮時代の医書である。ここに鱈の記録がある。
（7）隠岐島誌編纂係『隠岐島誌』（島根県隠岐支庁、一九三三年）。
（8）武井周作『魚鑑』（一八三一年、国立国会図書館所蔵）。
（9）川路聖謨、川田貞夫校注『島根のすさみ——佐渡奉行在勤日記』（東洋文庫二二六、平凡社、一九七三年）二三七頁。
（10）寺島良安『和漢三才図会』七（東洋文庫四七一、平凡社、一九八七年）一七四頁。
（11）佐渡の真鱈、鱃に関する記録は、相川町史に収められている。資料としては『佐渡相川郷土史事典』や『新潟県の地名』（平凡社）の外に、『金泉郷土史』、『佐渡相川の歴史』（資料集一）がある。

(12) 両津市中央公民館『両津町史』一九六九年。

(13) 岩内町『岩内町史』一九六六年。『古平町史』一九七三年。

(14) 北海道移住の越後衆に、移住の背景や、北海道での生活等を聴き書きしたのが一九八八年から二〇〇〇年まである。この記録は『新潟日報』紙上に「北のフロンティア」として一五回連載した。当時の記録などを整理し直して、鱈の視点から記述する。

(15) 布施正『釧路漁業史』一九七三年。

(16) 本多利明『西域物語』、松田伝十郎『北夷談』など、一連の書物は国立国会図書館所蔵。最上徳内『蝦夷草紙』は早稲田大学図書館所蔵。

(17) 最上徳内『蝦夷草子』には、樺太、白主での交易の姿が描かれている。密貿易である。アイヌの人びとの窮状を救うために、松田伝十郎が施策したのは、大陸との交易でできた負債を帳面に記し、一つ一つそれを吟味して正当なものであれば、期限を延ばして払い、不当なものは捨てさせることであった。この善政で樺太アイヌの人たちが多く救われたことが分かっている。

第三章　鱈延縄と川崎船

近世初期から漁船が動力を積む大正時代末までの三〇〇年間、日本海で使われてきた漁船の編年を作成したことがある。この中で、沖船として近世初めの書付けに出て来る漁船で最も遠くまで出かけた船は七人乗りで六から七挺の櫓を立てて帆走する川崎船であった。近世初期の「船数之覚」や「浦々大小船数帳」は、各浜での船の登録文書である。

この書類を横断的に乗組員数で調べていくと、六から七人が最大で、ほとんどは一人から四人乗りになっていることに気づいた。数少ない書付けの文字から、六人から七人乗りの船は故郷を離れ出稼ぎ漁業を半年ほどこなす沖船であることも判明した（本章3）。

越後出雲崎の小早漁船も七挺の櫓を建てた。七人というのは、櫓の数で決まる。では、七人乗りの六挺櫓はどういうことか。船頭が一人追加されるか、炊《かしき》が一人追加されるかである。つまり、櫓押しの船は同じ規模（構造、寸法）のものが、日本海中部から北部海域にかけては稼働していたことが推測できるのである。この類似する船が、沖船であり、鱈船として記録されている。小早漁船もこの延長上にある。

近代に入ると出稼ぎ漁業で指摘した越後次第浜衆の釧路移住で同様の船が出て来る。船頭以下六人の若衆による漁撈形態である。

これが鱈釣漁船として近世日本海漁業を先導した川崎船の漁撈形態であることが分かったのは各県水産試験場(講習所)報告の膨大な資料を整理している時であった。当時、最高の技術で造られた川崎船は、大正末に始まる全国的な動力積載の船の就航まで、無動力の高性能帆船として沖や北の海を拓き続けた。つまり、各県、各地の川崎船が解明できれば鱈船の実態、ひいては鱈漁業の最盛期の実像が明らかとなる。そして、川崎衆の操る川崎船が沖や北の鱈場を開拓した記録をまとめていくと、北洋漁業への道筋につながることが分かる。

川崎船で行われた延縄《はえなわ》の技術は沖の深海に棲む鱈に応用されて、最高度の技術的進展を示す。そして、この技術を可能にした川崎船の存在は延縄の伸展とともに語られるはずである。

この章では川崎船と延縄の技術的背景を探り、人の生存に寄与した技術の姿を展望する。同時に自然環境の厳しい沖や北洋での稼働を目指した船の開発が、網漁業ではなく延縄漁法という一つの枠の中で進んでいったことを示して、人と技術の関係を開示する。

というのも、世界的な延縄の展開には、人の生存確保を裏づける技術として広がってきたことが考えられるからである。釣鉤を垂らした場所で瞬間的に魚を捕るのではなく、そこに置いた餌に懸かってくるのをじっくり待つだけの時間的幅を持たせ、トラップの要素を含めた漁法として人の知恵が凝縮されていた。歴史的に古代から現在にいたるまで、時代を経ても幅広く使われる技術である。

延縄技術の発生から応用まで鳥瞰する時、長い縄に人が取りつけた知恵の結晶がいくつも浮かび上がってくる。

垂らした釣鉤に餌をつけて漁獲したい魚の棲む場所に入れる。第一段階は漁獲したい魚が棲む場所（漁場）をみつける。そして、時間をかけて相手の警戒心を除き、餌を食べたくなった時に食べられる状況にする。第二段階は瞬間的な行為でなく、時間差を利用するゆったりとした行為（漁撈）である。漁獲したい魚が餌を食べた段階で鉤に懸かる。第三段階は水揚げの段階である。

この三段階の中には、人が船で漁場まで移動することや、第二段階の漁撈では、餌を入れたまま、時間をおいてしばらく静観するなどの工夫が凝らされる。第三段階の水揚げは人の手に落ちることである。漁獲が食べ物としての対象物に姿を変える。

渋沢敬三も『日本釣漁技術史小考』で漁業史研究の基礎領域として重要視した研究分野であり、考察をめぐらす。

水面もしくは中層あるいは水底に平行して延べられた一本の長い幹縄に、適宜の間隔を置いて多数の枝糸を結び、それぞれに多くの場合装餌した鉤をつけて魚族を釣るのが延縄漁である。これには二つの特徴を認めうる。一つは一定時に多量の漁獲物を得ること、二つは釣獲の現場に釣師が必ずしも居合わせなくてもすむことである。(1)

渋沢は漁獲の技術として延縄を理解しようと心がけた。漁業技術を研究の緒に就かせる段階として大きな業績を残し、漁獲の量産や間接技能釣漁法（現場に釣師がいなくてすむこと）を強調した。このことが、延縄技術の理解につながる面は限定される。背景には、この時代にはまだ捕り尽くせぬ漁獲量があり、捕ることだけを考えていればよかったからだろう。

ひるがえって現代は、延縄でさえ規制の対象にしなければならないほど魚がいなくなっている。延縄の研究はもっと根本的な、対称漁獲物の生き物としての性質や棲んでいる場所での生態等についてまで推測や仮説を提出して、調査検証する研究にしなければならないのである。

本章では、第一段階の漁場発見から始め、漁撈、水揚げまでを延縄の技術的伸展に沿って描き、延縄の技術にともなう漁船の改良や漁撈の形態まで視野に入れて延縄漁の実像を検討する。延縄にともなう周辺技術の高度化が乱獲へと突き進む契機となったことをまとめ、延縄技術で突き進んできた鱈漁業を研究することが、人の生存を計る一つの指標となっていくであろう事を提起する。

1　生息域と漁場

水中のどの場所にどんな魚が棲んでいるのか知るために、人は知恵を働かせて観察記録してきた。そして、その魚がどんなものを食べて生きているかも調べていた。

第一章2「中世の日本海と鱈場」として、「若狭沖漁場大絵図」を示した（四四頁図9）。若狭湾沖に楕円で示された場所が鱈、鰈《カレイ》、つのし（鱪《シイラ》や鮫）の漁場として特定されていた。沖の深海に真鱈や鯳が群れ、ここに鰡が回遊してくる。餌が共生関係にあることが推測されている。そして、底魚の鰈が一緒にいる。これらの魚を捕るために必要な知識は、魚が食べている餌を割り出すことである。これが分かれば、餌をつけた小縄（釣鉤のついた長縄）を沈めて捕ることが可能になる。

ロシア、ハンテ・マンシスク自治管区のカズィム村で、延縄《はえなわ》の原理がよく分かる漁を学んだことは序章で記した。延縄は食物連鎖の上位に位置づけられる魚を捕る方法として開発されてきたものなのである。植物プランクトンなどを餌にする一次消費者の魚たちを食べる段階にいる魚が標的となる。だから二次消費者は一次捕食の魚が数を減らすと、一気に生存が脅かされる。

延縄は『古事記』で鱸《スズキ》を捕る漁法として記されているが、鱸も同じ肉食魚である。

あらためて「若狭沖漁場大絵図」をみる。「鰈鱈つのし縄場」と記されている。縄場とは、小縄や原初的な延縄などの縄によって漁業が可能なところという意味になる。魚はいずれも肉食魚である。海底の甲殻類や昆虫、小魚などを大量に食べる。だから、延縄漁では大量の釣鉤に餌をつけて沈め、これに懸かるものを漁獲する。

この鱈場は鱈、鯱が棲む場所である。沖の深海で底に泥や砂が溜まる場所である。産卵、孵化もこの場所で行われるという。もちろん回遊する群れもあり、産卵場から群れて移動する。鯱の場合は、卵が浮遊しやすいとされ、真鱈のように底にへばりつくことはなく、産卵場で孵化するという。索餌や繁殖の際に大きな移動をせず、極東沿岸だけで一〇以上の地域個体群が存在し、それらはほとんど交流していないという報告もある(2)。

本州日本海岸、東北太平洋岸、北海道太平洋岸、陸奥湾を産卵場とする一群はそれぞれ異なる群れとして認識されるという。産卵期は一二から三月で一繁殖期に一回である。三歳で成熟に達し、産卵は雌雄ペアか一妻多夫で行われる。

繁殖行動が行われる鱈が集まる深海が鱈場として近世初めから開発が進んできた海域なのである。縄場とは鱈場を指す。

鯳は、やはり鱈場で真鱈と一緒にいることが多いというが、生物的には異なる習性があるという。真鱈より回遊する範囲が広いという。底魚のイメージが強いが、上層に浮いてくる魚でもあるという。産卵場は北海道周辺沿岸一帯であるが、道西の岩内湾、噴火湾、根室海峡が知られている。ここで大量の鯳が産卵孵化してそれぞれの群れを作っているというのである。

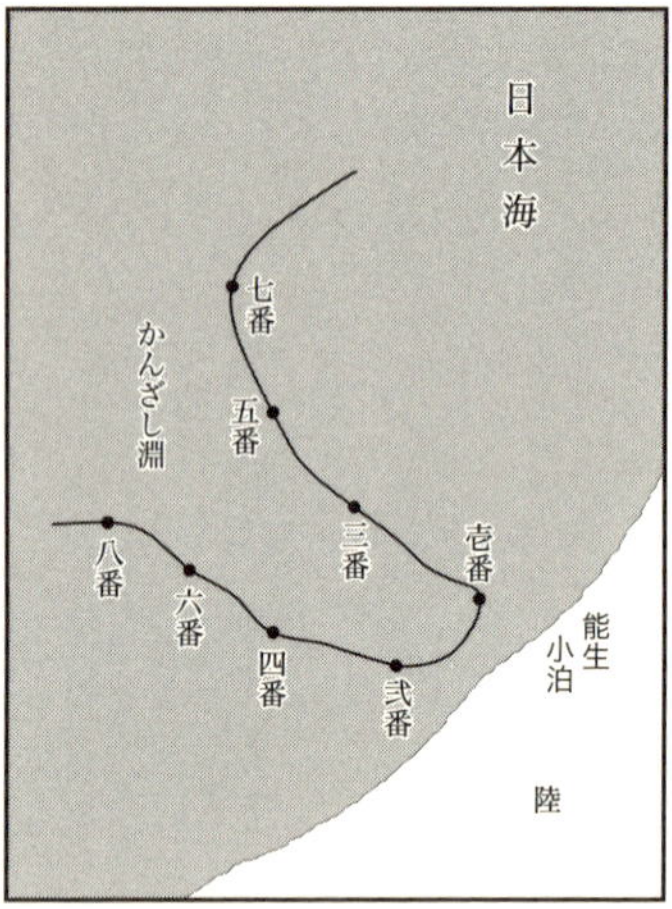

図29　能生かんざし漁場

広大な海の中で、その場所にいつもいるということが鱈場の意味となっている。この場所の確定で大切なのは、海の底の地形と、これを海面上で確定する作業である。

その範囲（鱈場）にいる鱈や鰈は底の泥や砂礫の場所に棲む甲殻類や小魚などを食べている。一次消費者の魚を餌とすれば鱈や鰈は捕れる。

越後能生小泊のかんざし漁場を検討する。ここは、かんざしの形に鱈場が画定された。その範囲はヤマアテ（山目當テ）で海上の位置を測り、得意な縄を使って海の深さを測るというものであった。海の深みを海上で画定した（図29）。

かんざしの形に切れ込む澪《みお》が陸地近くまで入り込んでいる。一気に落ち込む縁の右左を壱番、弐番とし、沖に向かって同様の右、左を三番、四番という点で示し、はるか沖までの深みを五番、六番、七番、八番まで地図上に記していった。沖の七番、八番以遠は大陸棚の外れで深海と接続する。

かんざし淵と呼ばれる澪を壱番から八番までの目印で絵図に落とし、その場所の水深を記す。この場所はあらかじめヤマアテで定めてある。ヤマアテは海上で自分の位置を知るための方法である。三角法を使う。陸の手前の山の頂上と奥の山の頂上が重なる場所を一方向として固定し、別の方角にみえる同様の山の重なりが交差する位置でどの場所か知る。

・壱番　場瀬ノ深ミ　百三拾七尋
　　山目當テ　字こうかみね
　　　　字がやのま
　　　　壱番と弐番の差渡百尋
・弐番　場瀬ノ深ミ　弐百六拾弐尋
　　山目當テ　字こうかみね
　　　　字がやのま
・三番　場瀬ノ深ミ　百七拾壱尋
　　山目當テ　字ふとみ新塚
　　　　字青山谷
　　　　三番と四番の差渡弐百五拾尋
・四番　場瀬ノ深ミ　百三拾六尋
　　山目當テ　字松のはけ
　　　　字赤ミたさ

・五番　場瀬ノ深ミ　百五拾尋
山目當テ　字外ノ山二枚
字猿つら二ッ　五番と六番の差渡四百尋
・六番　場瀬ノ深ミ　百三拾五尋
山目當テ　なそみの桜
青山宮
・七番　場瀬ノ深ミ　百七拾弐尋
山目當テ　字塚之口
字中ノ山水と　七番からの差渡千尋
・八番　場瀬ノ深ミ　百五拾五尋
山目當テ　字ずこう
字ずこう

文化五年（一八〇八）、かんざし漁場への出入りをめぐって、周辺の漁村と争いがあり、これを一つの図面にまとめて、周知化した。かんざしのように入り込む深みの鱈場には鱈や鯱がいて、この落ち込む淵の周辺部では手繰《てぐり》網漁が盛んに行われていた。だから、落ち込む手前の淵の場所を画定する必要があった。沖に向かって広がる澪に鱈場が形成されていたのである。

五番は隣接村の漁師が、深く落ち込む手前の棚で漁をしていて、かんざし漁場という能生小泊の漁師がみつけて専用漁業の権利を設定していた海面に入り込む争いの場所であった。設定された境界は澪に落ち込む縁である。海深は百五拾尋（二二五メートル）あり、ヤマアテは東に外山の峰が二つ重なる場所で南に猿つらと呼ばれる地形が二つみえる場所の交点を指す。五番と向き合う澪の西側には六番が設定されていた。海の深さは百三拾五尋で対向する五番との間の差し渡しは四百尋（六〇〇メートル）である。ヤマアテは東になみその桜の大木をみる場所で西に青山のお宮がかち合う場所である。

かんざし漁場、つまり鱈場は沖で広がっていき、七番からの差し渡しが千尋（一五〇〇メートル）となって深海につながっていく。この図面と表記から、かんざし漁場は沖から岸に向かって入り込んでいる溺れ谷の地形を取っていることが明らかとなる。このことは、釧路漁業の発展でも、釧路川の先に溺れ谷が深海に向かって広がり、ここの澪に集まっている鱈を捕り始めたとする口碑と同じである。

鱈や鯇は、深海から岸近くの産卵場に寄ってくる時に、この澪を伝わってきたことが分かる。つまり、鱈場とは産卵に寄ってくる岸近くの澪であるとする考え方も成り立つ。

日本海の鱈場はどこも深い海の産卵場所であり、ここをみつけた人たちは、専用漁業の権利を主張して沖に専用漁業権を設定した先駆者となっている。

佐渡海峡の鱈場も、佐渡姫津の鱈場、本土側では出雲崎、寺泊の鱈場が設定された。粟島《あわしま》沖は冬の漁には厳しい海況であるが、庄内衆が入り込んで鱈を捕った。庄内小波渡《こばと》や五十川《いらがわ》は近世初めから鱈場の漁村として、庄内で最も早くに沖に船を出し、鱈場を発見していた。

飛島《とびしま》は周辺の深海に真鱈や鯇の群れる恵まれた場所にある。飛島の各集落が漁業権を確保して鱈や鯇を捕っている。

対岸の秋田県象潟郡も金浦を中心とした鱈場の村が並ぶ。海の深さを測って鱈場を画定していた古くからの漁村である。

このように、日本海中部海域を取り上げただけでも、鱈や鯱の棲む場所の確定は延縄漁師によって海の深さを計測しながらヤマアテで海面を区画して決められていった。しかも、彼らは沖に出てこの仕事を行う縄漁の専門集団であった。当然のように、冬の沖に出られる高性能な船を駆使して、それに見合う漁撈の組織を備えていた。

2 延縄

延縄《はえなわ》は釣漁法のなかで最も高度化した技術である。もとは一本釣りのように竿に鉤と糸をつけて魚を釣ることから始まったのであろう。手釣りは人の手を竿代わりにして釣る。

若狭には小縄にかんする近世初期の資料が残されているが、縄に釣鉤をつけ、ここに餌を吊した仕掛けを複数整え、釣りをしていたことが記録されており、これが延縄の前駆と考えて間違いなかろう。『古事記』に記された「栲縄《たくなは》の千尋縄《ちひろなは》」が小縄から展開した延縄の姿と推測する。

明治四三年、農商務省水産局より刊行された『日本水産捕採誌』は全国の漁具漁法の姿を記録した貴重な刊行物である。明治一九年に企画され、二八年に脱稿した記録は、全国調査を経てその姿がまとめられた。同時に、記述から外された貴重な調査項目が、各地に存在していることも事実である。

網罟《あみこ》、釣漁業、特殊漁業の三つに分けて各地の事例を詳細に記録している。釣漁業は竿釣、手釣、延縄釣に分類している。そして、延縄釣の概要を説明した後に鱈延縄釣の説明に入っている。

「延縄の構造は一条の幹縄を作り、これに数条の緡絲《びんいと》（枝糸）をつけるもの」と簡潔にまとめる。幹縄は麻の良品を使い、右撚《よ》りとし、枝糸は左撚りにする。撚りを強くしすぎないのが大切であるとされる。枝糸が固すぎると自在に動かないからだという。渋に漬けるが、幹縄の麻は下野《しもつけ》産、枝糸は越後のアカソ（赤麻）がよいとされた。この仕掛けを計五〇センチほどの平たい竹籠（鉢とか籠と称される）に入れる。円形籠の周りにはスゲ（菅）の枯れた茎を巻きつけておき、枝糸の先に取りつけられた釣鉤をここに刺していく。一〇〇本近い釣鉤は、円周上にびっしり並び、ここから中心部に向けて枝糸が重ねられていく。幹縄は枝縄がまとめられた籠の外側にたぐり寄せられている。この籠ごとの幹縄を何十枚もつなげて延縄とするのである。

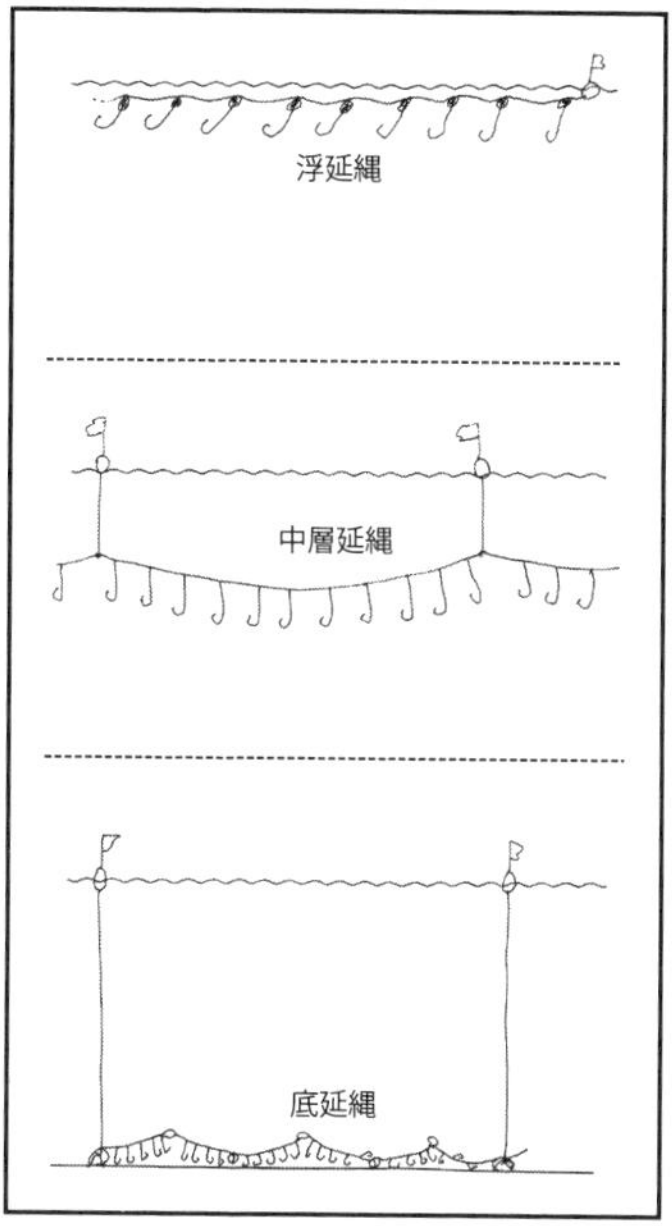

図30　延縄の種類

延縄は幹縄を水中で横に延べる。枝糸は下垂して配置される。海水中に延べる位置（上層・中層・下層）で三種類に分けられる（図30）。

浮延縄　一ヶ所に定着させないで、海流に沿って流す浮縄と称される漁法が広く行われている。日本海中部海域では浮縄は春先の鯛縄から始める。暖かくなる

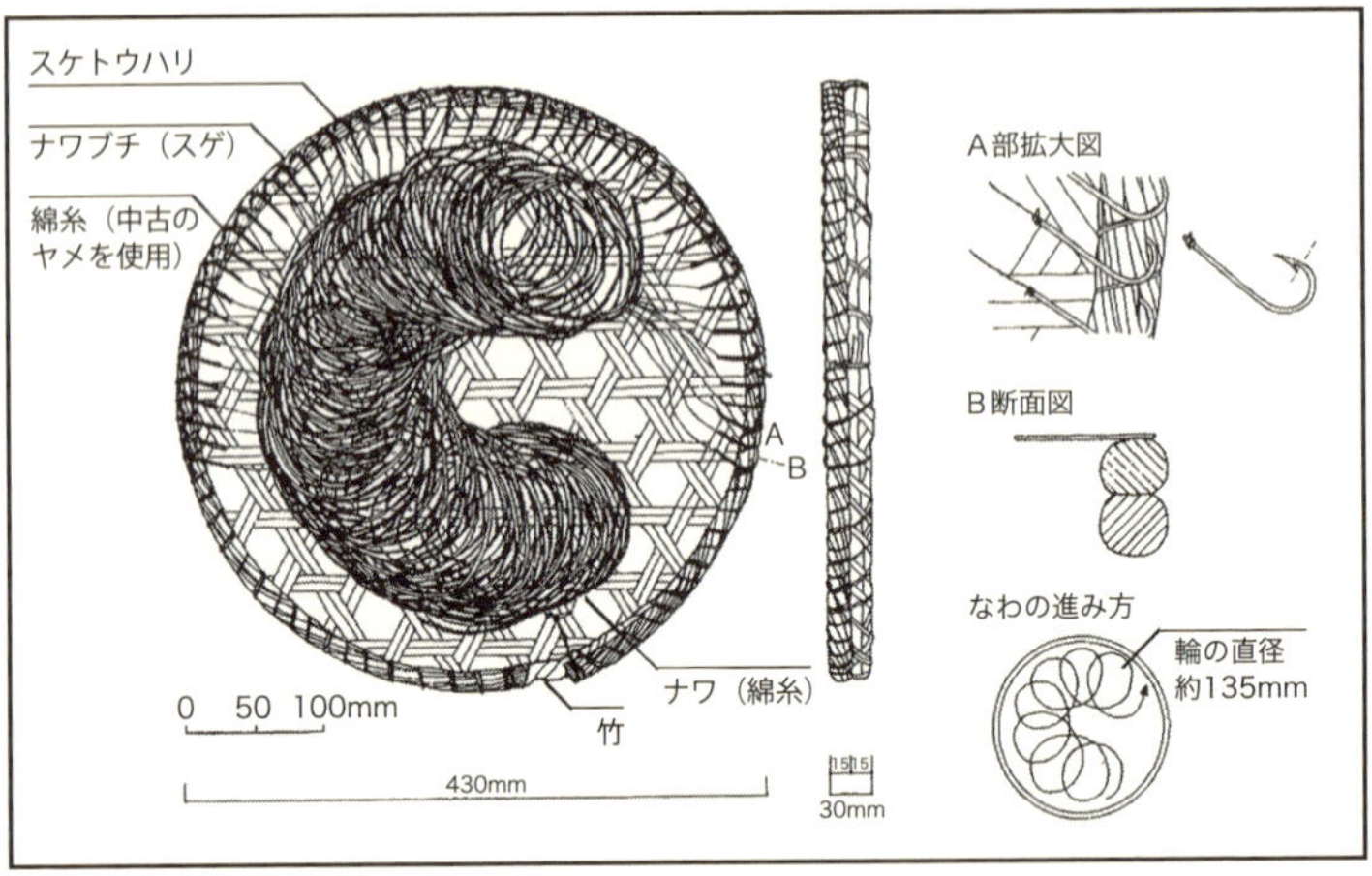

図31　延縄籠（両津市郷土博物館『北佐渡の漁撈習俗』96頁）

図32　浮延縄（鯛縄）

と鯛が海流に乗って浮くようになる。この魚を狙って浮縄を流す漁師は、水温を捉えて流す縄を鯛のいるところに設置する必要があった。これは漁師の腕のみせ所であった。片側に錘《おもり》（沈子）をつけて深さを調節し、片側に浮標をつける。幹縄と枝糸の局部にも沈子をつけて縄が浮き上がらないようにする。沈子には石や碇《いかり》を使った。浮きは乾かした桐や漆の木片（二〇センチほど）をつける（図31・32）。

中層延縄　幹縄の端から脊縄とか立（縦）縄と呼ばれる一条の縄を垂直に垂らし、上部に浮標（樽か桶）をつけ、底に石をつける。この綱の深さを幹縄を延《の》べる狙いの深さにして取りつけ、中層に垂らす。幹縄とここから伸びる枝糸の局部に浮きをつけ、立縄間の幹縄が狙いの深さでたわむようにする。その層にいる魚の場所に延縄を流すのである。

底延縄　底の鱈場に棲む鱈を狙った底延縄である。鰈《カレイ》や鮃《ヒラメ》でもこの延縄を使うことがある。立縄を海底まで達する長さにして、上に浮標をつけ、底部に石や碇をつける。底から幹縄を延ばし、漁場を横断するまで籠にまとめられた幹縄と枝糸の組をつなげていく。幹縄を延ばした最終の場所も、立縄で海底から海面まで延ばす。

延縄は延べ終わってから引き揚げるまでに、一～二時間、あるいは一昼夜放置することが多い。餌につくのを待っているからである。そして、魚が釣鉤に懸かればそのままの状態で水揚げまで保持しなければならない。釣鉤を脱してしまわない工夫が鉤に施されている。竿釣りなどの釣鉤と異なり、尖った先端を内側に向けたり、先頭を片側にひねるなどの工夫がしてある。

延縄を入れてあるから均等の時間間隔で魚が懸かるというものではないという。延べ下しと引き揚げの時、幹縄が大きく揺れている瞬間に懸かることが多いという。また、漁師が共通して語る魚の懸かる時間帯に日没と早朝がある。「魚が騒ぐ時間帯」で、チクラミやシラジラである。韓国済州島でも魚が懸かる時間帯はセッパラミと言い、潮が引いていく干潮の時であるとして、月の満ち欠けと大きく関係することを伝えている。

3　鱈延縄

鱈延縄《はえなわ》は底延縄である。出雲崎の鱈場で使われた延縄の詳細から考察する。ここでの延縄技術が広く北部日本海の鱈場で使われていくようになるからである。

明治三二年に新潟県水産試験場がまとめた「水産調査報告」がある。水産局が明治二八年に脱稿して四三年に刊行された『日本水産捕採誌』の原稿に採用されなかった詳細な調査が、県独自にまとめられている。

出雲崎の先進技術を使用した道具の詳細から記す。

・幹縄　方言「胴縄あるいは横縄」と称される。金引麻《かなびき》二子撚《よ》り（太さ綿糸二〇手三号）にして、長さ三〇から三六尋で右撚り、一籠とする。この縄の両端一尺五寸ばかりは特に太紐をつけて幹縄を連結する。中蒲原産の金引麻を使う。

・枝縄（枝糸）方言「ツバシあるいはヤメ」と称す。金引極上等麻二子撚り（太さ綿糸二〇手一号）、一尺二寸をもって一条とし、幹縄三尺（三尺三寸）間隔に各一条を付着する。

・釣鉤（針）鉄線を材料とし、各自好む形状に製作し、錫鍍《めっき》を加えて使用する人もいるが、多くはそのままのものを使っている。籠一枚に六五本設置する。兵庫県津居山産を購入使用している者もいる。長さ一寸一分、反《かえ》しあり。

・浮子　方言「掛浮子」は漆材。長さ一尺径一寸。円柱状のもので甲乙幹縄を連結するところにつける。
・沈子　方言「掛石」は楕円形質堅緻の小石で、一個の重量約八〇匁とする。この石は容易に外れないよう麻糸を網状にからげる。これを幹縄に使用するには巧拙があり、付着方法は直ちに漁獲の多寡に関係するため、熟練を要する。
・縄籠　竹製粗目で直径一尺七寸。円形で深さはなく鉤を掛けるために周縁に藁あるいは菅を束ねたものをつけている。
・浮標　杉製径三尺高さ二尺五寸。円筒形で底を二重にし空気層を有する。蓋があるものが多いが、蓋のないものも使う。漁場の深浅潮流の程度に応じて五から六個使う。
・立縄　方言「ギバ縄」。幹縄の古くなったものを二条合撚する。その長さは漁場の深浅に応じて異なるが、普通、三〇〇から四〇〇尋のものを二条使う。
・碇石　ギバ縄の下端につける。一つの重量二〇〇から五〇〇匁。

新潟県の鱈延縄漁業の地域的特色は鱈場の形状や深浅によって異なる。真鱈と鯳でも釣鉤の大きさなどが異なる。しかし、鱈場に延縄を垂らせばどちらも懸かってくる。したがって地域的特色は、それぞれの場所で最も使いやすいように使用法を変えることであった（次頁表3）。

幹縄の右撚りに対し、出雲崎では枝縄（枝糸）を左撚りにしない。その代わり、最高級の麻糸で撚る。ここは大切な部分で、渋染めしても固くならないように繊維を吟味したものである。幹縄の右撚りと枝

表3　新潟沖鱈場の延縄

	西頸城　市振	出雲崎	寺　泊
幹縄	胴縄，横縄． 金引，2子撚り． 籠1枚36尋．	金引，右撚り 中蒲原産． 籠1枚29から30尋．	胴縄． 金引，2子撚り，右撚り． 33尋．
枝縄	ヤメ． 金引，2子撚り． 長さ1尺2寸，3尺間隔．	金引極上品． 間隔3尺3寸で 1籠35から40本．	ヤメ，2子左撚り． 長さ2尺5寸，間隔3尺2寸．1籠50本．
釣鉤	自家製． 籠1枚に65本．	長丸形． 長さ1寸1分． 兵庫県津居山産．	長さ1寸3分角形，捻形．
浮子	掛浮子． 漆材． 長さ1尺，径1寸．	漆材，後にガラス玉． 径2寸．	漆材． 長さ6寸径1寸3分． 急潮で3枚1本．
沈子	掛石． 楕円形，80匁．	自然石． 1枚に1個． 200匁．	掛石． 40匁． 2枚に21個．
立縄	ギバ縄． 300から400尋2条．	浮標縄． 350尋5から6本． 金引中級品．	金引，2子右堅撚り． 鱈・鯱捕りに350尋．

縄の左撚りがねじりの力を相殺することを前提に撚りを逆にしていたのであるが、出雲崎は別の方法で克服したのである。

籠一枚にどのくらいの釣鉤をつけるかについても、出雲崎が最も少ない。寺泊や市振《いちぶり》では、出雲崎の倍以上の釣鉤をつけている。これは鱈場の魚種で、鯱を多く水揚げする前者に対し、出雲崎は、あくまでも真鱈を中心に考えているからである。真鱈の一〇キロを超えるような大物は、しっかり間隔を取っていないと、枝縄も幹縄も、傷んでしまう。

幹縄は潮流に左右されるため、浮標から垂らした立縄が、海底にしっかり固定しないと狙った鱈場から移動してしまう。四〇匁（一五〇グラム）の石を二枚に二一個もつける寺泊の鱈場は異常に数が多い。しかし、寺泊の鱈場は佐渡との間にあって潮流がきわめて激しい場所であることから、一定の場所に固定するには石の数を増やさざるを得ないのである。

ヤメと呼ばれた枝縄にも鱈場ごとの工夫があった。出雲崎では長さ三尺三寸（一一〇センチ）と最も長い。これは真鱈のみを考えた技術なのである。枝縄が長いことから、当然のように枝縄同士の間隔は広く取らなければならない。

出雲崎の延縄技術が日本海北部海域の鱈漁で先進技術として蓄積されてきた背景を金山にともなう幕府御用の渡海にあったことは記したが、もう一つある。この海域が金山を契機に新しい産業が勃興して、人が増え、これを養わなければならない必要性に迫られたことである。出雲崎は北国街道の宿場町であるが、鱈船に乗る近隣農村の子供たちを貰い子として数多く預かった。近代になって信濃川分水が完成するまで、信濃川はいつも大洪水で内陸農村部を疲弊させていた。新田開発や分水工事に多くの人が集まり、低湿地の開発が享保の頃から増大していく背景を見逃すわけにはいかない。

漁獲を上げ、海産物を多くの人に供給しなければならない。長岡という大消費地も控えている。漁業の効率を求める動きは先進的技術に裏づけられた小早漁船と、漁法の改良に現れた。

後に庄内や秋田金浦、北海道の鱈場でも使われるようになる延縄技術の精華は出雲崎で作られた。延縄の方法をみていく。

幹縄を二列にして延べる方法が出雲崎の進んだ技術としてあげられる。詳細に記録する。

一回の延縄に使う籠の枚数は二三〇枚ほどであった。小早漁船（鱈船で川崎船）から二列に延べる。幹縄二列は底に接する石縄と、開いて併行する仮縄に分かれ、石縄と仮縄の間には小股縄（サス）が入る。突っ張りの紐である。石縄一〇枚に仮縄八枚の割合で、いずれも幹縄の金引麻で作り、一五から二〇尋に達する。石縄には沈子をつけ仮縄には漆の木片（後にガラス玉）がつけられている。石縄と仮縄が開くことで、一所《ひとところ》にいる鱈や鯳はより餌に食いつきやすくなる（一五三頁図33）。

延べ始めはモトウチといって一二〇尋くらいの深さから沖合に向かって一直線に延べていく。桶（サキ桶）を浮かべ立縄の先には一貫目（三・七キロ）くらいの石を五つつける。立縄の下から二尋のところに股縄（ハグイ。一尺ほどの麻で撚った太綱）を結びつけ、ここから幹縄を延ばし始める。サキ桶から沖のおや桶まで五〇枚延べる。これを一本という。沖に達すると今度は磯に向かって反《かえ》して延べる。磯から沖に向かうのを出縄といい、沖から戻るのを折込みという。出縄と折込みをジグザグに往復して、四本延べるのが鱈場株を持つ漁師の鱈漁であった。

出雲崎三五株の漁師は小早漁船を保持して、夏は幕府御用の渡海に従事し、金山の物資運搬などの御用に従事した。冬は鱈や鯳捕りの漁を行った。上組一二株は住吉町と石井町が保持し、下組二三株は羽黒町と鳴滝町そして北外れの木折町と井の鼻が保持し、計三五株が専用漁業権を持っていた。出雲崎鱈場は沖鱈場と中鱈場があり、三五区画は中鱈場であった。最も沖にあって石地《いしじ》との入会《いりあい》漁場になっていた沖鱈場は漁獲にむらがあった。

上組は西側の石地と接し、下組は寺泊と接していた。上組が半里（二キロ）、下組が二里の長さのある鱈場であった。それぞれの漁師が鱈場に入る分け方にも特色があった。その分け方は平等である。

出雲崎鱈場の基準となる陸のアテ山は小木ノ城《おぎのじょう》と呼ばれる中世の城跡である。海岸から約六キロ内陸にある。出雲崎の沖からは、左に弥彦山、右に米山と広がる中央部の小高い峰が小木ノ城である。ここがアテ山の基準で、前山と見通す線によって漁場が区画された。

出雲崎の漁師は小木ノ城をオヤ山と呼ぶ。頂上に欅《ケヤキ》の樹林を持つ山容は目印として保護されてきた。現在でも、この頂部の樹林は出雲崎漁業協同組合の資産となっていて、伐ることが許されず、守り育てられている。

前山はシタヤマと呼び、オヤ山と見通す峰が続き、各目印によって漁場が分割された。シタヤマは石地側から次の目標があった。

白山、学校地、高山、休ン場、タコチ、小イボ、三条ガリ、池ノ平、一二林、種目ヶ平、小鯛の頭、笹山、サブサである。これによって区画される一二の場所が上組の鱈場であった。

上組と下組の間には堂山というアキヤマを設け、誰も操業しない海上の一定区画としていた。ナカマヤマとも呼ばれていた。

この次に、西から寺泊に向かって二三区画の下組のシタヤマが続く。

小イボ、平イボ、山道、横根、道、椎ノ木、禅ノ浦、蓮谷、小高峰、高峰、貝立場、長ヅネ、才の神、ゴ坊、高山、糠谷、ショウジヤ、天神ヶ森、竹ノ小路、ヤガ塚、家森、天上、カタガリ山、池の平、シナノ木である。

これらのシタヤマにオヤ山を見通した線が海上での境界線となり、この一区画が一株の権利場となった。しかも、すべての株持ちが平等に漁業を行えるように組まれた。上組一二軒は、順序立てて一二の漁場に入るようにしていたのである。

①から⑫に分けられた漁場は、一二軒の先頭の者が一日目に①に入れば二日目は②に入る。三日目は③に行く。こうして一二の区画を一二日かけて回り、一三日目に①に戻る。一二軒最終の者は先頭の手

前の区画を回ることになる。このローテーションが編み出された経緯はよく分からないが、三五株の鱈場漁師同士の取り決めであることは分かっている。漁獲の権利平等もここまで突き詰めていたのである。鱈場一株の区画は幅百間（約一八二メートル）と狭く、隣で操業する網と絡むことがあるため、先延、後延の時間を隣とずらすことも行われた。

漁期の始まりは一一月七日であったが、後に一二月一日に統一される。鱈漁期は一二月一日から四月一五日までである。

鱈船と呼ばれた小早漁船は延縄で鱈を捕る船を指し、川崎船とも呼ばれた。漁師は一一から一二人乗り込む。この数は小早漁船の検証で六から七人とされていた数の倍もあり、矛盾するようにみえる。六から七人乗り込みの小早漁船とは、櫓を建ての数である。曳船、渡海が任務であり、推進力を生み出す人足の数を指す。これが近世船数調べの文書に記されている数である。

すると、六から七人の専業漁師を乗せて鱈場に向かっていることになる。この人たちの仕事の様子を鳴滝町の小甲《こかぶ》松男さん（大正一五年生まれ）からかつて聴き取りをした。

小甲さんの時代には鱈船一三人として決まっていたという。鱈船の出漁は決められた早朝、一斉である。乗り組みは養子（貰い子）の若者がチゲ持ち（弁当持ち）として全員の食事をチゲ（杉のわっぱ）に入れて運び込む。熟達した若者の漁師は交代で櫓押しをしながら漁場に到着する。ヤマアテでその日の決められた場所に入ると縄を延べる。舳先にいる漁師A（図33参照）の指示で右舷と左舷に篭を準備して待つ（B～E）。左舷は船の中央部（腰当という）より舳先側（B、C）に、右舷は腰当の艫側になる（D、E）。腰当にいるFが小股縄（サス）を取り、その両端を石縄と仮縄の末端に結びつける。石縄に

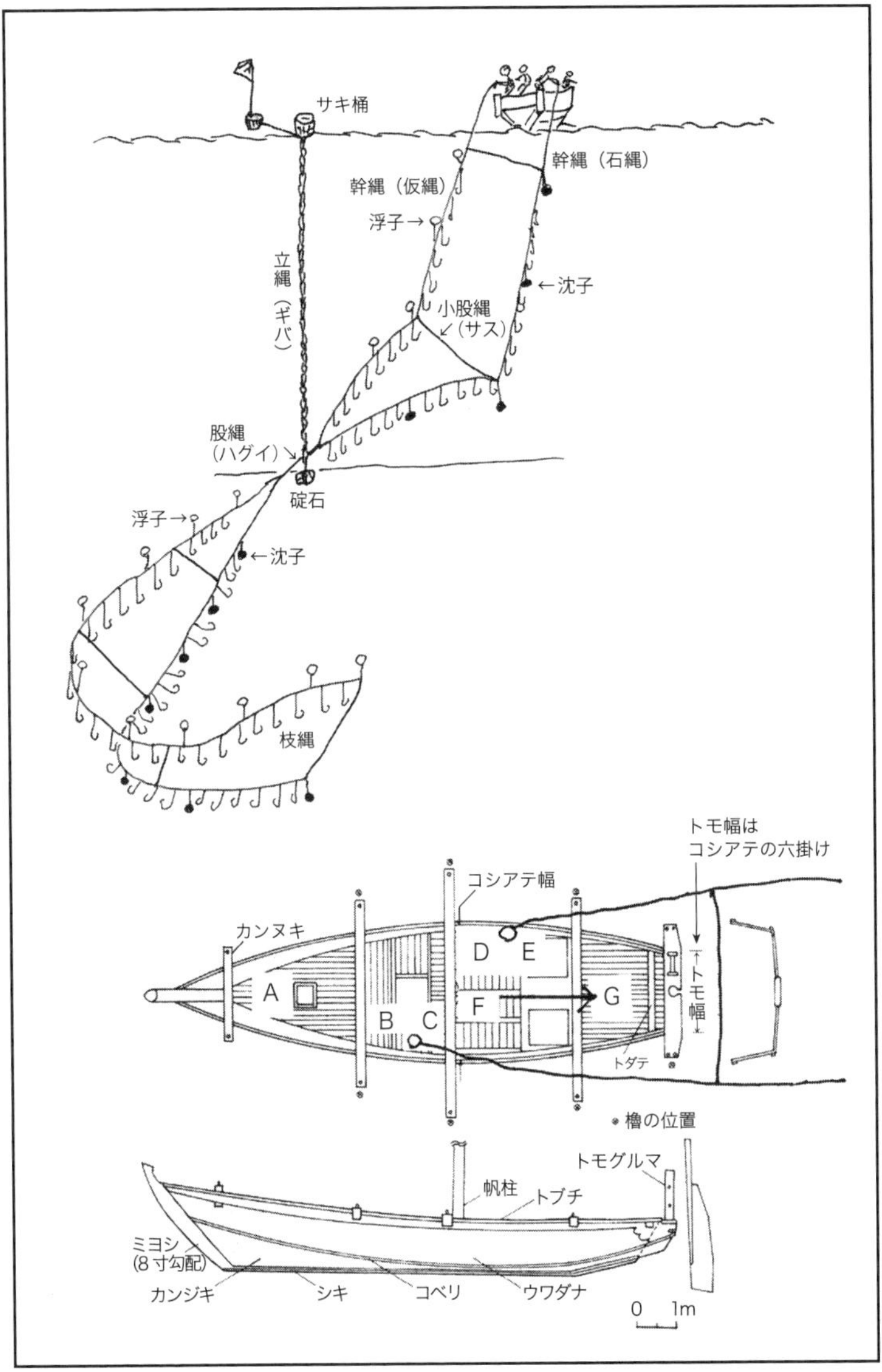

図 33　出雲崎における鱈延縄の方法

は掛け石をし、仮縄には小浮子を結ぶ。これをともに腰当にいるGに渡す。Gは船尾に持って行き船尾で漕いでいる櫓をかわして海に投入する。BとCは左舷で石縄を、DとEは右舷で仮縄を枝糸の先にある釣鉤を籠から取り出して餌をつけ、ともに迅速に幹縄（石縄と仮縄）を流していく。この時、川崎船は全七挺櫓のうち、二挺櫓で進めている。櫓押しの仕事をしていた五人は、籠から餌をつけて縄を投入する右舷と左舷の二人のところで、餌の鰯《イワシ》を取りつけたり、餌を切って運ぶなどの仕事に忙しい。Gが浮標縄（立縄でギバ縄）を投入すると一つの過程が終わる。

次に、他の縄と接合して籠五枚ごとに小股縄で石縄と仮縄を連結して延々と延べていく。縄を延べ終わったところに立縄と浮標を設置する。

船の速度に合わせて縄を流す必要があることと、出雲崎の縄が、二条延べという先進的なものであったことから二倍の漁夫を乗り込ませる必要があった。

この漁撈形態は羽後金浦でも導入されていくことが記録で分かっているが、複雑な縄の扱いがすぐに他の地域で理解されたとは考えられない。しかし、川崎衆が出雲崎から来て、金浦の鱈場で地元の漁師に教えたとする口碑は、複雑な延縄の方法も含めていた可能性がある。

すべての縄を設置した後は、縄を投入した最初の場所まで櫓を漕いで流れに逆らって戻る。ここで待機するのである。二時間待った後に延縄の引き揚げを始めた。

引き揚げは船の四ヶ所で行った。右舷と左舷の前後二ヶ所に石縄と仮縄を同時に揚げる所を作る。艫《とも》の右左舷が一つの組となり、舳先《へさき》側の右左舷が同様に一つの組となってそれぞれの幹縄（石縄と仮縄）を同時に揚げていく。

魚が懸かってくると二尾を尾鰭《おびれ》のつけ根で縛り、竿に掛けていく。鱈二尾を結束（一掛）するのは藤蔓で、特に吟味された葛葉藤（赤藤）の一年生の細く柔らかい茎を霜が降りる頃採取して紐とした。種類が異なる青藤では固くて強度不足だったという。鱈場漁師の子供たちが秋になると裏の山地で盛んに採ったと語られている。鱈を掛ける竿は舷側の外側、櫓を保持する柱同士に渡して縛り、鱈を吊り下げる場所とした。

大正一一年の記録には、川崎船一艘に五〇〇から七〇〇掛の漁獲があったと語られている。

延縄漁では餌が大きな問題となる。鰯《イワシ》が最もよいとされた。鰯が不足している時には秋刀魚《サンマ》、烏賊《イカ》、鯖《サバ》なども使われた。鰯は小さいものだと二尾を、烏賊は長さ二センチ×幅一センチ程にして釣鉤にかけた。

餌は延縄の漁獲を左右する大きな要因の一つで、庄内小波渡《こばと》の鱈延縄では、ゴロタと呼ばれる鰯の油漬けや烏賊の油漬けが導入された。近世中頃にこの餌を使うことで漁獲が跳ね上がって近隣の漁師と争いが生じた記録もある。

ゴロタという餌は、庄内や羽前の漁家では越中衆が広めたとする伝承が残っている。出雲崎でも、ゴロタを買いに能登に走ったという漁師に会った。北越後では、この餌を使う漁師が三〇年ほど前までいた。家の外から取り出せる縁側の下に下肥を入れる桶を埋めて、ここで発酵保存させていた姿をみたことがある。ひどい匂いで文字通り鼻が曲がる経験をした。鰯を捕ってくると、餌にするものをこの桶に入れて発酵させるのであるが、もとの液は鰯の脂であったという。ここに烏賊もそのまま入れられ、発酵させたものもあった。だから、ゴロタという餌は、鰯漬けとともに烏賊漬けをも意味した。

魚はこの餌の味を覚えると他の餌を食べなくなる、とも聴いた。そして、ゴロタを広めたのは富山の薬売りだという口碑があった。春先、漁が本格的に始まる頃、富山から各地の情報を携えて訪れる商人の情報には技術伝承も含まれていたのである。

ここで金引と称される麻について確認する。大麻を加工して麻糸としたものが金引で、延縄の幹縄、枝縄、立縄に使う。近世には越後は青麻の産地として名をはせ、頸城《くびき》や魚沼地方のカラムシが北海道へも移出されて延縄の材料として使われた。しかし、大麻が入ってきてからは、この強い繊維が延縄に適していたことから、北海道までの各地で使われていくようになる。しかも水に強いという性質も普及を早めた。出雲崎は漁具など原料の供給でも最適の位置にあった。

幹縄を石縄と仮縄の二本に分割して延べる方法が出雲崎で確立したことは、秋田金浦の近世文書に記された、「出雲崎から川崎猟師が来て海の深さを測り、鱈場を再発見した」という記録（第一章）からも推量できる。

二条にした理由は、産卵期に動き回る鱈が海底から浮き上がる性質を捉えたものである。ヨーロッパ北部海域で行われてきた延縄も日本のものと大差ない。原理はほとんど同じで、それぞれの鱈場漁場に応じた。ノルウェーの鱈延縄では海底から縄を少し浮かせるために小さなガラス玉をつけたという。これも産卵行動の鱈を狙う方法であろう。

仮縄の名称で一条の縄を浮かせたのは、石縄で底に張りついている鱈を捕り、産卵時の動き回る鱈を浮き縄で捕るという効率の倍加を求めた漁法であった。

鱈は生で食べる外に、寒風にさらして塩を加えて干す干鱈や無塩の干鱈（真鱈の棒鱈）にしたり、親子漬けという出雲崎で作られた真鱈の卵巣（真子）と鱈の身を酢漬けにした製品などが作られた。棒鱈は鯱が中心であったという。出雲崎鱈の干鱈は桜色で甘い田麩《でんぶ》にも加工している。

鱈延縄の完成された漁具と設置の構造は海底の地形を読み、繰り返される経験によって成し遂げられたものであろう。延縄そのものの原理を辿れば、浮延縄の原理を底延縄に転用していったもののように考えられる。深海の底に鱈が群れていることを知ったのが中世頃からであることが何よりもの証拠である。

若狭、小泊、出雲崎と、鱈場の村では、夏に鱈場海域で鰤《シイラ》漬漁をしているという共通性があることは既述した。鰤と鱈の関係は密接である。浮き魚の鰤は延縄で捕られている。漁法にも強い共通性がみられる。

富山県新湊ではけた釣りと称して鰤浮延縄を行っている。幹縄の長さは七五尋。金引麻で撚る。枝縄は幹縄五尺間隔に三〇本。これを一鉢（籠）として四鉢ごとに五升樽を浮樽として、これに一〇〇匁の石を入れて沈子とする。また、三七尋余ごとに長さ一尺五寸の桐材浮子をつける。船ごとに五〇鉢の延縄を流す。

餌は烏賊を二つに裂いて、さらに三五片にする。烏賊の脚もつけるが鰤はここが好きであるという。

佐渡海峡で行われている鰤漬漁も浮き延縄を流す方法で行われた。ここも冬は鱈漁場となる。

鱈場を保持する漁師は、夏の間鱈場で鰤漬漁や鰤の延縄を繰り返して、海面の専用漁業権を年間にわたって保持していたのである。

このような漁撈の形態、完成された二条の幹縄を使う先進的延縄漁法、そして、多くの水主《かこ》を養う渡海の組織、これらが相互に作用して鱈漁先進基地の出雲崎が出来上がっていたのである。当然のようにこの高い水準が北の漁場で力を発揮する。

4　鱈船、小早漁船、川崎船

出雲崎鱈場の小早漁船にかんする近世文書では「壱艘七人乗」と記録されている。この六から七人乗りという数字を読み解くきっかけは、若狭湾の近世文書の記録からもたらされた。

正保四年（一六四七）、『日向浦船数之覚』に七人乗りの大船が能登や但馬《たじま》に出稼ぎ漁業を繰り返していることが分かったのである。

ここは、日向湖《ひるがこ》の北岸に位置し、北は若狭湾に臨む漁村である。そして、寛永期（一六二四〜四四）の記録をまとめたものであることから近世以前から行っていた姿が推測できる。

櫓の数が七挺で乗り組み人員はこの倍と推測される大船は、おそらく川崎船と呼ばれる二枚棚漁船の前駆と考えられる。若狭では、水押《みよし》が天をつくテント（天当）船と呼ばれる板船の稼働域であった。日本海特有の漁船で、東南アジアから広がるサンパ漁船と呼ばれる、敷板に水押と艫板をつけたところに加敷、上棚と二枚の舷側板を建ち上げる構造をとり、沖に出られる推進力として七挺の櫓を建てる。加賀天当船（越前川崎船）と明治時代に日本海北部海域で称されるようになる。この先駆と考えられる船である（図34）。

当時の若狭湾で広く使われた船が一人から四人乗りのトモブトと呼ばれた複材型刳舟で、一人か二人が舳先《へさき》か艫《とも》で櫂《かい》を操って推進した（図35）。中世日本海の海域に共通する平板張り（板の断面同士を接合する南方船）の船で、能登半島から佐渡にかけて稼働したドブネと同じ技術によって造られていた。

ここに延縄《はえなわ》や網漁をともなって入ってきたのがサンパと呼ばれた七メートルほどの水押を備えた板船である（図36）。船体の優れた復元性と推進力によって革新的な技術をもたらす。櫓を備えていたことである。北部日本海域では北国船などが櫂で運航していた時に、櫓を導入している。

三から四人の船の推進は三から四挺の櫓を建てたものと推測している。右左舷と艫にそれぞれ設置し

図 34　越中天当船とか加賀天当船と呼ばれた川崎船

図 35　トモブトと呼ばれた複材型刳舟

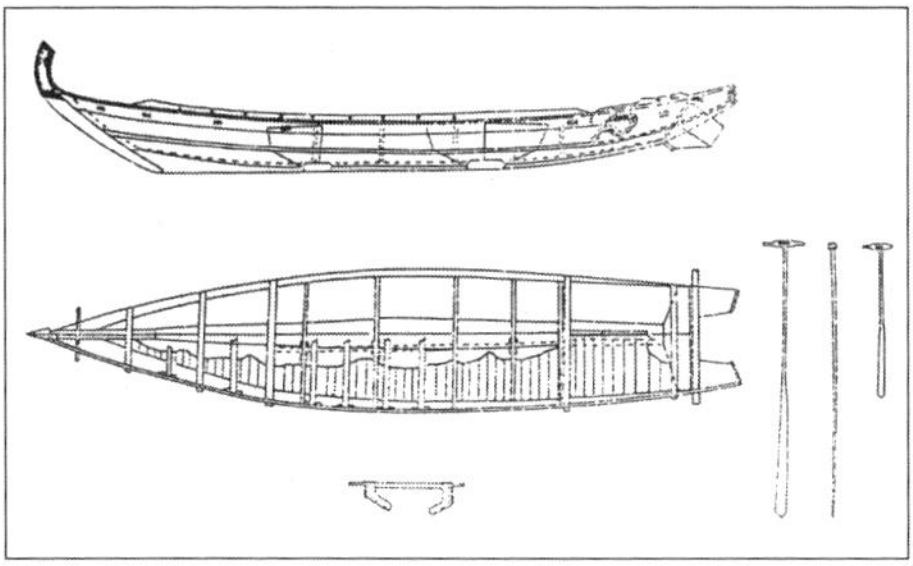
図 36　サンパと呼ばれた板船

た。サンパ船はこれを改良した船が鱈船となり、沖船となっていく。船体構造は関船の小早を小型化したものである。

日向浦《ひゅうがうら》では、大船（七人乗）、サンパ船（三〜四人乗）、トモブト（一〜二人乗）の三種類が稼働していたと推測できる。(3)

正保四年の記録をまとめる。

・七人乗　九艘「是ハ当春但馬へ出猟ニ参候」
「是ハ寛永拾三年ゟ但馬へ」
「是ハ但馬へ出猟」
「是ハ寛永拾壱年ニ能登へ売申候」　他
水主六拾三人。
・四人乗　二艘「是ハ寛永拾五年ニかい申候、壱人乗ニ候へ共今ハ四人乗ニ仕候」　他
・三人乗　二艘「是ハ嘉永拾五年ニ買申候」　他
・二人乗　二艘「是ハ嘉永拾六年ニ買申候」　他
・壱人乗　二二艘「是ハ嘉永拾五年ニ買申候」　他
水主三拾七人

四人乗りの船二艘が、一人乗りから改良されたと記録されているのは、一人乗りのサンパに三挺の櫓

を建てて四人乗りとしたことが推量できる。サンパは七メートルほどの船であるが、腰当て部に船縁から突き出る櫓軸を船に横断して入れれば、艫櫓の存在と併せて三挺櫓となる。トモブトは複材型刳船の狭い幅を踏襲していて、サンパのような復元性がなく、櫓を建てるための櫓軸が設置できない。櫓が建てられるのは艫のみであり、その意味でも一人乗りは踏襲される。

七人乗り九艘で水主《かこ》が六三人いたという記録は重要である。水主は船を操るものの意味で使用される乗組員のことで、この頭が船頭である。文禄・慶長の役で物資や人員輸送に携わった道川《どのかわ》家の配下にはこれら近隣の漁村からの水主が多かったとされている。この七人が出稼ぎ漁業で但馬や能登などに出かけていることが記録されているが、七人だけで漁をすることも出来る。そしてここに漁師を乗せて若狭湾で漁をすることもあったのである。

日本海を北上していくと、越後の小泊に『寛永四年浦々大小船数帳』の文書が残されている。寛永四年（一六二七）時点の船の状況を若狭湾と比較する。

一　弐拾七艘　内四艘ハ尻縄舟　　石地村
　　　　　　　同弐艘ハ崩れ船
　　　　　　　残弐拾壱艘　有り舟

のように、各浜を柏崎から糸魚川まで記録していく。船役銀として税を掛けるための船数調べであることが分かる。出稼ぎ漁業が盛んであった石地《いしじ》では、弐拾壱艘が御役の有る舟ということになる。しかし、秋田沖まで出かけたこの集落の船の大きさは記録されていない。
現在の上越市今町の浜は、上杉謙信の時代から城下に魚を供給した所である。

一　七拾三艘　内拾壱艘尻縄舟　　今町
　　　　　　　同拾三艘打ち割り舟
　　　　　　　同寄木拾い舟
　　　　　　　同四艘ハ出来舟当役用捨
　　　　　　〆弐拾四艘
　　　　　　残而四拾九艘　有り舟

鱈のかんざし漁場を抱える能生小泊は次のように記されている。

一　拾六艘　内四艘尻縄舟　　名立小泊
　　　　　残拾弐艘　有り舟

つまり、拾弐艘がかんざし漁場の鱈場株保持者で、船役銀を上納していることが分かる。尻縄の記録は延縄の専業漁業者を指しているのである。

ここで若狭湾の日向浦の記録と比較すれば、越後の浜の調べは恬淡《てんたん》としている。小泊ではすでに鱈漁が始まっているのに拾弐艘の数だけで終わっている。この記述から越後の船の姿を若狭湾同様に推測することは困難である。

そこで、柏崎の北側に接する出雲崎を再び詳細に検証する。鱈船である小早漁船がどのように誕生したのか推量できる資料が数点ある。佐渡金山開発の中から導入されてきたものである。

関船の一つである小早は櫓四〇挺建て以下のものを指す。曳船、飛脚船として佐渡渡海で出雲崎と佐渡を結んだことは第二章で記した。

出雲崎の海はドブネと呼ばれる中世からの姿を維持する複材型丸木舟と、マルキと呼ばれる幅広の舳先と艫材に厚板の敷を連結させ、ここを舷側板で囲った箱形の船があった。この船は近世文書で夏船と記録されるもので、出稼ぎ漁業で庄内や秋田沖に進出した。

これら、従来型の船ばかり稼働していた海域に小早の技術を持った鱈船が導入される。小早漁船である。

この船は若狭湾で使われた天当船と同様、一本水押に艫板を敷材と連結させ、ここから加敷と呼ばれる下棚をつけ、この上に上棚と呼ばれる舷側板をつけて囲った。

複材型刳船が優勢な日本海の中世海域で初めて採り入れられた棚板構造の船である。村上水軍や熊野水軍が採用している早船の系統を引く。文禄・慶長の役で朝鮮半島との間を結んで兵員輸送などにかかわったとする伝承から、若狭湾を拠点に朝倉氏のもと日本海運を司った道川の川舟衆（第一章）の船と同様であったことが推測される。

慶長九年（一六〇四）、熊野水軍をはぐくんだ紀州（和歌山県）新宮の船が、船大工をともなって佐渡に導入されたことが記録にある。大久保長安の赴任にともなって辻と加藤の両船手役が佐渡相川に入る。この事例は大久保長安が金山開発で人の増加を賄う食糧確保のために、石見《いわみ》の進んだ延縄技術を導入して、姫集落に住まわせ、ここで自由に漁をさせたとする口碑と対になる。相川の加藤船匠は、この系譜になるとされている。

享保十五年六月　佐渡御用船ニ付記録
当国御船手役書出し候御船之義ニ付、書付左の如し
一　御船弐艘　新宮丸　但櫓八拾挺立
　　　　　　　　　　定水主百六拾人
　　　　　　　小鷹丸　但右同断
是者慶長八卯年紀州ニ而御作り被成、大久保石見守殿同九辰年当国江御越被成御召船併水主百六拾人辻将監、加藤和泉江御預被成候
一　御運上船弐艘　但四拾挺立　定水主四拾人
一　小早船弐艘　　但弐拾挺立
是者元和申年鎮目市左衛門殿御支配之節御造り被成候
御船数拾弐艘
　内
八拾挺立弐艘

六拾挺立六艘
是者、正保四亥年伊丹播磨守殿御支配之節解船ニ被成候
残四拾挺立弐艘、弐拾挺立弐艘之御船幷水主四拾人拙者共ニ被成御預ケ、唯今迄渡海御用相勤申候、
右之通り御座候以上
享保十五年戌六月
加藤孫左衛門
辻　吉兵衛

文書は相川町の加藤家の記録である。慶長九年には、新宮丸と小鷹丸二艘が御用船として入る。八〇挺もの櫓を建てて二倍の数の水主を雇っている。この組織は奉行や巡見使を乗せる御用船のものである。小早船二艘が記される元和六年（一六二〇）の記録は、佐渡金山産出の金銀を運搬警護する船を指すものと推量している。というのも、運上船と、それに従って防備する小早船の組織と考えられるからである。そして、弐拾挺立とされる櫓の数は関船としての小早船としてかなり大きい。

この弐拾挺立の小早船の図面とされるものが嘉永四年（一八五一）味方孫太夫『地方覚書』にある。

全長四丈八尺五寸
航《かわら》〔敷のこと〕全長二丈一尺五寸
艫幅六尺五寸

この船は一本水押で全長一五メートル弱、敷の長さが七メートル弱と水押を海面近くまで寝かせた舳先部の尖った船であることが分かる。弐拾挺の櫓を建てるのは計算上では右舷一〇、左舷一〇であるが、船尾に建てるものもある。水主四拾人は櫓の数に合わせたもので、専門の漕ぎ手が記されている。

小早船は大きな一本水押の舳先に厚板の敷材（船底材）を取りつけ、船尾の艫板をつけて船底構造を保ち、この側面に敷材と水押、艫板を囲う舷側板を張る。この舷側板の上にもう一段上棚の舷側板を張る。二段の棚板構造は、両舷を渡す梁で保持される。

このような棚板構造の船は、弁財船などと同じ構造を採る。具体的な姿は「佐渡奉行渡海図」に載る御召船を曳く小早漁船に現れている（一二三頁図28参照）。

出雲崎の小早漁船を第三章の延縄漁の説明で記述したが、この小早漁船は、絵図の通り一艘四人の水主が曳船するために櫓を漕いでいる。しかも、文書にある弐拾人の水主が櫓を漕ぐ一五メートルの小早船ではない。このことが長く疑問として残っていたが、出雲崎の長谷川船大工から次のように教示された。

「小早船の寸法の二分の一が小早漁船の寸法となっている」からだという。

つまり、船大工は、船の寸法を採る時、腰当（船の最大幅）など決められた場所さえ分かれば、ここからの割合で各部の寸法を計算して造船してしまう。つまり基準となる腰当部さえ分かれば、半分の船はすべての寸法を半分にしていく。小早船の半分の船で同じ形を取る船など簡単に造ってしまったのである。これが小早漁船である。小早の名を漁船に冠したのは、この寸法を元にしているということと、幕府の許しをいただいて御用の鱈漁に使う船であることを意味していたのである。出雲崎には船大工が群居して、多くの船を造り続けていたが、彼らの技術の高さが、小早と同じ構造の船を漁船にも移入させたのである。

飛島　小早という幕府の軍船は離島との連絡など、領土を守るために近世初めに導入されてきている。川崎船の名称が早くから周知されていた飛島の春船（五月船）と秋船は、前者が春先に庄内の遊佐《ゆざ》から酒田にかけて、春、海が凪《な》いでくる田植え前に海辺の村と交易するために来遊する。そして、後者は秋に海産物を満載して、本土の檀家と呼ばれ、懇意にしている交易の農家に届ける。各農家では米などの農産物を準備して待っていて、飛島から船が入ると招き、交換していた。

遊佐の農家では、秋に来た時も藁など、漁業の資材になるものを渡したという話を聞いた。本土との交易に使われた船が川崎船であった。この船が、小早の技術を導入したものではないかとの推測を持たせたのは、六丁の櫓を立てた素早い動きの出来る二枚棚船が使われたという事実であった。中世、この海域で使われていた船は飛島の磯舟と呼ばれる独特の形をした七メートルほどの複材型丸木舟であった。この海域に一本水押、二枚棚構造の板船が導入されて、本土との交易に使われる。この船が五月船と呼ばれる川崎船で、小早漁船のことであった。

小早は幕末、蝦夷地の防衛にも姿を現す。東海岸の厚岸《あっけし》では会津藩などが北方防御のために派遣されているが、彼らの持っていた船に小早がある。ロシア船の出没が相次いでいたことが背景にある。同時に、稚内から樺太に渡る航路でも、小早が配備されていた。松田伝十郎が樺太の管理を強化していた頃、本土から渡る人たちが小早で樺太に来島すると、それだけで樺太アイヌの人たちを刺激するから、アイヌの船で渡ってくるように勧める場面がある。(4)

小早船の造船技術が漁船に転用されていく経緯は出雲崎で生起し、日本海各地で沖漁船として発展していく。

この川崎船は、飛島でも鱈漁に使われた（図38）。春船（五月船）と秋船はふだんから漁に使われていた。

飛島での鱈場は島の周りの深みすべてであった。東海岸に勝浦と浦集落があり、北東海岸には法木集落がある。江戸時代末期には『鱈延縄漁場割図』という彩色の大図面を作らなければならないほど、境界争いが頻発したという。東海岸で沖の左右が勝浦と法木の漁場に接して、挟まれている浦は、沖合漁場に行く際、必ずどちらかの集落の漁場を横切らざるを得ない。しかも、本土側秋田塩越村と沖で重なる。塩越は北側で金浦の鱈場と重なる。好漁場の真ん中に飛島は位置していたのである。

享和元年（一八〇二）二月二八日、浦村の漁船七、八艘と法木の鱈漁船九艘との間で争いが起こる。西鱈場と呼ばれる法木の専用漁場に入り込んだためである。

文政三年（一八二〇）三月と四月には、本土側の庄内遊佐と東鱈場でもめる。東鱈場は飛島の東沖約一三キロの海域から細長く秋田県側に食い込んでいる鱈場である。ここに本土吹浦村の漁師が二五キロメートルの距離を走って入り込んだことから争いとなった。東鱈場は勝浦一〇艘、法木九艘、浦一一艘と、漁場に最も近い浦への割り当てが比較的少なく出来ている。そのことが漁場争いではわだかまりとして残っていた。同時に、本土側の遊佐村が出かけてきた理由が、夏に鱰《シイラ》漬漁をしていたという専用漁

右上：図 37　飛島
右下：図 38　飛島沖の延縄漁

図 39　飛島では今も烏賊が重要な産出品である

場の主張であった。ここでも、夏の鱈漬漁は鱈場で行われていたのである。

本土側の漁師が飛島の漁場を圧迫するようになっていくのが幕末である。本来飛島の法木が占有していた西鱈場は庄内小波渡《こばと》の鱈場と繋がっていて、ここから入り込む漁船に法木では悩まされるようになる。

飛島での鱈船は川崎船と呼ばれる交易船であったが、冬の鱈漁に取り組む足回りのよい二枚棚漁船は、近世初期に飛島に導入された離島と本土を結ぶ小早船がその元であったと思料している。

北海道富浦の天当船　明治時代、北陸地方から北海道へ移住した人たちの姿は、越後藤塚浜宮森家の事例を紹介した（第二章6）。北海道の新天地は、幕末から海辺の漁業を中心に開拓が始まった。

図40　加賀天当船（山形県遊佐町青山邸に保管）

北陸地方から北海道に向かった漁民の動きを調べて感心したことがある。若狭から能登半島を中心とする地域ではぐくまれた天当船と呼ばれる荷船であり、漁船ともなった船の分布を調べ歩いていくと、カガテン（加賀天当船。図40）と地域の人たちが唱える船の定着している浜が点々と北海道に向かって存在していたことである。

能登半島から出ると、カガテンが定着している浜は秋田の船川、男鹿半島入道崎を越えた北浦である。青森県に入ると陸奥湾で明治時代には使われていた。そして、北海道に入ると西海岸に定着しないで東海岸の噴火湾（内浦湾）で定着する。噴火湾でカガテンが使われていることが分かったのは、隣接する虎杖浜《こじょうはま》で越後衆と邂逅した際に教示された。隣の浜は加賀衆（石川県出身者）の浜だというのである。

宮森太惣次が虎杖浜に定住を決める数年前に、カガテンに乗った加賀衆が富浦を開いたという。彼らの乗ってきた船は、舳先部の水押が上に向かって天に当たるような形をしていたことからテントと呼ばれる。北海道では船の形をみて、その出身地を知ることが出来たというのである。

そして、北海道では出身地から来た船で漁に出たが、最後まで荒れる北の海で踏ん張っていたのが、加賀天当船と越後川崎船（図41）であったという。北海道の西海岸、鰊《ニシン》場の最盛期には庄内から来ていた庄内川崎船が広く使われていて、これに越後川崎船なども従事していたという。東海岸は未開の領域で、ここに早くから入ったのが加賀衆や越後衆そして越中衆であった。越中衆は能登天当船で来る人たちが多く、加賀衆とよく似た船に乗っていたという。

富浦の北側にある虎杖浜に宮森太惣次が乗っていった船が越後川崎船である。この船は既述したように、小早漁船がその原初の形である。太い一本水押を極限まで寝かせ、腰当の六割まで艫幅を絞って速度の上がるようにした船形は、二枚棚漁船としては小早に近いものであった。越後川崎船は噴火湾で富浦の加賀天当船と覇を競う。

噴火湾は「烏賊《イカ》最後の戦場」と漁師衆が呼ぶ。春から夏にかけて北上していく烏賊は、太平洋側から来た群れも、日本海側を回遊してきたものも、ともに噴火湾に集まってきたという。ここが各地から出かけてきた烏賊釣り漁民の最終決戦場となったのは、自然の節理であった。宮森太惣次が虎杖浜を終《つい》の棲家としたのも、烏賊という基盤があることが大きかったという。事実、夏の間は烏賊釣りをしていた。

富浦の加賀天当船も越後川崎船も気候の怖さを味わったのは秋から早春にかけてである。噴火湾では山越えの西風が強くなると船は太平洋沖に流され、帰帆できなくなってしまう。秋から冬にかけて日本海側から山越えに吹き降るこの風をアラシと呼んで忌み嫌った。アラシの吹く時期に盛んに行われたのが、延縄漁である。加賀や越後から来た人たちは延縄漁を得意とする人たちであった。個人資本で始めて、そ

図41　越後川崎船（左側の船）

の腕によっては大きな利益の出せる漁法であった。内浦湾は沖に出るとすとんと海が深くなると、漁師衆が口を揃える。この海域では鱈や鯳が産卵のために接岸する。特に鯳は室蘭沖にかけての海域が好漁場であったという。

アラシになると加賀天当船は素早く逃げたという。理由は天を突く水押である。舳先部分が垂直に建ち上げてあるため、船体は腰当から先が細身になる。棚板を九〇度捻《ひね》って水押につける際に膨らみが出しづらい造船上の特色がある。舳先が細いから速度は出るが波を引っかけやすく、転覆することが多かったという。

これに対し、越後川崎船は水押を寝かせて、舳先が膨らむように造ってあった。つまり、太い水押は、波を叩くためといわれ、速度は劣っても安定性は高かったというのである。越後川崎船は、アラシで踏ん張る船として、北海道で名声を博していく。

鱈延縄漁の時期は冬である。冬の海で半日粘れなければ延ばした縄を揚げられない。延縄はババ鰈《カレイ》や鯳を大量にもたらし、浜に恩恵をもたらす。現今、鯳の腹にある二筋の子は明太子と称されるが、かつてはスケトの子やスケトの卵として商品価値は高くなかった。虎杖浜で明太子の優品が出荷されて浜が潤ったのは昭和に入ってからであるが、明太子の全国的な普及が背景にある。かつてはこの魚自体が莫大に捕れることから、寒干しにした棒鱈となっていた。

北海道の漁場で天当船は越後川崎船などに駆逐されていく。各地川崎船の長所を採り入れた北海道川崎船が北海道水産試験場から出され、後にはこの形になっていく。しかし、水押の勾配を越後川崎船から、加敷の絞りを庄内川崎船からというように、特色のない形になっていったのも事実である。

瀬賀造船大福帳　北海道白老町虎杖浜に宮森一家を訪ねた時、使われていた越後川崎船についての語りに感服したことがある（第二章6）。越後からの移住船であり、虎杖浜を拓いた漁船である。荷船の役割も果たし、水産物を函館まで運んだり、沖の鱈場を拓いたりもした。つまり、あらゆる場面でこの船が使われてきたのである。

この船は、造船の拠点が越後にあり、船大工が北海道まで出かけてきて注文を取り、造船完了時には船を北海道まで運ぶということまでやっていた。造船拠点は北から府屋、岩船、新潟沼垂《ぬったり》、寺泊、出雲崎、直江津、糸魚川である。このうち、岩船の瀬賀造船は釧路漁業開発でも造船で幅広く貢献し、白老移住の人たちからも多くの船の注文を受けて、造船をしていた。

拠点の越後岩船には造船所があり、多くの船大工が働いていた。船の注文は、番頭が北海道に渡り、釧路や白老で取った。北の海で越後の船が長く使われた理由は、使い慣れていたことと、船体を構成する杉材の耐久力が強かったことなどが挙げられる。

瀬賀造船の大福帳には、北海道に送り出した越後川崎船のすべてが書き込まれている。

釧路の漁業開拓に尽くした越後川崎船について、明治四三年（一九一〇）から昭和六年（一九三一）までの記録（抄録）をみる。

・四二年十一月二四日極メ　四三年旧二月渡
七尋三尺五寸　口八尺七寸　百弐拾三円
次第浜　宮下林作様

・四三年十一月一日
七尋二尺五寸　ロ八尺七寸　ナラシベ泊　百十八円
　次第浜　宮下真蔵様

宮下林作と真蔵は釧路漁業のさきがけとなった網元である。越後次第浜から釧路まで、新造船に乗って行った。釧路では越後川崎船とされる鱈船となり、北の海を拓く。この時代は釧路漁業の黎明期で、網元の林作が手配した漁師が岩船で造船された船を受取り、次第浜にいったん納めて漁具と人足を積んで釧路に向かったのである。真蔵が頼んだ船はナラシベ泊で使われた川崎船である。全長は七尋二尺五寸（一一・二五メートル）で最大幅は八尺七寸である。越後川崎船の典型的な寸法取りとなっている。真蔵に渡した船の方が全長で一尺短くなっているのは、使い手の注文である。

明治四四年には、川崎船の注文が網元の配下で働いて独立した漁業者からも来ている。

・四四年九月一日
六尋二尺　ロ七尺七寸　八十三円
　釧路行　次第浜　伊藤文一郎様
・四四年十一月
七尋二尺五寸　上ロ八尺五寸　代金百二十五円
　釧路行　次第浜　渡辺文六様

いずれも釧路に行く船を造船している。当時の釧路にはまだ激増する川崎船造船を賄うだけの船大工がいなかったという。釧路に船大工が定住したのが明治四〇年の平岩初太郎であったといわれている。釧路初の川崎船匠は阿賀野川河口の集落松浜出身の船大工であったという。釧路での造船が軌道に乗ったのは、大正時代に入ってからであった。新潟や山形から川崎船を造る杉板が運ばれるようになってからである。北海道には杉がない。川崎船を構成した船材は、強度のある粘りの強い最高の杉板なのであった。

明治四五年に造った川崎船は、次第浜から来た注文だけではない。釧路から直接注文が入っている。

・四五年
七尋二尺　口八尺五寸　百弐十五円
　釧路行　次第浜　田村小次郎様
・四五年
七尋弐尺五寸　口八尺五寸　百三十二円
　釧路港字西幣舞川上第十二番地　宮下長吉様

船の注文は手紙で越後岩船に入るようになっていた。多くの注文書を拝見したことがある。船が出来ると電報を打ち、引き渡しは船主が来た岩船で行うことが多かった。ただ、次第浜から代理人が来て渡することも行われていた。代金は郵便為替で送られてきたという。大正元年の川崎船完成では次第浜の平野政吉が釧路の渡辺文六が注文した船を「見合」という記述で検分受け取りしている。釧路漁業に邁進する母漁村が、次第浜であるという言い方は、今も釧路に伝えられている。

次第浜に隣接する藤塚浜から白老移住の事例は記述した（第二章6）が、釧路に出かけた人たちも数多くいた。次第浜から雇われ漁師として出かけたり、白老から釧路に出稼ぎ漁業で行くこともあったという。小林広は藤塚浜から一七歳の時に釧路に雇われ漁師として入った。明治四〇年には川崎船の船主となっている。二六歳の時である。彼の残した言葉が『釧路機船漁業協同組合史』に残されている。(5)

「川崎船は優秀で何をやっても金が残った。私に続いて友達も大勢釧路に来た。やはり何年かすると川崎船を買って独立するという具合だった。」

大正四年五月に瀬賀造船から釧路に渡した川崎船は、帆船最後の雄姿を伝える。

・七尋一尺　口八尺七寸　柱三本桁一セミ　亀ナシ　百四十円

宮下林作様

一〇メートル余りの川崎船は、二本の帆柱を備えた、スクーナーに近い船となっている。柱三本桁一セミとは、本柱（メインマスト）にセミ（帆を上げ下げする滑車）がついた桁を備え、残りの柱二本は、一本が矢帆と呼ばれる舳先の三角帆を張るためにあり、残りの一本は予備として積んでいたものである。川崎船は帆船最後の最も機能性に優れた水準に達していたのである（図42）。

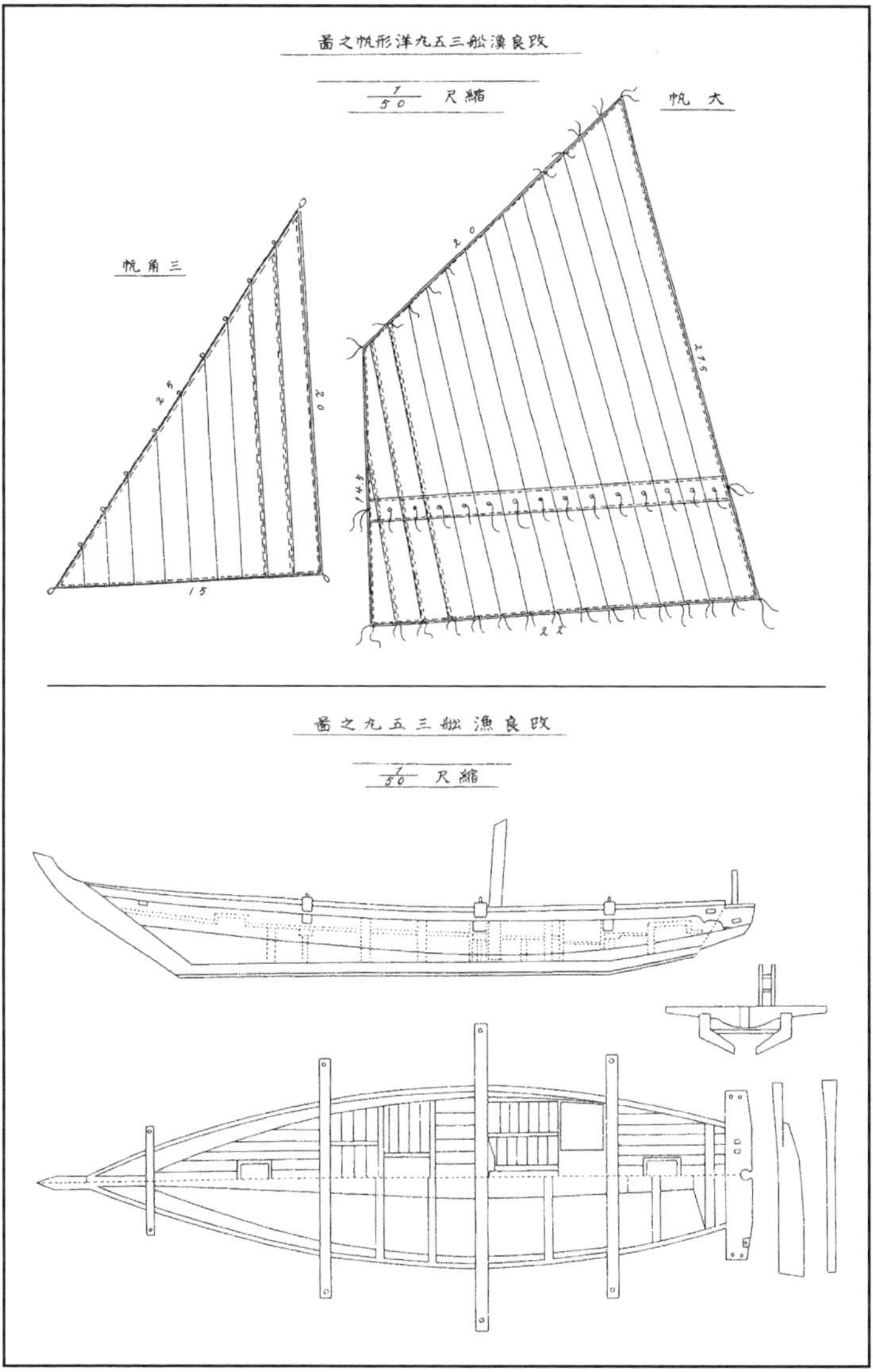

図 42　越後川崎船（新潟県水産試験場）

大正時代の後期には川崎船に動力を積む動きが本格化する。釧路川の沖に向かって一気に海が深くなる澪《みお》の鱈場は延縄を得意とする越後漁師が開拓した。同時に川崎船は手繰《てぐり》網漁も行って好成績を残していた。川崎船が動力を積むことで一気に変わっていくのが、この漁法である。今まで一艘で袋網を回して魚を捕っていた方法が、動力で一気に袋網を曳き回すようになった。しかも、大きな袋網を動力船が引っ張れば、底曳網（トロール）漁の出現となる。

釧路の外海は、一気に深くなる海溝の縁に出来た大陸棚に底魚の鱈や鰈などがひしめいている。これを捕る漁法としての底曳網漁は、資源を枯渇させかねないほどの漁獲量を上げていく。

川崎船に動力を積むようになったのは大正末のことであるが、この少し前には、全国各地の水産試験場や造船会社が大きな焼き玉エンジンを積む船を造り、遠洋への進出の足がかりを築いていた。焼き玉エンジンは燃焼室の真ん中に鉄の球があり、これを高温に熱し、ここに油を吹きかけて爆発力を動力に替えるエンジンで、重く大きな塊であった。当然のように船に積むには船の構造そのものを替えなければ喫水が下がって沈んでしまうという問題があった。エンジン音がポンポン鳴り響くためにポンポン船と呼ばれた。動力船が本格的に稼働を始めると、試験船として各地の水産関係で使われるようになるが、北海道への動力船配備は早かった。湧くように魚がいる海域で漁をするためであった。

釧路も動力化と同時に新しい動きが出てきた。ここでは越後西蒲原の間瀬から来た一団が釧路漁業を発展させる。

漁撈の組織をまとめ、機関に詳しく無線も扱える組織としての動力船が漁業船となっていく。当時のエンジンは機関部に詳しい人が扱う先端技術であり、無線を備えて外海の漁場に出た。間瀬衆は役割の分化と統制のとれた技能集団として越後の海で稼働していたが、釧路の繁栄を聞き、これに参加するようになったのである。出雲崎の北側、寺泊に隣接する浜で、やはり佐渡海峡の漁場で働いてきた人たちである。先端の漁船と新しい底曳網はあっという間に越後の魚を捕り尽くしてしまう。北の海に新天地を求めたのである。

大正九年（一九二〇）には釧路発動機船組合が旗揚げする。越後衆が中心となった。日本屈指の漁業基地釧路の基盤はこれらの組織であった。網漁業船主のうち半分が越後衆であったという。

図43　釧路港（1991年）

釧路で川崎船に動力を積んだのは、川崎船の船匠平岩初太郎であったという。大正時代の中頃からである。越後でもこの時代に川崎船に動力を積み始める。この事例を府屋（村上市）の森山船匠から教示されたことがある。

森山造船も北海道に川崎船を移出していたが、動力化のうねりが帆船の沖船に来た時、率先して取り組む課題であることを直感したという。当時は帆船の川崎船が船団を組んで沖の鱈場に行っていたが、動力船が出来れば、これ一艘を中心に数艘を曳船して、沖に出たり戻ったりすることが可能となる。沖での時間が増えて、漁業形態は大きく変わることが分かったという。

岩船の瀬賀造船が最高度に洗練された帆船としての川崎船をスクー

ナー形にまで近づけて造っていた時に、森山造船では必死に動力化の道を模索した。農商務省の田中という役人が来て、寝泊まりして造船を指導したという。問題は船底の敷材であった。エンジンから出すシャフトが敷き材のたわみで曲がってしまい、回転力がプロペラまで伝わらないという大問題の解決に時間を要した。解決策は船底の敷材を杉の分厚い板にすることで解決した。次にシャフトを出すために底板を分割することで強度不足が露呈したという。エンジンは重く、元の川崎船に乗せると沈んでしまうほどであったという。仕方なく彼らが採った方法は、船の喫水が下がることから、船を大型化して深くすることであった。そして、その過程で水押の角度を上げ、垂直に近くしてエンジンが安定した状態の箱に乗るように船形を整えることであった。

大正時代の船が舳先を垂直に近くしているのは、同様の造船上の技術から導かれた帰結であるという。事実、後の蟹工船などの缶詰工場を備えた工船に積むランチとしての川崎船は水押を垂直近く建てて舷側板を三段にも建ち上げて深く作っている。

戦艦三笠など日本海海戦当時の船の舳先が垂直になっている理由を水切りの工夫（造波抵抗減）とする説があるが、重くなる船を浮かせる造船上の工夫でもあった。

動力化によって沖漁業は大きく変化していくことになる。動力船の沖への進出は漁撈組織に大きな変化を与えた。機関士や無線士を抱え、漁業は魚を捕ることにチームで取り組むことになる。

北洋独航船　太平洋戦争が始まる数年前からひたすら北洋に出かけて魚を捕る動力船が存在した。現在独航船と呼ぶ船のさきがけである。船が動力を積むことで可能になった漁撈形態であるが、これによって魚の捕り方は一変する。動力で網を曳くことが多くなり、底曳きなどの方法が一般化してきて、漁獲高は上がる。

昭和一五年に田村廣松が記した日記がある。越後次第浜の網元であったが、自身は多くの若者とともに北海道釧路に出漁せずに、故郷で過ごしていた。田村は機帆船の機関訓練を受けて機関士となり、新潟市の漁業家が所有する三五丸に乗り組む。川崎船に動力を積んだ船である。二〇年間の記録があるが、その一部が公表されている。

昭和一五年の記録を整理した中から、北洋漁業について記されている場面を、この年の書き始めから漁に関する場面に限って抄録する。この時代の単独北洋出漁が描かれている。

• 一月の重要記事　内閣総辞職米内内閣成立す。英国の一巡洋艦我が商船浅間丸を強制停船せしめ乗船。独人二一名を拉致し去る。国論憤激す。
• 一月一日　本日は恒例により休漁なれば帰宅す。元日は好天気とあれかしと祈りしも何と皮肉や近年になき猛吹雪。四方拝に参列すべく子供は前夜より晴れ着を出し置きしも、猛吹雪のため、濡るるを怖がる。例年なれば菓子二個なるも事変下緊縮のためか一個となす。四女の大きくなりしに驚嘆す。四ヶ月ぶりに帰宅する我が家は楽天地なり。妻女の心づくしの料理に一献傾け来る何者も出に及ばず。午後二時出発、三五丸へ遊びに行く。風静かになる。明日は凪《なぎ》らしい。
• 一月二日　今日は初漁なるに三五丸に泊まり、起き忘れ、船長より迎えをもらい面目なし。二日間も大時化せるなれば小鯛引きを二回なせんも漁芳しからず。鱈引きに行く。海月《クラゲ》のみ沢山みて又漁なし。再び小鯛引きをなすもいずれも漁芳しからず、初漁なるも格別の御馳走なし。晩九時過ぎ三五丸方へ遊びに行く。天気晴朗なれども西方雷光あり。明日は出漁してもよい凪ではないらしい。

・一月七日　昨夜気遣わした日和《ひより》も割合平穏になる。一〇時頃より北西の強風襲来し操業不可能と思いしもまもなく静かになる。新潟沖合の山一枚〔堆〕に小鯛引きをなす。操業七回出漁以来の豊漁。今日は七草にて番屋にてはさしたる御馳走なけれども酒だけは振る舞う。何よりの御馳走。

・一月一〇日　前日にもまして猛吹雪、休漁。独航船の前金二〇〇円を借用す。

・一月一一日　猛吹雪、信濃川川幅一〇〇メートルばかり流氷のため狭まる。飯川君のところへ立ち寄り、朝鮮鰯《イワシ》網漁の模様を聴く。

・一月一二日　朝四時過ぎ出漁す。水津〔佐渡〕東方の鱈引きをなす。北西の風尚強く漁芳しからず。鮫《サメ》漁獲せし船有り。本日鮫一本二円二〇銭なり。

三五丸は最も時化《しけ》の続く一月にも出漁を繰り返し、ひどい西風の時は佐渡の両津に逃げ込んで漁を続けた。この時期の魚は高値がつくことから、危険を冒す船主が多かった。狙った魚は小鯛、鱈、蝦《エビ》、鰈が主である。佐渡沖の深海は鱈場漁場でもあった。二月、三月も漁を続け、新潟の市場に鱈や鰈を供給し続けた。四月は次第浜に戻り、家で田植えの準備など手配もしながら北洋への準備をしている。五月一日からは東北北陸の日本海方面底曳網の禁漁期となる。昭和一五年は機帆底曳網操業以来の最高記録の豊漁であった。

・五月一四日　いよいよ待望の北洋漁業の出帆日は来れり。見送りの群集は人山を築く。親あり子あり兄弟姉妹親族知人船主見送り。八時新潟水上署の点検を受けて一〇時第一船として出帆。陸にて打ち振るハンカチ帽子。これに応える我等。悲しいというか歓びというか涙が自然と湧き出る。一一時半、次第浜に至り、二王子様〔二王子山のことで、次第浜の信仰の山〕にお詣りのつもりで三回廻る。汽笛を連続して鳴らす。村では今日、可愛い妻や子供が手を振って見送っていることならん。父帰るまで皆無事であれかしと祈る。

一四日に新潟港を一〇隻で出帆した独航船団は一五日七時に北海道函館に入港。一六日は函館の友人に振る舞いを受け神社参拝。一七日朝五時函館出帆。夕方には多くの難破船を出していた魔の襟裳岬を通過。「釧路へは大抵の新潟独航船寄港するものなれど我等が船長は漁場へ急ぐ」とあり、母漁村次第浜から梨などの土産を持ってきたにもかかわらず釧路の親戚に届けることが出来ない無念を「遺憾の次第我が意を想ってくれ」と、日記に記している。

一八、一九日は千島列島沿いの「霧深きも太陽輝く」太平洋を北上。二〇日は霧が晴れ、得撫島《ウルップ》の海域を進んでいる。「マルハの捕鯨船大きな鯨二頭両舷に吊し下げて航行して我等の脇を通る。船橋にて手を振り我等の壮途を祝福してくれる。大洋を航行中汽船に遭うと実に懐かしい。」

二一日、船団を組んだ一〇艘の中でただ一艘のみの航海となっている。温祢古丹島《オネコタン》、幌筵島《パラムシル》を通過して、夜一〇時、占守島《シュムシュ》片岡湾の手前まで来たが、霧のため漂流する。風が強い。

一週間で当時日本最北の島に達している。ロパトカ海峡を挟んで目の前はソビエト連邦のカムチャツカ半島になる（次頁図44参照）。

ユーコン川
アンカレッジ
ホーマー
セルドビア
コディアク島
トリニティ諸島
テシェクプク湖
クウィスルク
チリコフ島
バロー岬
チグニク
ブリストル湾
アラスカ半島
ノールビク
アイシー岬
コツェビュー
セント・マイケル
ノートン湾
シューマギン諸島
アリューシャン諸島
ノアタク
ウニマック島
リズバーン岬
シシュマレフ
ノーム
ウナラスカ島
ホープ岬
ウェールズ岬
ダッチ・ハーバー
ウムナック島
バンカレム
プロビデニア
ユナスカ島
ムイス・シミッタ
ベーリング海
アナディル湾
セグアム島
アムリア島
アトカ島
アナディル
ナバリン岬
アダク島
ペベク
カナガ島
タナガ島
ハトゥイルカ
セミソポシュノイ島
アンバルチク
ラット諸島
アムチトカ島
オリュトルスキー岬
キスカ島
コルフ
ニア諸島
ペンジナ湾
アガツ島
北太平洋
ギジガ
カラガ島
アッツ島
ビリガ・クシカ
パラナ
コマンドル諸島
ウスチ・カムチャツク
ヤムスク
クリュチェフ山
クロノーキ岬
カムチャツカ半島
ヤナ河
キーロフスキー
シブンスキー岬
オホーツク
オゼルノフスキー
ロパトカ岬
阿頼度島（アライト島）→
←占守島（シュムシュ島）
千島列島（クリル列島）
幌筵島（パラムシル島）
温祢古丹島（オネコタン島）
アヤン
オホーツク海
ニコライエフスク
樺太（サハリン）
←新知島（シムシル島）
間宮海峡
カタングリ
←得撫島（ウルップ島）
黒竜江（アムール川）
マカロフ
択捉島
国後島
稚内
根室
釧路
太平洋
沿海州（プリモルスキー）
日本海
テルネイ
ルドナヤ・プリスタニ
函館

図44　北洋の図

・五月二二日　三時始動。片岡湾入港せんと、航海中島谷汽船の平野丸に遭い方向を聞き、濃霧の中片岡湾に入港。早速船主に無事の打電と家内へ通知す。片岡は帝国最北端占守島にあり、幌莚とは指呼の間にあり。缶詰工場あり。通信また内地と異ならず。丘上に千島の開拓者郡司成忠の石碑ある。千島は何れも島の浜辺より積雪尚丈余の処ある。港内の魚多きに縷々驚嘆す。僅か三〇分間位にて内地にて売買するのなら四〇、五〇円の値つけり。せめてこの幾分の一にても越の海に獲れたならと痛切に感ず。会社の好意により、入浴をなし作業服の洗濯をなす。新潟の船は第二新潟丸のみ入港せり。小樽室蘭の独航船一〇隻ばかり停泊しおれり。空缶と水タンク帆柱等を陸揚げし誂える。霧深く東風のため出帆を見合わせる。

田村廣松が占守島の海でみたのは、溢れるばかりの魚の群れであった。占守島への拓殖は郡司成忠《しげただ》を頭に報效義會が明治二六年から成し遂げた。漁業基地としてここに缶詰工場を作ったり鱈の加工場を設けたのは明治四〇年代になってからである。この海域が根つけ鱈と呼ばれる鱈の繁殖場であることを図面上画定したのが富山県水産講習所の高志丸が行った業績として残る（第四章）。

しかし、三五丸が目指した漁は、鮭・鱒である。五月二六日から八月一九日までの期間漁を行った。漁獲量は種類ごとに、

紅鮭　　一万四八四九尾

白鮭　　　　　　　　　　　二万五七三三尾
鱒　　　　　　　　　　　　九八九九八尾
鱒の助（キングサーモン）　　九九尾
銀鮭　　　　　　　　　　　一四〇八尾

である。たった一艘の独航船三五丸の漁獲量は一年間の新潟県三面《みおもて》川の漁獲量を上回っているという驚異的な数字を出している。「漁り尽くせぬ北洋」の標語は戦後の漁業権喪失まで続いた。

占守島での鱈漁については三五丸の日誌に記述がないが、この海域に出かけた越後衆の話では、鱈よりも味のいい魚を捕りたがり、缶詰工場が休みの日に捕って食べるのはカジカと呼ばれる魚汁にする魚であったという。むしろ毎日鮭・鱒の顔を見ていると新たに魚を捕ろうとする意欲は起きなかったという。

占守島の鱈製品加工場は堤商会（後の日魯漁業）が手がけている。米国式鱈製品として大正五年から製造したという。戦争の時代、世界的需要の高まりに応えたのである。捕り尽くせぬ魚の群れはオホーツク海の西の海、樺太でも同様であった。

樺太鱈漁　明治三八年、日露戦争後のポーツマス条約によって北緯五〇度以南の樺太が日本領土となり、植民が進む。樺太領有後北海道、青森、山形、秋田等の諸県から漁業者が渡り、樺太は漁業で活況を呈するようになる。もともと新潟から松川弁之助等の漁業植民で知られていた場所であり、鮭・鱒を狙った越後衆や初めから鱈を求めた越中衆などの漁民の動きもあり、明治三九年には鑑札漁業許可数が

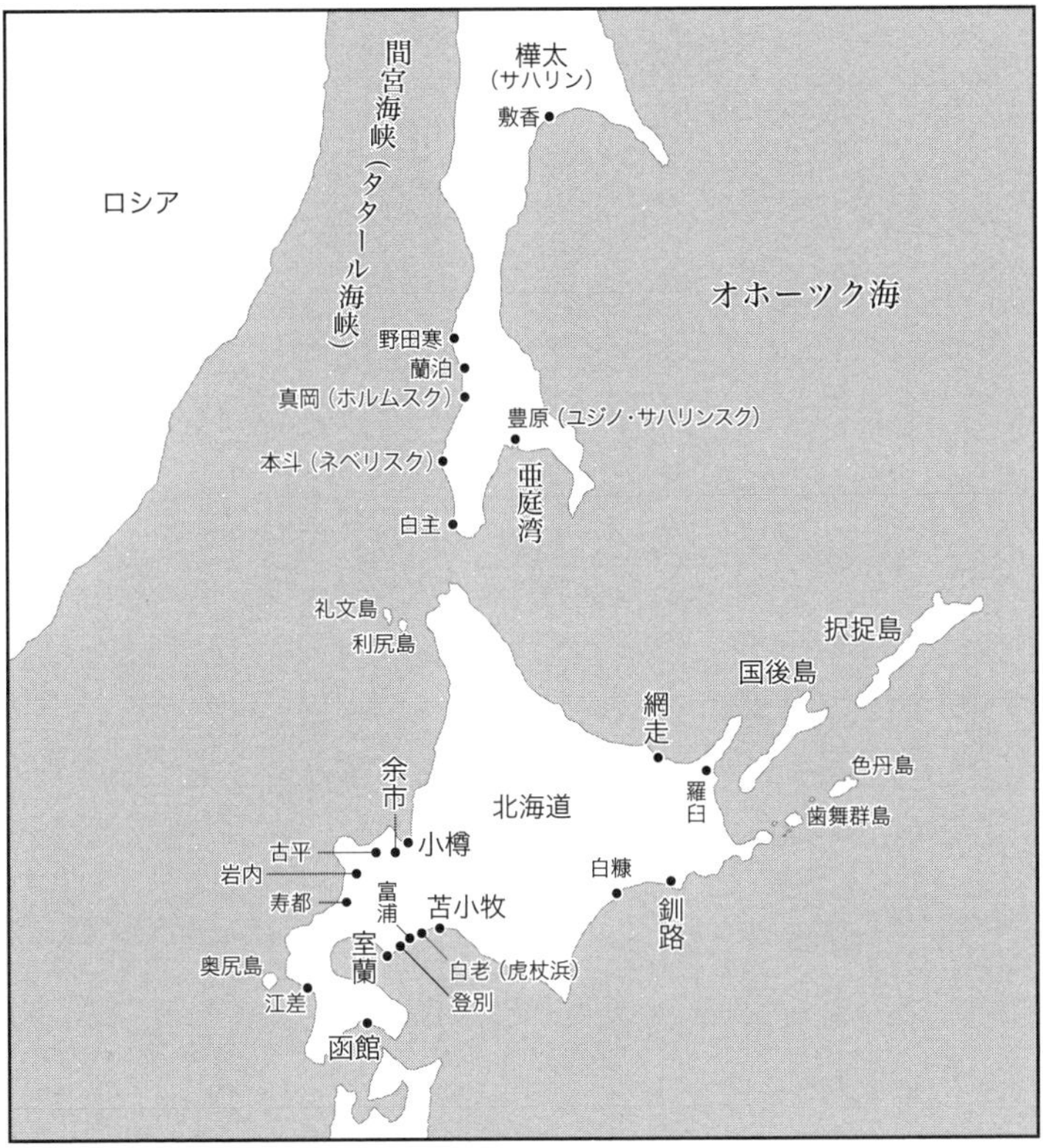

図 45　樺太・北海道

三千数百件に上る活況を呈する。許可された漁業の大半が鱈延縄（樺太庁は「配縄」の表記で統一）漁業である。

明治四〇年には四五万八千束の漁獲を記録している。大正元年には八三万六千束に達し、「大正六年頃より鱈製品の販路が欧米に向けて、輸出製品の名声が一時に揚がった為」（樺太庁三三五頁）大正八年に迎えたピーク時は、五九六〇万六千束という莫大な漁獲高を記録する。

樺太での鱈漁業は春漁と秋漁に分かれて行われてい

た。春漁は西海岸（タタール海峡沿い）と亜庭湾で行われ、秋漁は東海岸敷香より南側の沖合で行われた（前頁図45参照）。

最も鱈漁が盛んであったのは西海岸の野田から南側、蘭泊、真岡、本斗であった。本斗では周年鱈を捕っていたといい、二月上旬から六月下旬までを春漁とし、九月中旬から翌年の一月下旬までが秋漁であった。

漁法は延縄漁である。餌は生鰊、塩鰯、生烏賊、生鱒、生鮹などを使った。樺太鱈漁で困難を来したのは冬季の餌の確保で、餌とする生の魚が捕れないときは、北海道から塩鰯を購入していた。これでは高くついてしまうため、三月に、鰊の流し網を許可したこともあるという。

樺太鱈漁業が隆盛を極めた大正初期から一〇年前後は世界での需要が高まっていた時期である。世界の各地で戦争が起こり、保存食としての鱈は供給が追いつかなかった（第四章）。

樺太の鱈場を開発したのは本土から入った川崎船である。北海道の海同様、北陸地方から入る川崎船が覇を競ったことが語られている。越中川崎船に乗る越中衆、越後川崎船の越後衆も延縄を操って樺太の海を拓いた。

本漁業は川崎船によるものと発動機船によるものとがあったが、最近に到って川崎船は殆どその影を潜め、漁船の改良に伴い動力付漁船は年と共に増加しその数三百余隻に達し、遠洋漁場開拓の機運に向かい将来益々発展の傾向が認められる。(6)

川崎船による延縄漁法は、樺太の海で最後の輝きの時代を迎え、動力船の登場で漁法は取り替えられていく。底曳網漁法による鱈の確保は、動力船による技術革新であった。延縄の釣鉤に生の餌をつけなくても鱈は捕れるようになっていく。大正時代の漁船の動力化は延縄漁業そのものをなくしていく方向に舵を切った。

注

（1）渋沢敬三『日本釣漁技術史小考』（角川書店、一九六二年）。『渋沢敬三著作集第二巻』（平凡社、一九九二年）所収。
（2）成松庸二「マダラの生活史と繁殖生態――繁殖特性の年変化を中心に」（『水産総合研究センター研究報告別冊第四号』二〇〇六年）。能生小泊のかんざし漁場の文書は能生町図書館『かんざし鱈猟場出入』（二〇〇〇年）を引用した。
（3）赤羽正春『日本海漁業と漁船の系譜』（慶友社、一九九一年）。日本海中世以降の漁船の編年をとりまとめたものである。複材型刳船が優勢のところにサンパと呼ばれる一本水押の板船が入り、この二枚棚漁船の発達が川崎船の誕生となる。
（4）松田伝十郎『北夷談』（国立国会図書館所蔵）。
（5）釧路機船漁業組合編纂『釧路機船漁業協同組合史』（一九九一年）。このほかに、布施正『釧路漁業発展史』『釧路水産史』を参照した。
（6）樺太庁『樺太庁施政三十年史』（一九三六年）三三六頁。

第四章　戦争と鱈

応仁の乱を境に戦国時代を導く不安定な世相に登場してくる鱈。戦《いくさ》など世の動乱に登場するのはなぜなのか。

一六〇〇年代に続いた北部日本海域での鱈場発見のうねりは三〇〇年間の鱈漁業の爛熟期を経て一九〇〇年になると北洋に継続されていた。そこはロシアとの国境問題があり、漁業権争いなど、国際的な戦いの現場となっていく。ここでも鱈は戦いと関わっていた。

鱈には戦争の影がつきまとっている。明治維新以降の日本は戦争の時代をくぐり抜けてきた。鱈は国民の食糧として人を支えた大切な伴走者であった。

○明治　八年（一八七五）　樺太・千島交換条約により、日本とロシアの国境が千島列島の占守島《シュムシュ》（ロパトカ海峡を挟んでカムチャツカ半島と接する最北の島）までとなり、樺太はロシア領となる。それまで日本は択捉島と得撫島《ウルップ》の間を日露の国境線としていた。

この海域は鱈の好漁場であり、特に占守島周辺はカムチャツカ半島沿岸と繋がる巨大な鱈場を抱えていた。

○明治二四、二五年（一八九一、九二）　片岡侍従長が占守島視察を行う。一一月に軍艦「千島」が得撫島以北の千島諸島を巡航し、翌二五年、占守島の入江に上陸する。以後ここが片岡湾と命名され、北洋鮭・鱒漁業や鱈漁業基地となる。

○明治二六年（一八九三）　報效義會の郡司成忠《しげただ》らが軍艦に便乗して占守島に上陸する。千島開発を旗印とする組織である。千島への漁業植民による領土防衛を唱える。鮭・鱒や鱈の好漁場であることが植民の裏づけとされている。

○明治二七年（一八九四）　日清戦争始まる。

○明治二八年（一八九五）　ロシア、ドイツ、フランスの三国干渉。遼東半島を清に返すよう求められる。下関講和条約。日清戦争の終結。日本は大陸での軍事行動に伴い、安定的に軍や民間人に食糧を供給できる体制の構築を迫られる。各県の水産試験場などが中心となって、朝鮮海域への通漁、黄海の水産資源探索などに進み、鱈場を確認し開発に着手する。

○明治二九年（一八九六）　函館、北洋漁業のデンビー商会が日本人漁夫をカムチャツカ漁場に出漁させ、塩魚を製造させる。鮭・鱒が主体であった。

○明治三三年（一九〇〇）　コーチック社、カムチャツカ半島アバチャ湾に缶詰工場を作り、鮭・鱒缶の製造に乗り出す。

○明治三七年（一九〇四）　日露戦争始まる。

○明治三八年（一九〇五）　日露講和条約（ポーツマス条約）締結。

日露戦争で日本は北緯五〇度以南の樺太を領土とする。また、沿海州からカムチャツカに至る海域で漁業を行うことの出来る権利を得る。北洋漁業は活況を呈し、太平洋戦争敗戦まで北洋鮭・鱒や鱈製品の利用が広まる。鮭・鱒缶詰、干鱈や棒鱈など、海外に輸出して外貨を稼ぐ柱になる。
○明治四〇年（一九〇七）越後三条の堤清六がカムチャツカ半島のカム川に漁夫を乗せた帆船で出漁し、二万尾の鮭・鱒を持ち帰る。
○明治四一年（一九〇八）露領沿海州水産組合が創設され、初代組合長に郡司成忠が就任する。漁業条約に基づく出漁一年目となる。軍艦「金剛」が出漁漁船の保護に当たる。
○明治四三年（一九一〇）堤商会（後の日魯漁業で現在のマルハニチロ）がカムチャツカ半島のウス・カム河第二漁区に缶詰工場建設。
○明治四五年（一九一二）富山県水産講習所の高志丸が占守島海域に鱈漁業試験に入り、鱈場を画定し、鱈漁業の発展に尽くす。これ以後、占守島海域に多くの鱈釣り漁船が入り、占守島は鱈漁業の基地となっていく。
○大正　二年（一九一三）堤商会、カムチャツカのオゼルナヤに鮭・鱒缶詰新工場建設。アメリカへ輸出。
○大正　三年（一九一四）第一次世界大戦始まる。日本はドイツに宣戦布告。
○大正　五年（一九一六）堤商会、占守島豊城河に蟹缶詰工場を建設すると同時に、鱈漁業を営む。鱈が世界大戦のために需要が高まり、多くが輸出された。
○大正　六年（一九一七）北洋での鮭・鱒缶詰製造高一六万九六八八缶。輸出は五万一三七二缶とされている。輸出は戦争にともない、海外（アメリカやヨーロッパ）に出荷。缶詰は戦闘時の食糧となって広く世界的に普及していく。

○大正　七年（一九一八）　シベリア出兵。第一次世界大戦終結。
○昭和　三年（一九二八）　日ソ漁業協約が結ばれる。
○昭和一六年（一九四一）　太平洋戦争始まる。

戦争の時代に鱒は姿を現し、その存在感を示す。北洋漁業は鮭・鱒を中心に日本各地に食糧を供給した。鱒も日本人の食生活に必需の魚となっていく。しかし、鮭・鱒との決定的な違いは寒さの厳しい北地での凍結乾燥（フリーズ・ドライ）保存によって、長期保存できる特性を備えていたことである。鱒は缶詰にしなくても長期保存が可能であった。缶詰の技術が確立浸透するのは、日露戦争後である。鱒は長期保存に耐える食糧の筆頭として重用された。

戦時の鱒は戦闘食としても、背後の国民生活の食としても、世界中で消費された。

1　鱒と北洋

日露戦争後、ポーツマス条約でロシアの漁業権を獲得した日本は、以後カムチャツカ半島に請地（ロシアとの協定に基づく漁業権確保の場所）を確保する（図46）。溯上する鮭・鱒を捕って日本に運んでいた北洋漁業家は、全国に三〇軒を超えている。しかし、群居して一五軒ほどが結束してカムチャツカに船を出していたのは新潟である。

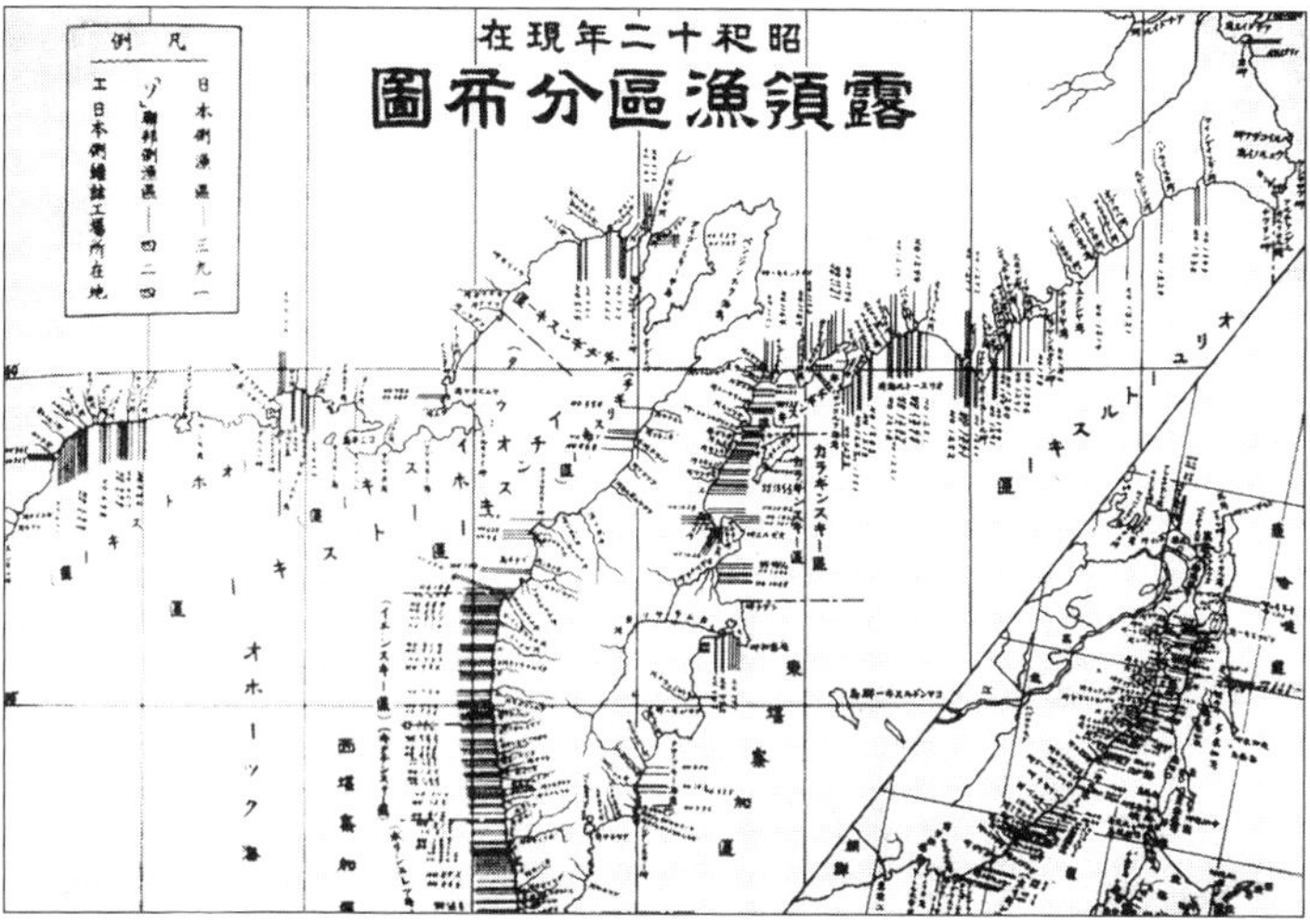

図 46　請地（分割された各場所を入札で取得し，ここで鮭・鱒を捕る）

田代三吉はニコライエフスク買魚時代の主役である。明治三〇年頃から沿海州に船を出し、アムール川の河口、ニコライエフスクで現地の人たちに捕ってもらったアムール川溯上鮭を購入して新潟に運び、東京に出荷して全国に行き渡らせた。これに続いたのが堤商会を設立した堤清六と平塚常次郎で、明治四〇年に田代三吉の紹介で入手した西洋帆船（ブルガンチン）をカムチャツカに廻し、莫大な鮭・鱒を新潟に運び込む。この成功が日魯漁業の礎となる。缶詰工場をカムチャツカに作ってアメリカに輸出するなどの先駆的業績で北洋漁業の地位を高めていった。

請地はカムチャツカ半島の河川ごとに河口部を一つの漁場として分ける方法で沿海州まで区画されていた。ロシアから漁業権を獲得した日露戦争後、請地ごとに日本の漁業者に貸し出す形で、入札が行われた。当然のように鮭・鱒が大量に上る河川の入札金は高くなり、そうでもないところは安く入手できた。堤清六が入手し続けたカムチャツカ半島オゼルナヤという河川のある区画は入札金が最も高い請地の一つであったという。缶詰工場をここに作る理由の一つが、捕れすぎて捨てられる鮭・鱒の存在であった。請地を獲得できた漁業家が、本土で人足を揃えて、カムチャツカの現地に運び、ここで魚を捕り、加工して本土に運んだり輸出に回したりした。

大正の初期に請地で働いた出稼ぎ漁師によれば、春四月上旬、田代三吉や堤清六などの漁業家が抱えている組頭に指示が出て、カムチャツカでの漁期が決まる（ウラジオスクックで入札が行われ、ここで請地と漁期が決まる）。たいてい五月から八月末までであったという。組に属す人足は、漁業者を集めて、支度金を先に半分渡し、四月の出帆まで準備をする。新潟県海府の浜から出かけた漁師は、期日が告げられ、浜で待機していると沖に帆船が来たという。浜からは竹竿の先に赤い旗をつけて乗船することを知らせた。帆船は乗り組ませる漁師をみつけると沖に停泊して待つ。浜からは送りの親戚衆が艀《はしけ》を出して沖懸かりしている帆船まで送った。このようにして一つの組は二〇人ほどが一艘の西洋式帆船に乗ってカムチャッカに向かう。一週間で北海道に渡り、停泊地の小樽か函館で漁網や食糧を運び込む。北海道から千島列島を西側に通る場合は宗谷海峡を抜けていく。東側を通るのは航海に慣れた船であったという。十勝沖の太平洋の波が高く、暗礁もあって帆船の遭難が多かったからである。カムチャツカ半島には新潟を出てからほぼ一ヶ月で到着する。

カムチャツカの請地に到着すると、艀を出して物資を運び出す。上陸して点検したのは漁師衆の泊まる番屋の状態であり、昨年度漁の切り上げに穴を掘って大量に溜め込んでおいた鮭・鱒の状態であったという。現地のカムチャダールの人たちに番屋の管理を頼んだ請地もあったという。まず食べ物の確保が重要で、請地の沖に網を建てるまで現地に貯蔵しておいた鮭・鱒で食いつながなければならなかった。

ここでの漁は、河口に溯上してくる大量の鮭・鱒を沖の建網で捕るもので、一月《ひとつき》豊漁が続けば帰りの帆船に積み切れなくなったという。現地の工場は豊漁となると寝ないで水揚げされた鮭・鱒の処理をする。意識が飛んで通路で仮眠を取る過酷な事もあったという。鮭・鱒は内臓をきれいに外し、床の上に広げて塩を詰める。この状態で、人の背の高さにまで鮭・鱒の塩漬けが積まれていく。一山出来ると再び塩を被せて薦《こも》で覆う。塩漬け山がいくつも出来上がる八月上旬、漁の切り上げと帰国の準備に取りかかる。

塩漬けした鮭・鱒を船底部のタンクに積み込み、帆船の安定を図る。次に、外板と船倉との間に出来ている隙間にも下から詰め込んでいく。荷崩れがしない状態で安定的に鮭・鱒が積み込まれた時点で生活物資が入る。現地に置いていく網や来年度の食糧などを貯蔵し、建物を囲って切り上げとなる。

カムチャツカのヤビノーと呼ばれた請地に入った漁師によれば、春の五、六月は鱒の最盛期で、八月に鮭が多く溯上したという。そして、オホーツク海側では鱒が多く、春の漁で溯上が止んだ時は鱈捕りに精を出したという。鱈は北地で岸近くまで寄ってくるという。オホーツク海は豊穣の海で、太平洋のように一気に深みに沈んでいないために、比較的離れた沖でも鱈が捕れたという。

漁師衆の言葉で「鱈は沢庵《たくあん》で釣れる」という。釣鉤に沢庵をつけて垂らすとこれに食いついてくるという。鱈は現地調達土産として暇な時に釣ったという。この鱈を、カムチャツカ海域での重要水産品として早くから目をつけてこの海域に来ていたのはアメリカの鱈釣り漁船であったという。

請地を閉めて、日本に帰る盆過ぎになると、カムチャツカの浜では建網も揚げられ、海は元の穏やかな姿を取り戻す。鱒は海に流れ込む各河川の河口部に集まり、索餌に懸命であったという。夏でも岸近くでよく捕れたというのである。

この海域の鱒を加工して日本に運んだのも堤商会である。大正五年に占守島に缶詰工場を作り、鮭・鱒は缶詰加工品に、鱒は乾燥して製品にした。ここでの鱒は干鱒である。第一次世界大戦で需要が高まっていた鱒を輸出するためであった。

2　占守島と報效義會

カムチャツカ海域や千島列島に沿う海域の鱒に強い関心を示し、これを産業にまで仕立て上げていったのは、郡司成忠《しげただ》が率いた報效義會の人たちであり、当時の戦争に備える思潮であったろう。報效義會と郡司成忠については作家の豊田穣が『北洋の開拓者――郡司成忠大尉の挑戦』としてまとめている(1)。千島開拓を進め、領土を守る防人《さきもり》として、果敢にロシアに挑んだ先駆者として描かれている。郡司成忠の行動は北方領土問題を考える一つの契機である。彼の行動は現代日本にあっても啓示に富む。

郡司成忠と報效義會の記録を読み込んでいくと、彼らの植民に対する真摯な姿や、計算された行動が浮かび上がる。特に千島植民にあたって、食糧と住居や衣服の問題を真剣に考慮して実施に移す姿は、現代人が深く学び取らなければならない生存への具体的手段である。洞察力に富んだ先駆者である。

そのことが如実に表れているのが、千島拓殖に当たって食糧をどうするかという問題であった。郡司成忠たちは鱒を大切に取り上げているのである。千島列島に植民すれば、現地で食糧を調達しなければならない。鱈に対する執心がそちこちに描かれている。
明治二六年二月二二日、華族会館で行った「千島拓殖演説」がある。この中で郡司は次のように述べている[2]。

明治十一年、金剛艦で北海道沿岸各地を航海しロシアの浦塩斯徳〔ウラジオストック〕に寄港した。ここで千島開拓の困難さを松本某に聞かされた。「拓殖ハ成程北ノ方ハ困難デアルト感ジ……」てはいるが、「我千島ノ北ノ端ノ占守島モ〔龍動《ロンドン》と同じ〕北緯五十一度デアリ」開けないことはない。カムチャツカ沿岸から千島列島に沿って寒流が流れているかどうかも分からない。（中略）海軍軍人の教育に当たってきたが、「日本デハ海軍退職者ガ使ハレル道ガ付イテ居ナイ」。退職者は方々へ航海に出ているから、身体が達者で暑さにも寒さにも対応する。規律に服従し、船を使用し、鉄砲も扱える。（後略）……。

千島に人を送り、そこで村を作ることを意図するまでの動機が述べられている。送り込むのは海軍を退役した人たちがよいと考えている。海軍には各種特色ある職種の人が初めから集まっているではないかというのである。そして、拓殖に必要な事柄をまとめる。

ドウシテモ無クテナラヌモノハ木挽トカ屋大工トカ船大工職トカ車職トカ箱指物トカ桶工トカ野鍛治トカ鋸鍛冶トカ船釘鍛冶トカ石工トカ煉瓦製造職トカ屋根職トカ銅工職トカ鋳物職トカ仕揚職ト

カ皮職トカ又捕獲物ヲ加製スルモノ、鱒専門トカ鮭専門トカ紅魚専門トカ寒天麩海苔昆布専門トカヨジユム《（ママ）》専門トカ農業専門トカ牧畜専門トカ漁業専門トカ猟業専門トカ硫黄専門トカ網製造トカ麻糸撚職トカ網製造トカ畳職トカ医師トカ小学校教師トカ航海家トカ僧トカ産婆トカ事務会計トカ皆コレハ必要ナモノデアル。

一つの共同体が生業と扶助によって成立するように考えられた拓殖の対象地はロシアと国境を接する千島列島最北の島、占守島であった（図47）。国境を控えた日本の国土は、人が住んでこそ領土の守り、保全を意味していたことを主張する。しかも、計画に齟齬がないように、現地で必要となる仕事を調査したのであろう。「捕獲物ヲ加製スルモノ」の最初に「鱒専門」が記されている。

報效義會は、鱒漁業と加工で北洋漁業をリードした存在であった。

そのことを報效義會の行動に沿ってみていく。

・明治二五年（一八九二）「千島移住趣意書」を海軍に提出するが許可されず。郡司成忠は海軍大尉を辞め一民間人（予備役）となって占守島を目指す。

・明治二六年三月二〇日　千島拓殖の船は横須賀の基地で使わなくなった短艇（カッター）を譲り受けた。これを漕いで千島列島を目指す。隊員は二〇人余り、三隻の短艇は群衆に見送られて隅田川を出発する。

この余りにも無謀な航海の途中、福島県の原釜湊（相馬市）に寄港している。

・四月二〇日　原釜湊で鱈釣り漁船を購入する。第一報效丸と名づける。
・五月二一日　暴風で難破して一七名が亡くなる。会員の士気が著しく低下し、短艇を漕いで千島に向かう行動は無理であると結論づける。そして、軍艦「磐城」に便乗して函館に入る。

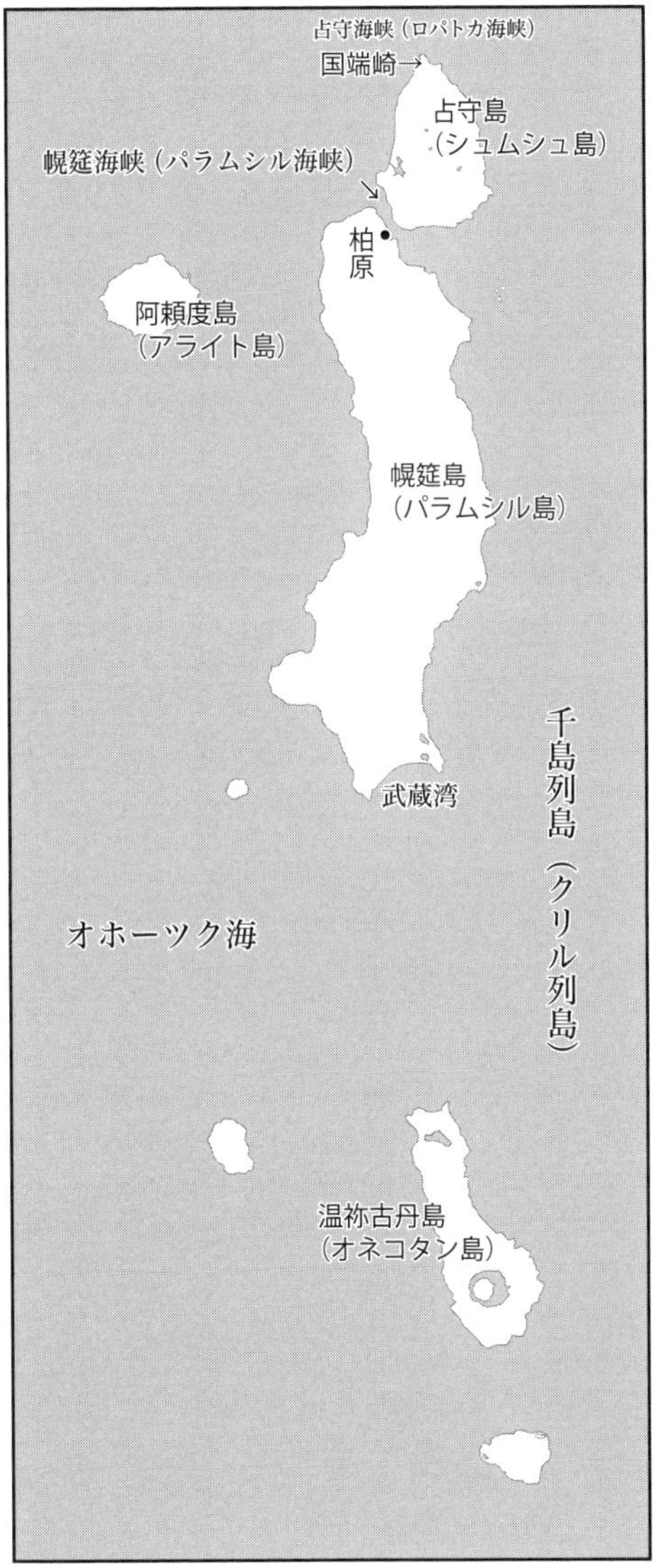

図47　占守島

報效義會の行動は国民世論を刺激した。寄付が集まり、海軍出身者はその主張に共鳴する。国も配慮した。宮内省は郡司成忠を招いて「報效義會」の名称を与えた。そして、占守島、阿頼度島《アライト》、幌筵島《パラムシル》を一〇年間貸し下げること、報效義會会員には徴兵猶予の恩典を与え、御賜金が与えられること、出発に当たって葛城、武蔵、厳島の三艦が見送ることとした。世間に一つの興奮を与える冒険劇は短艇の遭難で現実の厳しさの前に修正を迫られた。

函館では陸路で到着した四〇数名と合流する。この中に陸軍所属の白瀬矗《のぶ》がいた。占守島での越冬訓練を経て、南極探検を目指していた。白瀬矗は出身地が秋田県金浦である。鱈漁業基地として、北部日本海域で最も早くから鱈場を画定し、鱈漁業を行ってきた先進地である（第一、二章）。寺の腕白坊主であった、との口碑が今も聞ける。報效義會は海軍出身者で固めていたが、白瀬は郡司に熱心に頼み込んだとされている。鱈釣りの技術は子供の頃からみているものであり、寒さのつのる海沿いでの生活も、彼には想像されるものであったと推測できる。

・六月一七日　函館から錦旗丸に便乗して択捉島紗那《しゃな》に到着する。この時総員四八名。このうち九名が捨古丹島《シャスコタン》に渡る。この九名は越冬中全員死亡。

・八月末　三九名は磐城に便乗して占守島に上陸。郡司成忠とともに七名が占守島で越冬した。

・明治二七年六月　五人の新しい会員が越冬隊員として磐城で来港する。白瀬を除く郡司以下六人が交代。白瀬は新会員とともに調査に励む。カムチャツカ半島の南側を調査し、鮭・鱒の溯上河川を確認したとされる。二〇年後にここが北洋鮭・鱒漁業の中心基地となっていく礎《いしずえ》は、報效義會の漁業調査が一因となっていた。貴重な情報調査の陰で、三人が壊血病になり、命を落す。生存者も北海道の試験船、八雲丸によって救出される。

この年、郡司が占守島から離れたのは、日清戦争による予備役の招集に関わったからといわれている。

・明治二九年九月　郡司成忠は家族や新旧会員を連れて占守島片岡湾に上陸、移住する。前回の隊員多数の犠牲を踏まえ、計画を練り直し実行には磨きをかけている。国が補助金を出し、軍艦石川丸に便乗する。物資運搬の支援組織もついた。北海道庁も帆船を二隻貸下げして盤石性を発揮した。

報效義會は本部を片岡湾に置く。生業として目指したのは、漁業が鱈と鮭・鱒を主にしている。農業は高緯度であっても水腫病などを抑えるために野菜作りをしたという。カムチャツカ稼ぎの経験者からの教示では、帆船の苫《とま》屋根に土を盛った箱をいくつも乗せ、ここに大根の種を撒いて青菜が茂るとこれを食べていたという。請地の番屋でも、大根の青菜は必需品で食事についたという。

樺太開発の松川弁之助たちが植民を試みた明治時代の初めには、水腫病の原因が分かっていなかった。

報效義會は占守島に缶詰工場も設置したとされているが、これは鱈場蟹《タラバガニ》の缶詰であったとされている。本格的に缶詰生産が産業として起こるのは堤商会のカムチャツカ、オゼルナヤ漁場の鮭・鱒缶詰が嚆矢とされている。むしろ、占守島で重要であったのは鱈（マダラ）であった。この海域は根つけ鱈の好漁場であった。この海域で繁殖を繰り返す、鱈場の真ん中に占守島があった。鱈を寒風にさらして乾燥保存する干鱈は、開いて棹に吊しておけば完全な凍結乾燥が出来る（洗濯物も外気で干せば凍結し、氷結した水分を払い除けるだけで乾燥できる）。乾燥させた鱈製品は戦時に重宝された。缶詰がまだ出来ない時代の保存食として、高い信頼性を得ていた。内臓を取って開いたものは第一次世界大戦が近づくヨーロッパやアメリカで需要が高まっており、占守島の干鱈はアメリカに輸出されていく。

会員の加藤洋はアメリカに派遣される。帆船鱈漁業を学ばせるためであった。当時、アメリカの鱈釣り漁船がロパトカ海峡を横断してカムチャツカ半島西岸で鱈を捕っていた。占守島は海峡の守りの位置にあり、通過するアメリカ漁船を眺めていたのである。

明治二六年八月三一日に郡司らの一行が占守島に到着する。郡司成忠の日記の中に植民として生きていくのに必要な食糧を得るために、次の記録が出てくる(3)。

一、鱒　余等が占守に到着したのは八月三一日で、鱒漁期はすでに経過していたけれども、川の到るところに鱒が充満していた。川の周辺には薪炭の材料が少なからずあり、漁舎を置くのに適当な場所もあり、建網場もある。曳き網場もあることから、どのくらいの鱒が捕れるか予測することは難しいが、占守島周辺の漁業としては、紅鱒とともに貴重な食糧となることは間違いない。

二、紅鱒　占守島西北西に一大紅鱒湖あり。海に通じている。余は到着するや否や直ちに行きて之を験する。湖岸全周紅鱒を以て充満している。好産卵場である。川に刺網を投じたところ直ちに数十尾を得ることが出来た。川の周辺の樹木は少ない感じがするが、流木なども多く薪炭材となる。ここも一大財産となる。

三、鱈　鱈漁は漁場沿岸から数十里にわたる沖合で、遠洋漁業によらなければ大きな収穫を得ることが難しい。余等は延縄《はえなわ》で試みに鱈漁を行った。その結果、占守島は、鱈のつき具合などから考えると、鱈の生息地として、これを疑うことは小漁船で漁獲に従事しようとすれば徒《いたずら》に往復の時間が取られ運搬に骨が折れる。だから、遠洋漁業の方法を採り入れて、数日間鱈を捕ったら占守島に運搬して製品を作り、再び漁業に従事して、製造品を作り終わったら内地に運搬出荷することが出来ると信じる。占守島の鱈は一種特別のものであり、択捉島付近の沿海にいる鱈に較べて、その形が丸く肉厚で太っている。だから、普通の棒鱈にするよりはむしろ圧搾して肝油などを採ったりする方が適しているようである。

郡司が書き留めた占守島の産物は、淡水魚、海水魚、貝類、海草、海獣、水鳥、陸獣、陸鳥に及ぶ。まず、食物となるものの観察にかなりの目が注がれていることが分かる。特に、日本を出発するまでに得ていた情報から拾い出せる食用の動物としては、鯨、海獣を主として、鱈を次の位置づけとしていた。鯨は特に外国式の捕鯨銃の導入まで考えていたのであるが、実際には日々の食糧確保が、植民の占守島という陸上で行われることを認識したのであろう。鱒を一番に記録する。

・淡水魚の部　紅鱒、鱒、鯇《アメマス》、鮇《イワナ》、石斑魚《ヤマメ》、泥蝦《エビ》
・海水魚の部　鱈、黖魚《オヒョウ》、魪《カレイ》、鰈《ナタカレイ》、河豚、鮔《オオフグ》、鮹、石距《アシナガ》、鯤魚《ナギリ》、平尾魚《コチザカナ》、油子《アブラコ》、鱅《クラゲ》、鯨、小鯨
・貝類　蜊《アサリ》、蝴蜆《サルボウ》、海盤車《ヒトデ》、海螺《ニシ》、淡菜《イガイ》、蝛《ヨシノサラ》、海膽《ウニ》

・海草　昆布、桜海苔《ノリ》、青海苔、紫若、若芽《ワカメ》
・海獣　臘虎《セイウチ》、膃肭臍《オットセイ》、海豹《アザラシ》
・水鳥　白鳥、雁、鴨、鶏、信夫翁《ゴメ》〔アホウドリ〕、千鳥、鵞鳥
・陸獣　白熊、熊、狐、川獺《カワウソ》、野鼠
・陸鳥　鷲、鷹、鳶《トビ》、烏、鴫《シギ》、鶺鴒《セキレイ》、鷦鷯《ミソサザイ》、雀、その他二、三種

海豹はトッカリと呼ばれ、海豹の猟が北方民族の大切な生業であったことから、観察記録を残している。一二月下旬から二月上旬には全くいなくなるとか、三月に捕獲したものは仔どもを持っていたなどの記録は越冬に備える食糧の問題を斟酌しているものと推測できる。また、膃肭臍は外国船も入ってこの猟をしている様子をつかみながら、この海獣だけを捕り続けることはよくないという。

海獣が意識された理由の一つが毛皮である。越冬生活の各場面で毛皮の使用が問題となるが、具体的な処理方法などの記述はなく、北方民族のような利用は十分こなせなかった可能性がある。

郡司たち越冬隊員の食事献立が記録に残されている。明治二六年九月一日から翌年六月三〇日までの一人一日平均消費食糧は、

白米　四合二勺余
獣鶏肉　二九匁八分余
魚肉　二六匁余

となっている。日々の献立表を見ていくと、次のような傾向がみて取れる。九月から一一月まではトッ

カリ（アザラシ）、鱒、鴨などが連日記録されていて、魚汁も近海で入手したものの記録が続く。ところが、一〇月下旬から干魚の記録が増えてきて、二月まで続く。

保存が効くものは春先に回し、冬になるまではできる限り現地で捕れたもので食事を摂っていることが分かるのである（抄録）。

	朝食	昼食	夕食
九月　七日	魚汁　飯	トッカリ三斤	ヤマベ汁
十七日	粥	鱒二斤	雑炊
十月十三日	海草干魚味噌汁	鴨二羽　海草	海草味噌汁
二八日	海草汁干魚	海草煮	昆布海草干魚
十一月　八日	海草干魚汁	狐一匹　海草煮汁	粥
	ビスケット〔ビスケット〕		
十二月十二日	海草汁	トッカリ二　海草	汁掛飯
	ビスキット		
一月　二日	牡丹餅	牛肉缶詰二	牡丹餅
十四日	粥　味噌	昆布	海草汁飯
二月　一日	昆布汁　飯	昆布	雑炊
一一日	飯　昆布干魚汁	狐三	雑炊

三月　二日　飯　昆布干魚汁　昆布　白粥
　　二六日　海草汁　飯　トッカリ二　白粥
四月十九日　海草汁　飯　鴨一羽　雑炊

一～三月の最も食事に困る時期の献立で最も多いのが海草汁と昆布干魚汁で、朝に汁物を沢山食べていることが分かる。昆布と干魚の組み合わせは干鱈と昆布の組み合わせと考えられる。鱈はどこでも昆布で出汁《だし》を取る。

二月から三月末までの朝食はほとんど海草汁と昆布汁にご飯をつけたものである。献立表から、越冬の際に必需となる保存食糧が分かってくる。干魚は鱈を中心に鮭・鱒である。海草は夏に採った昆布が中心であるが、海苔も保存されている。獣の肉は秋に鴨が得られ、トッカリが捕れていることから保存しておいたものであろう。

越冬では水腫病で多くの人員が失われる事例が樺太や千島の他の島で起こっている。脚気《かっけ》といわれているが、ビタミンを補給することを心掛けていたであろう事は献立表から読み取れる。ただ、二月三月の毎日同じ献立に近い状態は、春を前にして、食糧の枯渇を推測せざるを得ない。

報效義會が試みた越冬訓練は占守島に軍が駐在できる基地を作るのに役立った。ここで駐屯できればロシアとの国境部隊が住み続けられるのである。

事実、太平洋戦争終結まで、ここには軍が駐留した。ポツダム宣言受諾後のソ連軍による占守島侵攻で幕を引く。

最前線の占守島に補給を続けてきたのは、軍だけではない。この海域に出かけてきた人たちの中には食糧事情の逼迫する本土の漁民たちもいた。千葉の千倉からここに入った人たちの記録が、鰯《イワシ》の研究者として知られる平本紀久雄によって記されている。館山の水産業に尽くした小高熹郎《おだかとしろう》についてまとめたものから記録する(4)。

昭和一七年（一九四二）、千葉の千倉から千島へ出漁したいという漁民の希望に添って小高らは根室漁業界の了解を取りつける。札幌の北方軍団司令部から占守島への食糧補給への協力依頼もあったという。昭和一八年（一九四三）、小高の船、新生丸（二〇トン）と他の二艘で船団を組み、四月一日に千倉出航、銚子、小名浜、釜石、宮古と北上し、五日には八戸市で壮行会を受けたことが記されている。「郡司大尉以来の壮挙」とされたという。

先遣隊約一〇名は函館から占守島へ汽船で渡り、二〇名の乗る漁船は、釧路から軍の徴用船が護衛しながら、占守島まで併走したという。五月中旬に占守島の片岡湾に到着する。

小高は北洋漁業挺身団長として会員をまとめる。

五月二十一日から一本釣りの操業を開始、タラ、アイナメを中心に漁獲し、漁獲物は占守島・幌莚島駐屯部隊に納めた。豊漁だったが時化《しけ》が多く、漁期も夏（六〜八月）のみに限られた。北千島出漁に際して用意した漁具は、定置網漁具一式、海獣捕獲用猟銃四丁、タラ延縄一〇〇〇鉢（二隻分）、突棒資材（二隻分）、雑魚一本釣資材（二隻分）で、費用は自弁だった。

昭和一八年（一九四三）五月にはアッツ島守備隊が玉砕し、戦局は悪化していたが終戦まで占守島に空襲はなかったという。

昭和二〇年（一九四五）八月一五日敗戦。同一八日未明ソ連軍の攻撃を受けたが、武装解除を行い二一日に終結したという。敗戦後にソ連軍が侵攻してきた最北の島は多くの作家によって記録されているが、実際にこの場に居合わせた人たちの証言は数少ない。

八月二一日権兵衛丸（引き揚げ二八名）、八月二四日新生丸（三名）が占守島を脱出、前者は九月五日千倉に、後者は同五日に函館にそれぞれ帰港したという。

報效義會の撒いた種は、太平洋戦争前には「北千島定住協同組合」として植民が実行されていた。占守島への移住から定住へと至る段階ごとに共助することとなっていた。

昭和一〇年（一九三五）頃から、小宮山利三郎・別所次郎蔵の二家族をはじめとして、数次にわたって北海道や東北各県から個人および集団が占守島城ヶ崎および別飛への定住が始まる。昭和一二年（一九三七）に小宮山、別所らは北千島移住協同組合を設立して、占守島、幌筵島に定住して農業や畜産そして漁業を経営した。昭和一八年には前記の漁船が、翌年には八戸班三〇名が宝漁丸と暢徳丸二隻のトロール船で来島して、それぞれ漁業を行った。当時占守島には陸海軍あわせて二万五〇〇〇名の軍隊が駐屯しており、漁獲物のほとんどすべては軍隊に納めたという。

高木勇さん（昭和三年千倉生まれ）からの聴き書きによれば、

昭和一九年（一九四四）春、一七歳の時、前年出漁した千葉班とは別行動で北洋漁業挺身団に参加し、根室から八戸班の漁船に乗って幌莚島へ渡った。八戸班のトロール（自分の記憶では暢徳丸、二〇トン）でタラバガニやアブラガレイを獲り、駐屯軍に納めた。操業は夏期（六〜八月）のみ、作業も楽で食糧はじめ物資は豊富だった。翌昭和二〇年冬に小樽経由で陸路郷里へ戻った。戦時下本土では、サツマイモの蔓まで食べているのに驚いた。

という。占守島はソ連との国境を接する最前線であり、国土の保全が領海の保全と直結する場所であった。しかも鱈、鮭・鱒の世界的好漁場は日本人、ロシア人双方にとって重要な場所であった。

郡司成忠の報效義會から北千島移住（定住）協同組合まで、その果たした役割の大きさは歴史の一駒として片づけられる問題ではなく、現代社会にとっても大きな啓示を与えるものである。今後、漁場開拓をどのように進めていけばよいのか。おそらく歴史上、日本人が探し当てた最高の鱈漁場は占守島周辺であったろう。二〇〇海里時代の現在、入漁は困難であるが、鱈資源の回復等、資源管理には協力する責務がある。戦争が鱈資源の乱獲を促したからである。

3　朝鮮通漁

戦時には鱈の漁場開拓や、進んだ技術での乱獲が促進される。占守島《シュムシュ》周辺を開拓した報效義會は、朝鮮半島での漁場開発でも力を尽くした。

日本は戦争や不況の中、耐え忍ぶ国民に食糧を供給するために漁業の近代化（効率化）に力を入れていた。特に朝鮮半島では朝鮮総督府が沿岸の漁業にも目を配って水産物の水揚げを増やす手段を講じていた。

・明治三二〜三三年（一八九九〜一九〇〇）報効義會は朝鮮半島の明太調査、試験操業を行った。これが日本船最初の本格的明太操業とされている。明太は鱈である。

北海道の漁業は八、九月に終わり、それ以後は休む船が多く、荒天のため、海に出られない。この期間、船を有効活用するため、朝鮮半島東岸の明太調査、試験操業を報効義會がすることとなった。

調査は、帆船の占守丸、報效丸（各八六トン）を母船に、付属艇一〇隻、乗組員数総五四人を使用。明治三三年（一九〇〇）一一月一七日東京出港、馬関《ばかん》（下関）を経て釜山に行き、咸鏡南道の新浦を根拠地として、一九〇〇年一二月二七日〜〇一年二月一二日まで、延縄《はえなわ》、刺網、打瀬網《うたせ》を使用し、明太の試験操業を行い、明太漁業の先駆となった(5)。

明治四三年（一九一〇）韓国併合によって大日本帝国に組み込まれた朝鮮半島の行政を司った朝鮮総督府は、漁業の近代化（効率化）に力を注いだ。

大正一四年（一九二五）朝鮮総督府編纂の『朝鮮要覧』には各種の施策によって著しく漁獲高が向上し、人が増えている実態を記している。保護取締の周密、調査試験の実施、講習伝習、補助貸与、漁港避難港の修築、水産組合や漁業組合の発達、製品の改良統一や漁村振興などの施策が目白押しに行われ

表4　大正3年から12年の漁業振興の推移

	漁業者（戸）	漁業者（人）	漁獲高（円）	製造高（円）
大正 3年	7万4469	27万　31	1206万4000	686万　400
大正12年	10万2575	41万6819	5172万2000	2961万3000

た結果、大正三年から一二年までの一〇年間に漁業振興が順調に推移していることを誇っている（表4）。

漁業者が増加し、漁獲高と製造高は四倍にまで増加している。漁獲高の多い魚は次のようになる。

「鯖《サバ》七二六万円、鰮《イワシ》六〇四万円、明太魚〔鯳〕四一一万円、石首魚《イシモチ》三〇一万円、鰊《ニシン》二七二万円、鯛二三二万円、鰆《サワラ》二三〇万円、鱈〔マダラ〕一九四万円、鰈《カレイ》一六三万円、太《タ》刀魚《チウオ》一四九万円、海苔《ノリ》一三九万円、鮪《マグロ》一三五万円、鰤《ブリ》一一七万円」

一〇〇万円未満五〇万円以上の海産物は次の通り。

「海蘿《フノリ》、蝦《エビ》、海鼠《ナマコ》、鯨、和布《ワカメ》、鯔《ボラ》、鱧《ハモ》、鮸《ニベ》」

これらの主たる産地も記録されている。朝鮮半島東岸は沿海州の側から冷たいリマン海流が流れ下っており、これが対馬暖流とぶつかる釜山沖が好漁場を形成している。回遊してくる鯖や鰮は慶尚南北道の沿岸を主産地とし、全南、江原、咸鏡南北道がこれに次ぐ。

明太魚は咸鏡南北道および江原道。石首魚は西海岸。鰆、鯛、鯔は全沿岸に多いが南海岸を主とする。鰊は慶尚北道迎日湾を主要漁場として、江原道、咸鏡南北道で産出される。鱈は全沿岸で捕れるが、慶尚南北道と咸鏡南北道に最も多い（二一四頁図48）。

鱈（マダラ）と明太魚（朝鮮総督府の記述でスケトウダラ）は東海岸に沿って南下するリマン海流に乗って釜山を中心とする多島海で岸近くに寄ってくる。対馬暖流が被《かぶ》さる

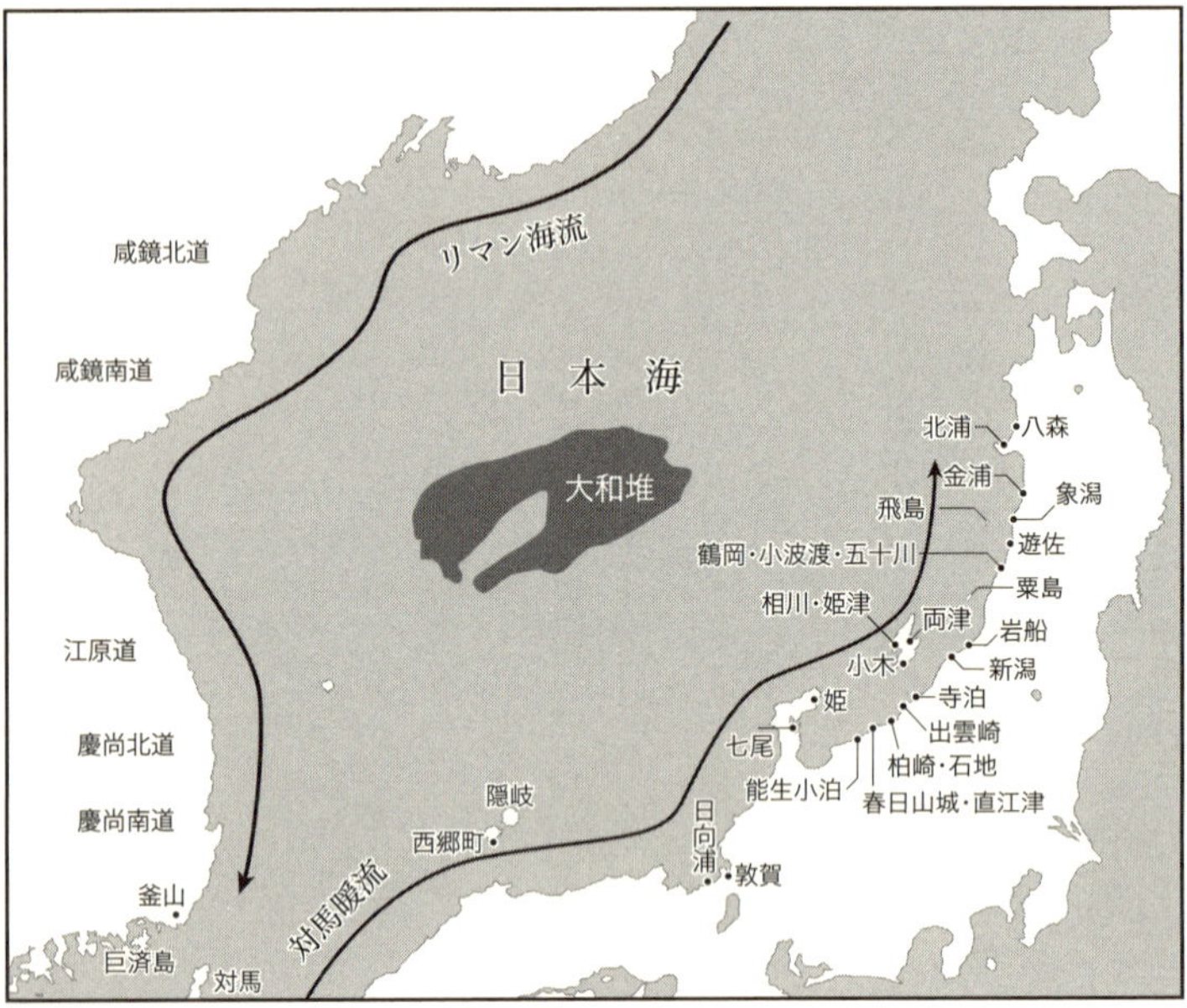

図 48　日本海

場所に鱈場が形成される。海盆のような日本海は氷河時代に対馬陸橋によって塞がれ、朝鮮半島と九州の間は陸続きであったとされている。この陸橋の上を対馬暖流が越えた時点で、冷たい海盆の底で生きていた鱈や明太魚が日本海を離れて拡散していったのである。だから主たる漁場が東海岸にかたよるのは当然の成り行きであった。対馬陸橋を越えた鱈や明太魚が西海岸の黄海でも繁殖して鱈場を形成した。黄海の深みで育った鱈や明太魚は、北地のものに比べて小型であるという。

　ここの鱈や明太魚も戦争と深く関わっている。一九〇一年農商務省から韓海通漁指針が出され、明太魚の有効性が紹介された。一九〇四〜〇五年の日露戦争当時、軍人の食糧として、明太魚が非常食としても生でも有効であることが指摘され、中国の戦線に近いところで調達できる食糧として提示されたことが背景にある。

明治四四〜四五年、山口県水産試験場、旭丸（二八トン）は元山を根拠地として明太魚調査を行った。香川県は明治三四〜三五年、水産試験場が明太魚調査。明治四一年（一九〇八）富山県水産講習所の練習船、高志丸（九四トン、トップスクーナー。二二三頁図49）も、初航海で元山に行き、咸鏡南道新浦を根拠地に明太魚等の試験操業を行っている。

この中で特筆すべきは富山県水産講習所の調査である。ここは、明治末から昭和の初めにかけて鱈漁場の開発で先陣を切った。オホーツク海やその周辺の鱈場開発と黄海の鱈場開発は富山県水産講習所の試験船、高志丸が中心となって担ったことは後述する。

朝鮮総督府も「水産試験及び調査」の項目で詳述する。大正一一年に釜山牧の島に水産試験場を設けて漁業試験を始めているのである。漁撈部、製造部、養殖部、海洋調査部の部署に分けて試験研究が進められている。日本の水産試験場と同形態を踏襲する。

漁撈部の漁業試験は次のように記録されている。

朝鮮漁業の大宗たる東部海岸に於ける明太魚漁業、西部海岸に於ける石首魚漁業は今後益々改善発達の余地あり前途頗る有望なるを以て漁場の拡張、漁期の延長、漁具漁法に関して目下調査試験中に属す。(6)

明太魚と石首魚は、韓国の国民生活に深く慣れ親しんだ魚である。石首魚は人生儀礼などの際には必ず供奉されるもので、鱗《うろこ》のある魚でなければならない時には必ず石首魚が供えられたとされる。現在、黄海での捕りすぎが原因で魚自体が減り続けていて危機感を持って語られている。船の神様であるペソナンへの供物も石首魚でなければならないとされ、多くの漁船にとって、漁獲の一部は明太魚であったとしても主流は石首魚であった。

魚類内臓利用試験では、多く捕れる魚の内臓利用についても肝油を採る以外の利用法を検討している。鯖、鱈、明太魚、石首魚が挙げられている。

漁船の改良も重要な問題であった。黄海で使われていた船はフウセンと呼ばれるジャンク形帆船とトッパンペと呼ばれる鎧《よろい》張り（clinker）で船側板を建ち上げた、長さ一〇メートルの船で、これにテペと呼ばれる筏《いかだ》船が漁に稼働していた。伝統漁船として、朝鮮半島の漁船は船足が重く、小回りの利く船ではない。大陸の技術（鎧張りの技術）で造られた軍船が韓船の起源と推測されている。テペも安定した足場で大きな網を引き揚げる技術では優れていたが、移動に手間がかかり、回遊魚を追い回すなどの漁業は出来なかった。チャリと呼ばれる塩辛漬けの原料となる小魚をすくう漁で使われていた。フウセンはもっぱら沖に出て石首魚などを狙う漁をしていたが、鱈漁にも使われた。

このような漁船の状況にある韓海に和船としてのサンパ船が導入される。サンパは小早漁船（第三章）と同じ造りの水押《みよし》を備えた櫓押しの二枚棚漁船である。済州島のサイ・チンギさんに聴いたところでは、「日帝時代に韓海に入った小舟が漁船として足回りがよくて、しかも船大工が来韓して、現地で船を造り続けたため、一気にサンパ和船が朝鮮の海を席巻した」ことを語ってくれた。日本の進出はこのように造り手をともなうことで、現地の伝統的技術を一気に駆逐したという。

朝鮮の漁業が決して遅れていたという問題ではなく、日本式のやり方で、漁獲を上げていくには、漁船の船大工までもともない、ともに一つの目標を達成するために、技術を持つ組織が固まって活動していたということである。技術のシステムそのものを移していく日本のやり方が韓海の鱈漁で発揮された。

当時の朝鮮での鱈漁は一本釣りであったとされている。足回りのよい漁船が手に入れば、手釣りを延縄に発展させることが出来る。本来、朝鮮の人たちを養うのに、手釣りで需給が均衡していたのに、日本人の進出でこの人たちまで養わなければならなくなれば、手釣りでは間に合わなくなっていく。しかも、大陸で始まっている戦争の最前線にある。韓海の鱈や明太魚は後方支援の大切な食糧として、増産が期待されたのである。

水産業がますます発展することを予想した朝鮮総督府は、「水産業発展の状況」を次のように明るく予測している(7)。

日本海方面　日本海に面して豆満江口より釜山港に至る東海岸は海岸線の延長約一千哩に達し沙濱懸崖相連りて好箇の沿岸漁場を形成せり潮汐の干満は微少なれども水深くして魚族の滞留に適し且つ「リマン」海流は北より寒帯性魚族を送り対馬海流は南より温帯性魚族をもたらし来たり魚族の分布を豊富ならしめ漁業の利殆ど無尽蔵と称せらる此の沿岸に於ける漁業発展の状態は併合以来頗る顕著にして従来咸鏡南道の明太魚、江原道の鰮、鮑及慶尚北道の鰊の外観るべきものなかりしか内地人の移住増加と共に漁具漁法を改善し鱈、鯖、鰆漁業も急速の発達を為し其の製法亦改善せられ殊に近年新に勃興せる開鱈製造の如きはその産額百万円に上り鱈漁業の一大発展を促し其の他素

乾明太魚、乾牡蠣、塩鯖及鰮、肥料等も亦著しく製法を改良するに至れり
多島海方面　釜山港より木浦に至る南海岸は大小の島嶼散点し其の沿岸は広漠たる海域をしめ……（中略）……市場に近く大河港湾を控へ九州中国方面の連絡亦容易なるを以て漁獲物の集散至便にして内鮮人の漁業共に進歩し釜山、馬山近海に於ける鱈、鯖漁業の如き鎮海湾付近の鰮漁業、羅老、青山、巨文の各島及所安島近海の鯛、鯖、鰆、鱧漁業……（中略）……巨済島の乾鱈……黄海方面木浦付近より鴨緑江河口に至る西沿岸は、河口、澪湾、潟州、礁脈、淺灘及群嶼相食みて海岸線の出入甚だしく海底は遠浅にして黄海の中心に至るも水深五十尋を越えず潮汐の干満大にして三十尺に達する所あり……（中略）……石首魚、鯛、鰆、鮸　等産卵のため二十尋以内の淺所に群来するを以て年々豊漁あり……（後略）……

韓海の大漁場が沿岸に展開する様を把握している。西海岸は遠浅で早くから潟の漁業が開かれていた。仁川《インチョン》国際空港から金浦空港までの高速道路から眺められる光景は、干潟の上に魚道に沿って網の張られた魞《えり》が点在し、石が並べられている。遠浅で魚類の繁殖に適した豊かな海である。
黄海は黄河の吐き出す水と砂で浅くなっていることは仄聞《そくぶん》していた。この黄海にも深い部分に鱈が入り込んで漁場を作っているという話を現地で聞いた。

4　富山県水産講習所の鱒漁業試験

柳田國男の旅行記『秋風帖』の明治四二年六月一一日の項に次の記録がある。(8)

滑川の濱より高志丸を見にゆく。若き練習生を乗せたる漁船なり。二三日の中に出帆してオコツク海に鱒を釣りに行くなり、

オコツク海はオホーツク海のことである。明治四二年に旅の途上にある柳田がわざわざ北洋行きの帆船をみたことを記しているのである。富山県水産講習所の北洋鱒漁業開発はめざましかった。富山県の水産講習所は隣接する新潟県や石川県の水産試験場より後に設立された。水産行政は、各地の拠点を優先して設立されたからだ。

このことが富山県の特色を発揮する契機となる。新潟県は当時から鮭・鱒に力を入れており、北洋鮭・鱒漁業をリードした関係上、多くの漁業家が北洋に足場を築いて活動していた。これに対し、水深のある富山湾から揚がる鱒などに親しんでいた富山県は、鱒漁業に軸足を据えた。明治二一年一月一一日付、富山県知事国重正文の告示第三号は水産試験場規則として発せられた。(9)

県下水産製造物ノ改良法ヲ教授センタメ水産試験場ヲ設ケ其規則ヲ定ムル事左ノ如シ

第一条　水産試験場ハ専ラ干鱈干鳥賊ノ如キ県下重要水産物ノ製造改良法ヲ教授スル所トス
第二条　干鱈試験場ハ四月上旬ヨリ干鳥賊試験場ハ十一月上旬ヨリ共ニ日数凡ソ四十日間開設スルモノトス
第三条　前ニ魚ノ外傍ラ尚他ノ魚類塩漬干乾法ヲモ教授スルモノトス

富山県では明治一九年以来、ロシア領樺太から黒竜江、沿海州方面の遠洋漁業開拓に進出している。明治二七年には韓海（朝鮮近海）出漁と北海道進出のために県が改良漁船を建造して漁民に貸与する事まで行った。この改良漁船が能登天当船とか能登川崎船あるいは越中川崎船と呼ばれるものであった。明治三〇年には前年の不作の影響で北海道開拓移住者が激増している。西礪波《となみ》郡では家財家屋のせりが連日行われたという。伏木《ふしき》港は連日のように船出で賑わう。この年の渡道者は一万五〇〇〇人とされている。海沿いの漁師衆も家族を連れて北海道に移住していった者が多かった。新潟県の北海道移住と似る（第二章6）。

越中衆も、本土から渡道した人たち同様、開拓地では固まって住んだり、ともに働くなどの扶助に心掛けている。越中組と呼ばれることが多かった。『富山日報』の明治三八年一〇月二三日号に次の記事がある。「富山県から樺太に出漁している業者により樺太越中組が組織され、コルサコフ市（大泊）に事務所を新築し、落成式を行った。守備司令官、民政長官を迎えて盛会だった。」

北洋漁業開発は明治四〇年の堤商会カムチャツカ出漁を機に、湧くように鮭・鱒のいるカムチャツカ半島に集中する。大正時代は北洋漁業の盛期である。鮭・鱒の塩漬けを本土に運ぶ方式が安定してくると、缶詰製造に力点が移り、ヨーロッパの大戦で需要の急増した缶詰は外貨獲得の柱となって漁業家を企業家と遇するようになる。同時に、北洋の蟹が缶詰という保存技術のおかげで産業として成立するようになる。鱒は乾燥させるだけで保存が利くという特性を備えていたことから現地での製造保存、搬出が容易であった。

蟹工船は北洋での漁業形態を変えてしまう。缶詰工場を備えた母船が、積み込んでいったランチが供給する蟹を水揚げして、その場で缶詰に加工してしまうのである。大正九年九月二一日付『高岡新報』に「露領カムサッカ出漁は一昨年来豊漁の上魚価高で活況。五月に出漁した船が九月に入って続々伏木に帰港、マスト林立の盛観で三六、七隻に上る。本年処女航海の富山県練習船呉羽丸は世界に類例ない蟹缶詰工場設備を誇り蟹缶三〇〇缶積んで帰港した。」の記録があり、母船式鮭・鱒漁や母船式蟹漁への道が開けたことが分かる。

昭和四年、小林多喜二のプロレタリア文学『蟹工船』が発表された時、富山県の択捉丸が世間の耳目を集めた。この時、蟹工船に乗っていた一七人が死亡して、漁撈長が起訴されていたからである。結果は死亡原因が脚気とされている。

母船式漁業はこの後鮭・鱒漁業でも行われるようになり、鮭・鱒加工工場にランチ（川崎船）が魚を届け、船で鮭・鱒製品が作られていく。

漁業権で相手国の領土地先から閉め出されても困らないこれらの母船式漁業は、北洋の相手国沿海での漁業という、困難な立場にある日本にとって一つの手段であった。しかし資源の枯渇を招きやすく、これら漁法の伸展が漁業全体の発展に寄与しているかどうかは疑わしい。実際、一二海里から二〇〇海里時代に移った状況は、母船式漁業という漁業形態に疑いの目を向けたロシアなど各国の資源保全が動機の一つとなっているからである。

朝鮮通漁もそうであるが、日本の進んだ漁業技術は漁獲高を上げて資源を捕りまくる一面があり、官民挙げて一つの方向に進むことが繰り返され、進出先で立場の違う者と折り合いをつけることが得手でなかった。

鱒を地先の海で捕り続けてきた富山では、鱒を中心にした漁業指導が行政側から出されていた。富山県水産講習所の北洋鱒漁業は鱒資源によって産業の勃興を導き、多くの漁民を北洋の鱒場に誘う。しかも、富山出身者の鱒に対する扱いは北洋で捕れた鱒をどのように処理して保存し、本土に運ぶかという一連の流れに熟達していた。今も富山には鱒製品の加工場があり、鱒料理では昆布締めなど特色ある品を出している。

柳田國男が出会った明治四二年の高志丸は、明治三三年二月に富山県水産講習所が設置され、これに伴う漁業実習船として明治四一年五月に初代練習船「高志丸」として進水した（図49）。八月に処女航海で漁業航海実習が始まる。オホーツクへ鱒捕りに行くことがすでに話題となっていたのであろう。この前年に、新潟県水産試験場も新潟丸という漁業練習船を進水させて占守島《シュムシュ》海域へ鱒漁業調査に出かけることになっていた。ところが庄内沖で座礁してしまう。

富山県の高志丸は新潟県のもたつきをよそに大きな成果を上げる。占守島海域で鱒場の画定に成功するのである。この成功が、千島列島の重要性を再認識させ、オホーツク海の豊かな資源に目が注がれていくようになる。国内の漁業会社が北洋に集まり、鱒加工に進む水産業者は活況を呈する。ここにも戦争の影があった。

オホーツク海鱒漁業試験　『富山県水産講習所報告』が富山県立図書館に残されている。貴重な資料は戦争の大火をくぐり抜けて現在に伝えられている。この中に大正元年から五年間にわたって「オコツク海鱒漁業試験」が年ごとにまとめてある。記録は明治四五年から残されていて、航海日誌や現地の鱒釣りの状況など詳細な記録がある。これを抄録する（現代語訳）。

試験部

一、オコツク海鱒漁業試験

図 49　高志丸（富山県水産講習所練習船）

漁撈長事務取扱　岩本清太郎

明治四五年四月にオホーツク海鱒一本釣り漁業の調査練習の命を受けた。伏木港で準備を急ぎ、五月二三日に完了。二四日に県庁に申請して事務官に臨席を仰ぎ、甲板で出帆の式を挙げ、午後二時万歳の声に送られて伏木港を後にする。長い航海の路に上ったが無風逆風のために規定の航路を取ることが出来ず四日漂流した。二八日午後五時になって南西の和風を受けて毎時四から五海里北北東に航走した。二九日正午大嶋の島影を認めて小島との間を通過する。進路を正北に変じ三一日午前六時高島灯台を西四分ノ三南にみて小樽湾に入り七時港内適所に投錨した。

小樽港には六日停泊し、薪、炭、糧食、飲料水及び船に必要な物を補充して六月六日午後七時占守島に向けて抜錨する。この日北西から北の逆風が吹き波浪高く船暈《せんうん》（船酔い）者を出した。一二日になるまで逆風か無風のために所定の進路を取ることが出来ず、加えて北上の潮流が強いため、東経一三九度五〇分北緯四八度五〇分の位置に流され付近を三日漂流する。一三日午後七時、ようやく東方の微風を得て帆走する。一〇時樺太能登呂岬を正横にみて宗谷海峡に入ったが風向きが南転して強まる。三から四海里の速力で帆走したが逆潮で船が前進しない。夜に入ると風は止まり凪《なぎ》となり船は後退して危険な場所に近づく。幸い一四日午後五時に南方の風が強く吹き始め午後四時に中知床岬《なかしれとこみさき》（樺太南東端の半島）を西微南に望むところまできて宗谷海峡を通過できた。ここで針路を東北東に定め、南ないし南東の和風を満帆に孕《はら》み波静かなオホーツク海を帆走すること毎時四ないし五海里。一七日にいたり南東風が勢いを増し、波浪高く船の動揺甚だしいのであるが順風であることから、乗組員の士気は旺盛である。非常な速力で航行を続け翌一八日午前五時に千島列島の温祢古丹《オネコタン》島を南南東に魔勘留《マカンル》島の島影を正東に遠望する所にあって二〇日午後四時幌莚《パラムシル》島村上湾に投錨した。

二、漁業の概要

幌莚島村上湾に投錨して以来出漁の準備を急ぎ、二二日に完了して二三日に漁場に向かう。出帆しようとするが無風で帆走できず、しかも天気がきわめて好く油を流したような海面で港内に蟄居《ちっきょ》しているのももったいないので本船を港内においてドーリー七隻を下ろした。漁場探検漁況偵察を目的に占守島の北幌莚海峡付近に出漁した。

そして海峡の東、占守島今井岬を南南西にみる海深一二尋の位置に出てドーリーで釣ること二時間半で満船となる。ことに一号艇は海上の凪に乗じて鱈を釣りすぎ、帰船の途中に海水が舷側を越えたため一部の鱒を捨てた。しかも、漁獲鱒は比較的肥満で根つけ鱒であることが分かり、付近は鱒の棲息場であることが判明する。翌二四、五日は荒天のため港内で過ごし二六日に村上湾を抜錨して占守島今井岬を南微西、阿頼渡《アライト》島を北西にみる位置に錨泊する。八方にドーリーを出して漁場探索を実施。想像した通り、好良の漁場を発見し、至る所で豊漁となる。日々一五〇〇尾から二五〇〇尾の漁獲がある。

このように一七日間従事する間、本船の位置を荒天のために三度変え三日休業した。七月一一日になって北西の風が強くなり、錨を抜いて幌莚海峡を南に通過して幌莚島の東に出て、荒畑岬を北微西、尖島を北東二分ノ一東にみる位置に至って五日作業をする。一七日になってにわかに天気が険悪となる。この漁場で最も危険な南東風が激浪と共に勢いを増し、ドーリーを収容して本船の停泊地を替えることになる。幌莚海峡を通過して再び占守島の北方に出る。幌莚島の島影に投錨したが、夜に入り南東風が再び激しさを増し、二〇〇尋のホーサーを全長したが、錨が引けて止まらず船は激浪に弄ばれて阿頼渡島に向かって流される。予備の四寸ロープに左舷錨と錨鎖シャックルを結びつけて投入する。一時船は止まるが怒濤が止まず右舷錨索が切断される。船は再び西に向かって流される。ただちに左舷錨を引き揚げ漂流に任せる。三日漂流の後、一九日正午に天気回復する。位置を調べると占守島を正北にへだて三〇海里の場所で、カムチャツカ西岸ヤビノー沖に近いところであった。船は鱒で満船に近く安全な占守島を目指して帆走する。夕刻有馬岬の南東四分ノ一南幌莚島の西端を南西四分ノ一南にみる位置に投錨。翌二〇日より操業したが、日々一五〇〇尾内外を越える。二七日午前六時、突然南南東の強風が襲い、ただちに漁具を収めて四日間漂流する。三一日にようやく凪となり、今井岬を南西微南四分ノ三、南国端岬を東二分ノ一南にみる位置で釣る。二日間で五〇〇〇尾を水揚げし、積載してきた塩を使い切ってしまった。魚艙も満杯で一〇〇尾入る余地もない程になった。ここで、作業の切り上げを決め、翌二日早朝占守島に向かって移動し一一時に村上湾に投錨する。

三、成績

六月二三日、村上湾にドーリーを出して試験に着手してから漁場には四〇日間いた。その間いたる所で豊漁となった。漁獲が半ばに達するまで、天気はよかったが、中途から険悪になり荒天のために全く漁具を使わなかった日数は一一日にも及んだ。

操業日数は二九日に過ぎない。漁獲総数は三万九二一三尾、重量は一万六一五五貫七五六匁（六〇トン余り）、すなわち一尾平均四一二匁（一五四〇グラム）である。このうち、ドーリーの漁獲総数は三万二七一三尾で、残り六二八七尾は本船での釣り漁獲数となる。つまり、ドーリーの一日平均漁獲数は一一二三尾で、二人乗り六隻を使ったことで一人平均九四尾の割合となる。本船釣りは一日二一六尾で、生徒九名の操業であることから、一人平均二四尾となる。ドーリー一人の四分の一である。

このようにドーリーの結果がきわめて好かったのは、ドーリーの操縦に熟達していたことがあげられる。また一つの要因は、漁場に関係する。根つけ鱈は礫または岩礁の間に群集棲息しており、広く遊泳する習性ではない。だから数日にわたって一定の場所で豊漁をみることが出来る。本船の漁場転換は比較的困難であるのに反し、ドーリーは自由に漁場を替えられ探索できる。

四、漁場

北海の鱈漁場は二つに大別できる。

一つはカムチャツカの西岸で、北緯五〇度二六分より五二度三〇分にわたる、水深一五尋から四五尋

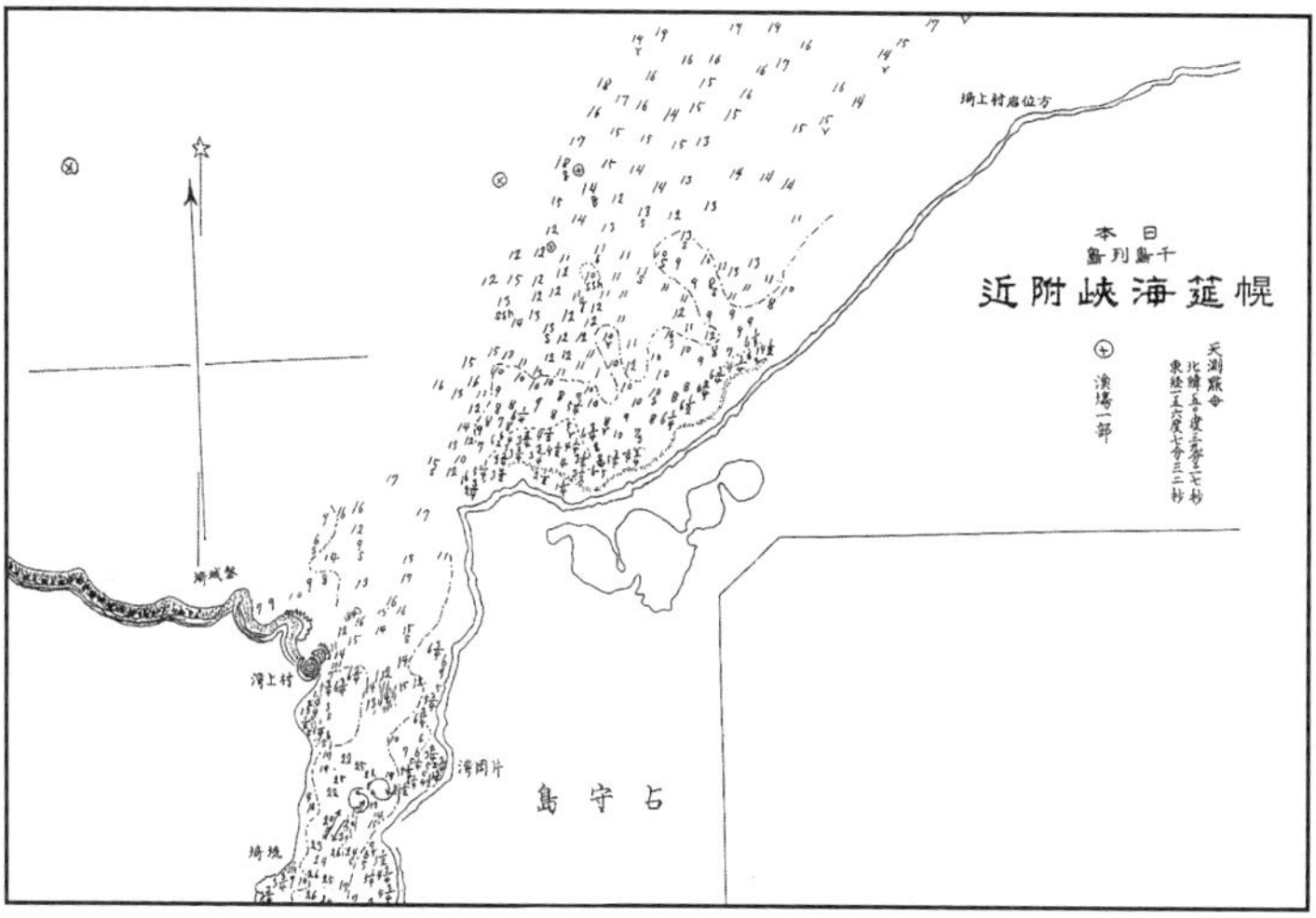

図50　占守島鱈場

の間。

また一つは幌莚島東端沖鳥島付近から同島中央の南東岸に至る水深三〇尋より四〇尋の間。

前者は本漁業の主要漁場となる。広漠で魚群は豊富である。漁の初期、南東風の卓越する時に出漁して九月に入って北西風が卓越する時に後者の漁場に移るのがよい。時に占守島に出入りするに際して無風で船体の自由が利かないことがあるがこのような時は海峡付近で釣漁をすればいい。

本年、幌莚島村上湾を根拠地として海峡付近で鱈延縄漁業に従事する日本型漁船があった。その成績をみると鱈の大きさは比較的小さいが大漁に恵まれていた。同島付近に好漁場があることを確信し、本船を適所に進め、それぞれの場所でドーリーを放ち、調べた。その結果、占守島北から幌莚島周辺の水深一六尋の場所はどこも好漁場となっている（図50）。

本年操業した漁場は、東が一五六度二〇分より西は一五五度四五分一二秒にわたる東西三〇海里、海深一二尋から三五尋の底質が砂あるいは礫または岩礁の所である。岸近くの一二尋内外の鱈は比較的小さいが、深度が増すと太くなり、二〇から三〇尋になるとすこぶる膨大肥満の鱈が群居している。このような所に当たると二時間でドーリーを満杯にしてしまう程の漁獲があった。幌莚海峡付近の鱈場は豊漁であるが、西側になっていく程漁場が狭まる。一方、東側に行く程形態と豊穣の度合いが増す。

本年の試験では、カムチャツカ西岸のような広大な鱈場ではなくても、海底に礫の多い場所では根つけ鱈が棲息していて、魚群は豊富で、風を避ける村上湾などに停泊して、ドーリーを使うなどの工夫をすれば、大変な豊漁に恵まれることが証明された。

カムチャツカ西岸も占守島、幌莚島海峡周辺も特性は異なるが立派な鱈漁場である。

五、ドーリーについて

オホーツク海で鱈一本釣り漁業にドーリーを使ったのは、明治四二年からであるが、年々その成績が向上している。耐航性に乏しく操業も危険で積載量も少ないのであるが、鱈の特性に合わせた釣りが出来る。つまり、鱈は貪食で大群を作る。餌のある一定の場所で群れているため、ひとたび好漁場に当たれば瞬く間に数百数千の漁獲がある。本船に近ければすぐに戻れるからよいが、少し遠い所で、釣果が振るわない状況では、大型ドーリーが午前四時から午後四時までかけて鱈で満船としている状況を、小型ドーリーにして午後二時に本船に戻る状態にしておいた方がよい。今年試みた米国式ドーリー四隻は大型で耐航性があり、小型ドーリーでは行えない鱈場開発を実施できた。積載量は二二〇尾で四四〇貫積める。しかし、本船から降ろしたり積み込んだりする上で労力がかかり、小型ドーリーの方が日本人の身体能力に適しているという一面がみえてきた。米国式ドーリーの一人乗りと二人乗りの中間に属する規模のドーリーが適切であることが分かってきた。そこで、自由に扱える新ドーリーの仕様を次に記す。

全長　一九尺八寸（約六メートル）
最大幅　五尺一寸（一・五三メートル）
中央深　一尺九寸三分（約五八センチ）

・敷（船底材）　杉材。長一四尺八寸（四・四四メートル）、巾二尺九寸（八七センチ）、厚さ一寸（三センチ）。これを三枚板で構成し六寸ごとに三寸五分の縫釘を打ち込んで作る。敷の上面には巾二寸、厚さ一寸の杉肋骨六本を固着する。

・船首材（水押《みよし》）　槻《ケヤキ》材。巾二寸、厚さ三寸の天然曲がり材。敷に固定する。

・船尾材　杉の一寸二分厚板を使って敷材に固着し、船首材と敷材を囲むように船尾まで舷側板をまわす。

・側板　杉厚七分の板三枚を「羽重ね接ぎ」（clinker）にする。

・小縁と内コベリ　側板上部に曲線に沿ってつける。

＊鎧張り（clinker）の西洋式造船技術で側板を構成している。北洋での荒い波を乗り切るにはこの技法が優れていた。

・腰掛受木、腰掛板　内部に嵌め込み式で釣りの際に腰掛けて作業できるようにした。

六、視察員

高志丸が明治四二年に鱈漁業試験に着手して以来、ドーリーを積んでいって試験を繰り返した。練習生として連れて行った者たちの仕事は鱈釣り作業、鱈処理作業がある。後者は甲板監視と水揚げの作業があり、鱈をさばいて船艙で塩蔵することである。この仕事が大切で、多くの人員を必要とする。除腸宰割（鰓から腹部を割いて内臓を除き、さらに背骨に沿って裁割して開く）は鱈製品の重要な手順で、特殊技能が必要とされる。とても一年の漁期だけで習得できるものではなかった。

七、復航

八月二日に漁具を収めて占守島を離れ、富山に戻る準備を行った。鱈塩蔵物の手返し（塩漬けの鱈を裏表反転させる作業）を行い、帰港の準備を急ぐ。六日に完成し、七日正午村上湾出帆。無風か微風で航程をなかなか稼ぐことが出来ない。潮流に乗って千島列島に沿って漂流した。一八日午後に落石《おちいし》灯台（北海道根室市）の灯火を望んで北北西の和風帆走。一九日午前五時三〇分、襟裳岬を迂回して、針路を西微南に転じて二一日午前六時函館港に投錨する。

二五日に越前三国に回航して戻るように命を受ける。二六日函館港出帆。北東の風が強く、帆走は矢の如くで二八日午後七時には緑鋼岬（青森県深浦町）を望み、三〇日には三国《みくに》に入港した。ここで漁獲物の陸揚げを行い、九月九日三国港を離れ、伏木港に帰着した。

富山県水産講習所の漁業試験は日露戦争後、北洋漁業といえば鮭・鱒漁業にかたよっていた水産界に、北洋の莫大な鱈を資源として活用する道を開いた。しかも、不安定な世界情勢の中で、アメリカやヨーロッパで大量に消費している鱈が、日本からの輸出品として取り上げられる端緒を作った。

富山県の鱈漁業は古くから行われ、身につけた漁撈の技術や組織が北洋で開花した一面がある。富山県には一九〇一年から鱈の漁獲統計がある（図51）。一〇〇年間の漁獲量には、特別な数値の大

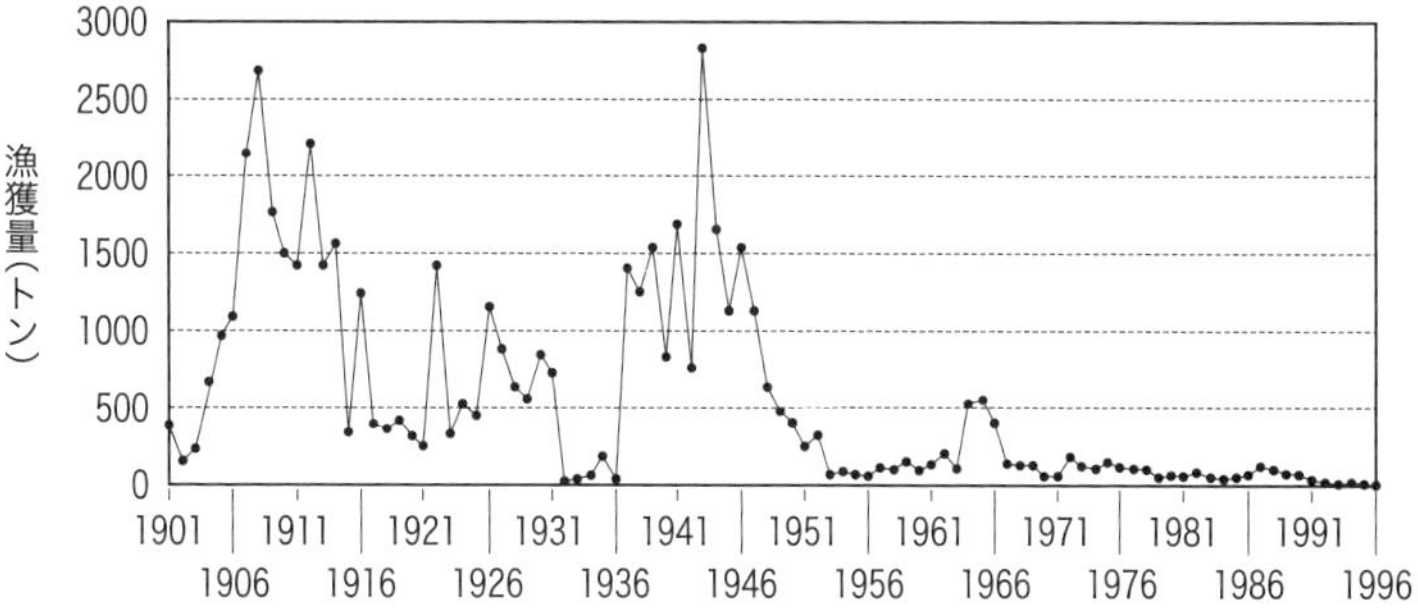

図 51　富山県鱈漁業統計（明治末期〜大正と第二次世界大戦前後の 2 回，1000 〜 2500 トンを超える大きな漁獲量となっている．これは北洋からの搬入が加算されている）

きな所がみられる。明治末期から大正と、第二次世界大戦前後である。ここが漁獲量のピークとなっている。これはオホーツク海における北洋鱈漁業による漁獲量が加算されており、主に開鱈にされたという。この漁場開拓の記録が、今まで記してきた富山県水産講習所の初代実習船高志丸（九二トン）の活躍であった。

黄海鱈漁業試験　富山県水産講習所のオホーツク海鱈漁業の成功は多くの漁業家を千島列島以北のオホーツク海に招くことになった。大正五年に堤商会が鱈漁業を占守島を基地に実施したのも、世界的需要の高まりに応えるためであったといわれている。明治四二年から始まった高志丸の鱈漁業試験は「今ヤ同海ノ鱈漁業ハ我帝国ノ確実ナル一大漁業ヲ以テ目セラルルニ至レリ」（「大正元年富山県水産試験場報告」）と、自ら宣言するまでになった。

オホーツクから帰国するのは九月である。末までには北洋の仕事に区切りがつく。遠洋漁船は一一月から四月までの半年間係留するままとなってしまう。この半年間の無駄を省こうとの考えは、報効義會の郡司成忠《しげただ》らによって明治二〇年代に唱えられていて、北洋から東シナ海や黄海に船を出していこうとする動きがあった。実際、報效義會の鱈捕り船は韓海出漁によって朝鮮半島東部海域で明太漁業に従事して漁場開拓に成功している。

そこで、冬期間関東州（中国東北部遼東半島先端部と南満州鉄道附属地を併せた租借地とその沿岸）での漁業開発に進出する。日露戦争終結時のポーツマス条約でロシアから日本に租借権が移行した地域は日本の植民地経営の最前線となった。この人たちのためにも黄海の魚が必要であった。特に中国では鱈が好まれる。高志丸は中国と朝鮮半島に挟まれた海で鱈場を探すことを目的に進出する(10)（報告書は現代語訳にして抄録）。

一、鱈の習性と黄海

鱈は寒帯の魚で常に水深二〇尋以深の海底に棲息する。主たる漁場は五〇尋以内である。底の状況は細砂黒色砂褐色砂の所でいずれも寒流がある所である。現今有名なオホーツク海漁場やアラスカ漁場はいずれもベーリング海の寒流の流れる所である。ニューファンドランド島、ロフォデンフィンマーケン漁場も状況は同じである。

ところが黄海の状況は朝鮮半島の南西端より以西、中国対岸に至る緯線の以北はどこも海深四〇尋以下である。わずかに北緯三五度東経一二三度半付近のわずかな区画のみが四五尋の水深になっている程度である。中国大陸に食い込む渤海にいたっては二〇尋以下で、平均一二、三尋に過ぎない。

海底は砂泥や岩盤上に砂泥をかぶった状態が多い。海流は干満による潮汐の影響が強い。しかし、冬季の寒気がはげしい時には表面水温が〇度以下になり、海底も三から五度に下がるところをみると、黄海に流れ込むリマン海流の勢いは朝鮮半島を迂回して、黄海の中にも流れ込んでいることが予測できる。世界有数の鱈漁場が北緯五〇度以北にあることを考えれば黄海の鱈漁場はこれより劣ることは推察できる。

二、漁場

関東州都督府水産試験場と本船の調査によれば、従業経営に価する黄海の漁場は長子島附近二〇四〇平方海里、そして清国山東省東岸二一〇〇平方海里の合計四一四〇平方海里である。世界の有名な鱈漁場であるオホーツク、アラスカ、ニューファンドランド、ノースシーにはとても及ばない。そして、これらの世界的漁場が寒流の本流に位置づいているのに、黄海は寒流と連結していない孤立した場所で形成されている。そのために、現在は中国人も日本人も鱈漁業者の操業ではかなりの漁獲を上げているが、この状態を継続していくことは難しい。鱈場としての絶対的な価値は悲観的にみている。しかも、オホーツクの鱈は平均一貫五、六〇〇匁なのに黄海の鱈は平均三〇〇匁である。魚群も散漫である。

三、鱈漁業と気候

黄海の一一月から四月までは満州の高気圧の支配下にあり、偏北風が強く、旅順や大連では最低平均気温が摂氏零下一七度以下となり、快晴日数は多くても暴風の日数も多く海水温が零下に下がる。海水飛沫が凍りつき船上作業は難渋する。四月中旬から一〇月は、北満平原が熱せられるために海では低気圧が作られやすく、偏南の風が吹きやすくなるが、海上は比較的穏やかな日が続く。

つまり、漁場は根拠地を大連において、ここから長子島沖の漁場に出かけるのが最も安全である。漁の期間（一一〜四月）風力風向は北風三日なら偏南の和風も三日である。三寒四温で比較的仕事のしやすい四温の時期に作業をすればよい。このように行えば黄海での鱈漁も困難ではない。

四、関東州鱈漁業の沿革と現況

関東州の鱒漁業の歴史はかなり古いものと考えられる。中国人は鱒を好み、その調理法は広い。長子島海洋島では、比較的大規模な組織の鱒漁業がある。二〇から三〇トンの中国船の母船に小舟二から三艘を積み、捕れた鱒を母船で塩蔵品にする。ここに、中国本土から来る出買船（海上で買い取る船）が来て製品を買っていく。製品は中国の内陸部や南部に輸送されている。ただ、この鱒漁業は冬を避けており、晩春から初夏にかけてだけ行っている。中国人の漁獲高は長子島で七七万斤（四六万二〇〇〇キロ）、海洋島で四三万斤（二五万八〇〇〇キロ）である。

関東都督府水産試験場が沖合漁場として有望であることを認め、明治四二年から漁業調査をしてきた。四三年度は関東州水産組合と連合して七隻の漁船を出し、四月一一日より七月一六日まで夏季漁業試験を行った。五隻の漁獲高は二万六七六貫であった。きわめて少なく利益は上がらなかった。また、明治四四年には一艘の漁船に三隻のドーリーを積み込んで母艦式の組織で鱒漁業試験を行った。成績は芳しくなかった。

五、大正元年度の黄海鱒漁業試験

大正元年一一月二七日伏木港を出帆。一二月四日釜山入港、一二月一八日大連市外老虎灘港に投錨する。漁の期間は一二月二二日から三月三日までの四二日間である。船の修繕等悪条件が重なり、漁撈日数は二七日であった。しかも、大連での鱒の魚価が半減したことから清国山東省石島附近に転漁した。昨年度と今回の実績を総合して観察した結果、冬季鱒漁場は山東半島沖合を除くと、長子島と海洋島の沖合が好漁場として画定できる。

六、漁業の組織

鱈延縄漁に使う餌は鰈《カレイ》である。鰈縄を使って牛肉をつけて、先に鰈を釣る。この鰈を切って鱈延縄の釣鉤につけて流す。鱈延縄漁の飼料が全くないときは本船を投錨してドーリーを一艘出し、鰈縄八鉢から五〇鉢を流して鰈を釣る。釣れた鰈は四分くらいに横切りにして鱈縄につける。餌をつけた鱈縄を七から一〇鉢にしてドーリーで流していく。夜縄と昼縄は潮流によって延縄の時間が変わることから、干満の差を配慮して流す。ドーリーはいったん本船に戻って待機する。昼縄で時間の余裕がないときは、延べて四〇分から一時間たって引き揚げる。魚群の厚薄にもよるが、北風が吹きつのるまで、三から四日間、同じ海域で釣って漁獲物を陸揚げするのがよい。

七、漁具

黄海漁場に適した延縄は、次の通り。

・幹縄　綿糸三子撚《より》三〇号を用い一鉢の長さ四〇〇尋。
・枝縄　綿糸二子撚一二本から一八本のものを用い、一枚の長さを六尺として幹縄に三尋ごとに結わえつける。
・鉤　中四番金を用いる。
・縄鉢　直径一尺五寸、高さ四寸五分、厚さ二分の曲物とし、その底は竹で格子形荒目とする。
・浮樽縄　綿糸特四五号を用いて、一本を七〇尋として、ドーリー一隻分五本。
・浮樽　能代杉赤身で作る。高さ八寸、上口の径一尺五寸、底径一尺六寸にして上下に七分の鏡板を嵌めて水密にする。ドーリー一隻分に一個として、長さ一尋内外の竹に色旗をつけ、これを結びつけて浮樽とする。

・浮標　石油空缶を密閉してこれにコールタールを塗って用いる。一隻分五個。
・錨　四爪鉄製錨で重量一貫目。一隻分四個とする。
改善点として、幹縄の撚りが強すぎて引き揚げたときに縮んでしまうこと。枝縄は一八本のものが最も成績がよかったこと。錨は七、八〇〇匁で十分であることなどが判明する。

また、鉢数は九〇鉢の計画であったが、実際には五七鉢しか延ばすことができなかった。ドーリー一回一隻分の実験結果では、一〇鉢で十分であった。しかし、冬の黄海で寒気激烈の場面では、縄が氷結してしまい、繰り戻しが出来ない。ましてや、昼夜継続して作業する場合には繰り戻しの余暇が持てない。だからドーリー一隻に予備の一〇鉢を積んでいくことが適切であると判明した。
八、乗組員
本船乗組員は二〇名。士官を除いて漁夫と生徒が一六名である。ドーリー一隻分の乗組員は三人で十分である。
九、飼料
鱈の飼料として鰈を捕ってこれを餌とするため、牛肉を使って鰈を捕り、この鰈を鱈の飼料とした。また、鰈が十分捕れるまでには積んでいった鯔《ボラ》を飼料としたが、現地で捕れた蛸《タコ》や烏賊《イカ》を使用したこともある。

鰈（飼料縄での漁獲）	三一四一尾
烏賊	三貫
蛸	四貫五〇〇

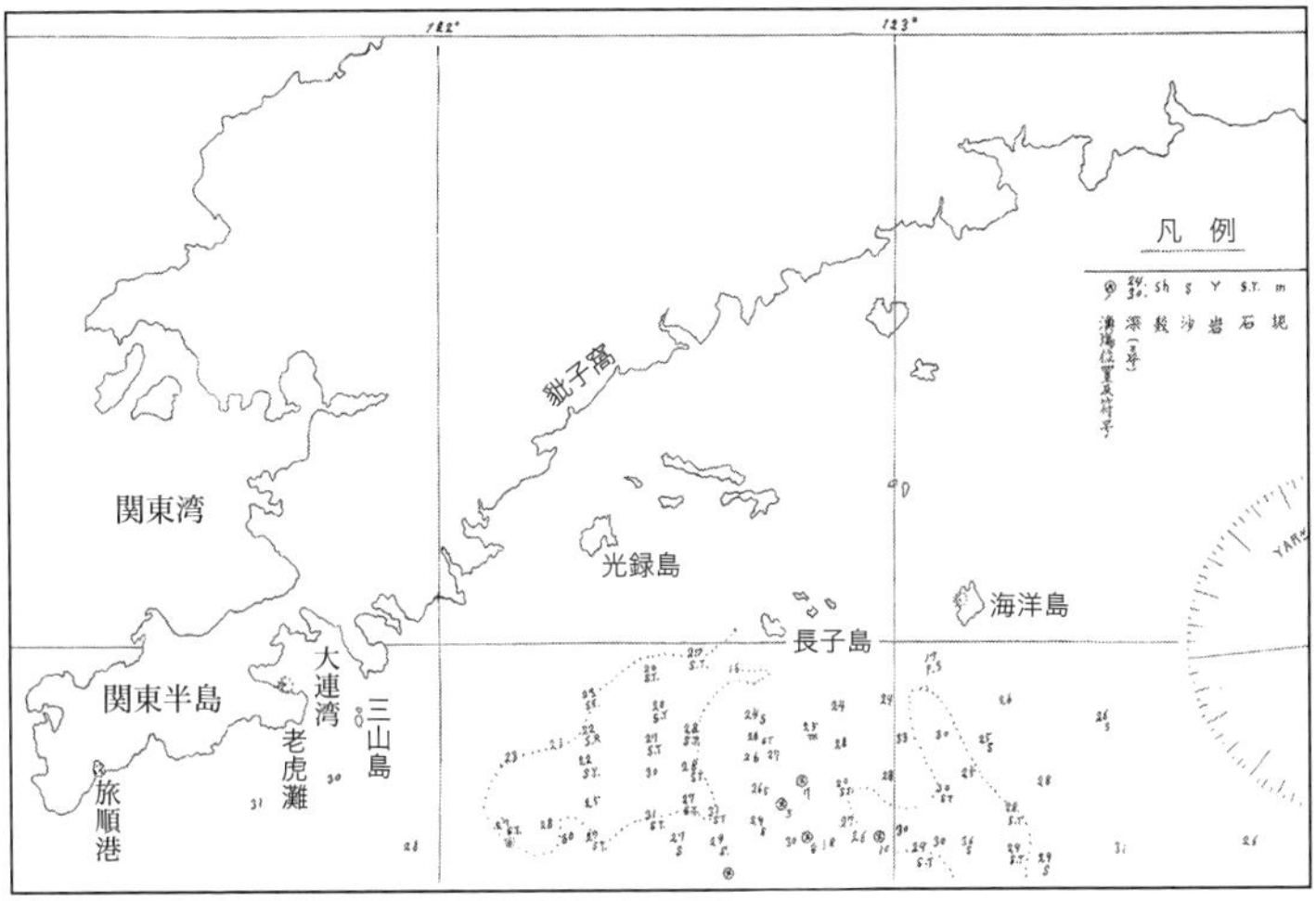

図 52　黄海鱈漁場（「大正貳年度関東州鱈漁業試験漁場図」. 文字の一部を打ち替えた）

鱈縄飼料として、その優劣をみると、鰈が最も良好で、蛸はきわめて劣る。烏賊は鰮同様で鱈が好む飼料であるが、鰈に比べれば劣る。現地に出た場合は、鰈を釣って飼料を得ることが、値段の安い鱈の漁獲に重要である。

一〇、漁場

冬季、黄海の鱈漁場は次の二ヶ所になる。

第一は黄海北部の長子島附近と大連湾付近（図52）。

第二は山東半島沖合の山東高角附近と石島沖合付近。

一二月より二月上旬まで、鱈の軀は肥満で卵巣は成熟している。二月中旬過ぎから三月に入ると卵巣は萎縮している。このことから、この海に移動してきた鱈は、産卵が終わると南に移動していくことが分かる。

各漁場の中で石島沖合付近の海底は、二七尋から急に四〇尋まで傾斜する海棚区画で、二月には鱈漁船の多くがここに集まってくる。一月まで長子島附近で漁をしていた船がここに集まるのは、鱈の産卵行動に合わせ、肥満している個体を捕るために、産卵前の回遊を計算しての行動といえる。鱈は四月中には産卵を終えて外洋に移出する。

一一、昼縄と夜縄の比較

黄海沿海一帯は昼縄に鱈が多く懸かる。夜縄には鱝《エイ》が多い。

一二、成績

漁獲高は鱈が八二九六斤余（約五〇〇〇キロ）。鱝が五一五五斤余（約三一〇〇キロ）。金額合計は四六〇円七〇銭九厘となった。

以前から指摘されていたことであるが、黄海漁場が世界の鱈漁場と肩を並べることはない。本船のような米国式鱈縄漁船の成績をみても、オホーツク海方面で活躍する漁船を黄海に持ってきても、十分な漁獲は望めない。オホーツク海で活躍する鱈漁船は一〇〇から一七〇トン程度であり、これを冬季の休業中に黄海にもってきても、見合うだけの漁獲高を上げることは出来ないであろう。このことから、黄海の鱈漁業はオホーツク出漁漁船の冬季副業としては適当ではないと断ずる。

ただ、黄海は晩春から晩秋まで鯛を中心に漁業が盛んで、日本からも通漁している。この人たちが退去した冬季にも、多くの魚がいて捕っているのであるから、漁場としては重要である。

富山県水産講習所は鱈漁業が重要産業として、国内で屹立する礎を築いた。背景には北洋の鱈漁が中心としてあった。冬期間、故郷に戻って冬ごもりをしている北陸地方の漁夫たちに、別の海で鱈捕りをさせようとする熱心さの裏には、鱈製品が輸出品として順調に捌《さば》かれていた事実がある。当時の中国、朝鮮は干鱈を重要な保存食として使用し続けていたし、戦争で困窮するヨーロッパでも、保存食としての価値は高かった。

鱈の保存技術はヨーロッパ、特に北欧で盛んに製造されていた方法が雛形ではあるが、アメリカ式の保存法が日本での鱈製品に取り入れられた。

5　能登半島の鱈製品

富山県が鱈生産と漁場開拓に邁進したのは、鱈の有用性をふだんから強く認識していたからである。鱈肉だけを熱湯に入れ、ご飯代わりに煮て食べるなど、鱈を生活の中で利用し続けてきた文化がある。能登半島の西側、富山湾が深く落ち込んでいて、岸近くまで深海の鱈が接岸していたことはすでに記した。能登半島そのものが、鱈場を支える地形となっていたことが指摘できる。

鱈製品はここの人たちによって作られ続けてきた。棒鱈や開鱈は爆発的に捕れる冬に、寒風にさらして作っていた。世界的な戦争の時代、日本の鱈製品が輸出品として名乗りを上げる。欧米で大量に食べられている魚であること。大陸での消費が堅調なこと。保存が効く大型の魚であること。これらの要因が揃った鱈は、その品質さえ整えば、輸出品となることは分かっていた。

問題は、諸外国での食べ方に沿った製品を作ることであった。それが鮮明になったのが、明治から大正に移る時代のことであった。戦争の火種が世界各地にくすぶる時代である。

石川県水産試験場が率先して取り組んだのが、アメリカと中国への輸出品を作ることであった。日本の伝統的鱈製品は乾鱈として次の五つが作られていた。掛鱈（柴魚）、開鱈、棒鱈、開乾鯱、丸乾鯱である。これらは保存が効き、他の地域へ移出する製品として品質の均一化が図られてきていた。棒鱈は凍結乾燥保存、塩鱈は塩蔵保存で作られてきた。佐渡のカタセは内臓を取って塩水で洗った後乾燥させて保存する。製品は救荒食品として生活に位置づけられた。塩で腐食を防ぎ、乾燥によって保存を確実にした。

乾燥が完全に行われる北地の鱈は、北陸地方を中心とする本土での鱈乾燥保存の見本であった。鱈の凍結乾燥（フリーズ・ドライ）は鱈を寒気にさらして凍結させると、細胞組織から凍った水分が滲み出て放出され、乾燥する。水分が除去されて保存が効くようになる。北地では、夜間の凍結と昼の乾燥を毎日繰り返すために、木の棒のように固まった棒鱈が出来上がる。

ところが、能登半島では凍結乾燥が、寒気の緩みなどに左右されて、北地のように完全にならないことが多く、棒鱈の品質は下がった。樺太やカムチャツカ沖で鱈漁業が確立してくる明治後期に、膨大な漁獲に恵まれる鱈は、加工して清国や米国に輸出しようとする動きが本格化していたことが記録されている。この動きを先導したのが水産行政である。石川県水産試験場報告には、明治四三年当時の鱈加工試験と清国への輸出についての詳しい記録が残されている。樺太やカムチャツカで水揚げされる鱈の加工には米国式の加工が施された。北地での技術が優れていたことと、日本での鱈製品の技術が清国では広く認知されていなかったという背景があったという(11)。

米国式鱈製造　カムチャツカ及び樺太沿海で捕られた鱈の塩蔵品や乾製品の多くは清国に輸出されている。この製品の作り方は、米国式と呼ばれるものである。

頭部を切除して腹を開く。脊椎骨の尾端一から二寸を残して除骨する。これを塩蔵のまま出荷するものが開塩鱈となり、乾燥させたものが開鱈である。

明治四五年頃には、鱈を腹開きとすると、製品の両端が腹部の最も薄い肉層を表し、外観が貧相にみえることから、頭部を除去した後に背開きとして背骨を除去して製造する方法が採られるようになってきた。米国式鱈製品はストック・フィッシュとして塩乾鱈や干鱈としてきたが、これにはラウンドとよばれ、頭部と内蔵を除去した状態の鱈を尾鰭で二尾結束して棹に乾して丸のまま乾燥させるものと、スプリットと呼ばれ、頭部と内臓を除去した後、縦に割裁して背骨も取り除いて乾したものに分けられる。どちらも米国式では頭部を除去する。ところが清国では頭部がないと価値が下がる。そこで、頭部をつけた米国式鱈製品を能登半島で作ることになる。

能登半島での加工には困難がともなった。冬の気候が多湿すぎることと、寒気が時に緩むことで乾燥が均一に進まないことであった。この地の鱈漁期は一二月下旬から二月下旬まで。そこで終漁期に近い鱈を三月中旬の寒冷期間に清国の市場に送れば、腐敗の危険も少ないと判断された。しかも、乾製品としてでなく塩蔵品として塩による保存も追加すれば製品としては信頼性が高まる。

鱈製品にするまでの調理法を抄録する。捕れたばかりの鱈を使う。細長包丁を口から入れ、鰓《えら》の上下附着点を切り離す。切開後、ここから内臓を除去するようにしている。この後、後頭部から尾端に達するまで背開きに包丁を入れ、内臓を除去する。内臓は鰓部分と連結したまま取り除くのがよい。この際、肝臓、真子（卵巣）等は別々の容器に移しておく。肝臓は肝油の原料となるし、真子は塩蔵にしたり、生で食べるためである。次に頭部の眼球など腐敗しやすい部分を取り除き、眼球辺から肛門までの間の脊椎骨下に包丁目を入れて、食塩が浸透しやすいようにする。これらの調理が終わったらすぐに洗浄に入る。洗浄は製品の善し悪しを決定することが多く、これが不完全であると赤変する。原料は滞りなく海水を盛った桶に入れ、竹ささらで脊椎骨間の血管を取り除いて腹腔黒膜を完全に取り除く。そして、肉部についている細かい血管を除去する。この際は、新しい海水を盛った桶に浸して晒しながら行う。この後、水切りをして塩蔵に取りかかる。

水切りした原料は頭部と脊椎骨下切れ目に十分注意して塩を加え、肉部を上向きにして塩蔵場に敷いた莚《むしろ》の上に並べ、積み重ねていく。高さ四尺の山に積まれたら別の山を作る。一山は同じ日に作ることが肝要である。このように山となった塩蔵品は五日間そのままにしておく。手返しは裏返しにすることであるが、各山の上部の原料を下層にし、最初の二層は肉肌を上面として、それ以上は肉肌を下面にして積み重ねていく。塩の量は原料五二尾程度で二九貫に対し、三二斤の塩が適量である。手返し後、五日ほどで製品となる。

塩蔵は桶で行うと、水分が溜まり、腐敗の怖れがあるため、滲出した液が流れ去る状態で行う。このような塩蔵法は、北洋鮭・鱒漁場での鮭加工でも用いられている。

この製品を明治四三年には上海で試売している。建莚を使って正味一〇〇斤（六〇キロ）の俵にする。俵の中央に合塩を入れ、互いに尾部を交差させて積み重ね、莚の両端を重ね合わせて二ヶ所を結束する。

製造総数は四七九一尾で、重さ二六五六貫（九九〇〇キロ）である。これを前述の正味一〇〇斤つまり一六貫目の俵に荷造りして八八俵を二月二八日に出荷した。

清国での塩鱈需要は、古来から習慣として塩鱈も乾鱈も広く一般に普及している。その産地は黄海と渤海を中心としている。塩鱈は秋季から春季までの間需要が高く、乾鱈は夏季に多く消費される。棒鱈は主に広東方面で需要が高い。上海を中心に塩鱈の需要の高いところは杭州方面、寧波方面、上海付近一帯に分けられる。それぞれの特色を記す。

・杭州方面　一昼夜水に浸して塩抜きをし、適当な大きさに切って豚肉とともに煮熟して食膳に供する。

・寧波方面　適当な大きさに切って、野菜、筍類と共に平鉢に盛り、飯の沸騰した後、その上に井桁の枠を設けて平鉢を乗せ、蓋を被せて飯を煮る熱で蒸煮して食事に供する。

・上海付近　多少塩抜きをして、青菜とともに煮熟して食べる。

塩魚は調理法が簡単で、調味料としての塩が醤油の代用となるため、中流以下の家庭で消費される傾向がある。一方の乾鱈は上流社会に相当使われている。

夏季、中国人は食事に注意を払い、なるべく淡泊なものを十分煮熟して食べる習慣がある。そして、冬季間は乾魚を多く消費する。乾物は素乾を貴ぶ。本来、中国は官塩制度を採っていて、塩魚はその含む塩を尊ぶ意味もあって需要があり、塩の強い製品を歓迎するとされていた。

古来から鱈の需要は棒鱈が主体であった。ところが、塩乾開鱈の輸入が始まった一九〇〇年頃から開塩鱈が一気に好まれるようになっている。この開塩鱈は明治四二年、米国式無頭無骨鱈の試売を始めてから輸入が急増した。もともと清国の習慣に重きを置いて無頭式は受け入れられないとしていたが、事実は予想に反して無頭式が席巻するまでになっている。明治四四年九月から大正二年四月までの輸入量

表5　清国における明治44年9月から大正2年4月までの輸入量の推移

	米国式開塩鱈（スプリット）	朝鮮産有頭塩鱈	朝鮮式有頭鱈	米国式乾鱈（ラウンド）	開乾鯱（カタセ）
明治44年9月～45年4月まで	7000	1500	—	5000	—
大正元年9月～2年4月まで	9000	—	6000	—	1200

単位：擔（たん）。1擔は100斤で60 kg

の推移は表5のようになっている。

このように、新しく清国が輸入する塩鱈の需要は大きく、有望な市場と捉えられた。従来、中国人が好む塩魚は、塩鱒が中心とされていたという。ところが、米国式塩鱈の需要が広がり始めたのが、明治末の状況であった。

樺太の鱈　樺太は鱈の好漁場を沿海部に控え、水産資源の豊かなところであった。ここでの鱈場開発には越中衆（越中組）が挑み、成功していった。出身地のつながりを大切にして、持ち込んだ越中川崎船が沖の鱈場を駆けた。

『樺太日日新聞』の大正六年（一九一七）六月一日の記事に、米国式乾鱈が有望な輸出品となりうることを記した記事がある。

本斗を根拠に野田寒・武意泊間（西海岸）で漁獲した鱈を原料として大正六年から米国に輸出するための鱈製品加工が行われた。ロシア領の時代から樺太では鱈が食べられていたが、明治四〇、四一年に魚群が深い場所に移って不漁となる。ところが大正元年にかけて大漁に恵まれるようになり、八三万六〇〇〇束（一〇尾＝一束）もの水揚げを成就する。

本年より米国向き輸出品たるストック・フィッシュの製造開始。（中略）該ストック・フィッシュとはある乾燥法に依りて真鱈を乾燥する一種の乾鱈にして米国輸出向きとして頗る好望なる前途を有するもの（中略）。本島の鱈漁由来、全沿岸鱈主産地として単に日本に於てのみならず世界に於ても誇るに足るべき好漁場なるに未だ其漁撈は西海岸の一部に限られる状態にして其漁獲少く年額僅かに百万円に達するのみ元より我が極北の一島にして然も其一海岸の漁獲が年額百万円に達すと云わば其盛況を偲ぶに足るが如き（中略）。鱈が下等魚として魚粕に製造され或は食用に供せらるるも粗悪な乾鱈として僅かに内地又は支那市場に移輸出せらるるに過ぎざるが……（後略）、世界が需要を見るに頗る広大にして有望なるものあり故、鱈の輸出問題は本島にとりて極めて緊要なる重大問題なりとなす。（中略）偶々欧洲戦乱突発し其為鱈主産地として広く欧米に其生産を供給し居たる。交戦国の需要激増と海運の不安船舶の欠乏等の為南北米其他に対し供給伴わざるの状態を呈すに至りたるは本島にとりて実に乗すべきの最好機にして本島に是非此機会に於て多年の懸案たる鱈輸出問題を解決せざるべからず依りて農商務省に諮りて種々尽策するところあり。（中略）本島は気候と云い、鱈の質と云い頗るストック・フィッシュの製造に適せるを明になす。某氏に之の望みを嘱し恰も亜米利加に於て同魚の製造の実地従事して経験を積める田中仁吉氏が野田寒《のださむ》に於て製造試験を開始し居りしを以て茲に我が国に対する最初の同魚製造を試み米国市場に試売するところ予期の如く好成績を挙げ得たり。

事業の経過

これ昨年の事にして茲に本島のストック・フィッシュ製造が初めて前途に望みを有する事実となりたる。（中略）大北漁業商会を組織し本春より大規模の下に再び製造試験に着手する事となり野田寒以南武意泊《むいとまり》迄の漁獲を原料に買入れ本斗を根拠地とて製造を開始する次第にして既に其製造を終り米国市場へ出すの準備を急ぎ居れる。

有望なる前途

前述の如く本島が鱒漁場として世界に誇るの地位を占め居り魚族の質気候共に同魚製造に好適なるより見るも将た又其需要が世界的にして活躍の好季に際会し居るより見るも前途頗る有望にて世界の舞台に名声を博するの日は必ずや遠き将来にあらざるべし只此際最も恐るるところは徒らに有望に駆らるる模倣者続出し粗製濫造の弊に陥り為に折角此機に乗じて販路を開拓し名声を博さんとする同事業を中途挫折せしむるなきやの一事にして本島水産界の前途の為特に之を誡め其堅実なる発達を助成せざるべからず元より同魚の製造法は技術と経験とを要し容易に模倣し得ざるものあるべしと雖もこれをして粗製濫造の弊に陥る事なく健全なる発達を遂げしめんが為には厳重なる製品検査を行うの要もあるべく如何にしても之を成功せしめたり《ママ》ものなり云々と……。

樺太庁（樺太行政の庁）がまとめた『樺太庁施政三〇年史』にもこのことが記されている。(12)

大正六年頃より鱒製品の販路が欧米へ開けて、輸出製品の名声が一時に揚がった為、之を目的とする会社の新設を見、又既設の水産会社の之を兼業するもの続出し益々活況を呈した。大正九年以降は、欧米市場の変動と一般経済界の不況とによって其の事業が縮小せられ、欧米輸出向け製品の製造は殆ど休止された。（中略）大正一五年頃より再び活況に向かったが、昭和四年以降は漸次減少し、（後略）

大正三年から七年の間は、欧州での世界大戦や混乱で食糧需給が急迫している時である。日本のシベリア出兵なども重なり、戦時食として鱈に脚光が浴びた時期である。「欧洲戦乱突発し其為鱈主産地として広く欧米に其生産を供給し居たる。交戦国の需要激増と海運の不安船舶の欠乏等の為南北米其他に対し供給伴わざるの状態を呈するに至りたるは本島にとりて実に乗すべきの最好機」として、戦争特需が米国式鱈製品ストック・フィッシュの生産につながった。

戦争がひとたび起こると、生存を確保する食糧問題が大きくのしかかる。兵士も住民も食べ物の確保に奔走しなければならない。乾鱈や塩鱈は、真っ先に戦時食の位置づけを与えられた。

明治四三年、能登半島の鱈を七尾で加工して清国での販売に道をつけた石川県水産試験場は、樺太や北海道での米国式鱈製品の需要増大が米国向けであることを踏まえ、中国への輸出製品の品質向上に努めていた。大正八年にはストック・フィッシュの製造向上に力を注いでいる。

能登半島内湾沿岸では、大正初期に毎年数十万円もの漁獲がある鱈のほとんどを生食として売り捌いていた。生鱈は県外に移出されて蒲鉾の原料となるものが二〇万尾に及んでいる。一方、保存法としては塩乾と塩漬けくらいしかなく、輸出品としての米国式鱈製品の製造は鱈の資源を無駄にしないで地元の経済環境を向上させる大切な手段と捉えられた。戦争の食糧問題を背後から支える行政の動きは鱈に及んでいた。

毎年繰り返される米国式鱈製品の製造試験は、大正八年の時点では製造過程の廃棄物を減らし、より高度な製品を作ることに注がれている。

表6　ストック・フィッシュの歩留まり

	原　料	胴　体	製　品	売却時
ラウンド	100	53.4	12.8	11.1
		100	24.0	20.8
スプリット	100	49.8	9.3	9.1
		100	18.9	18.3
開塩乾鱈	100	52.3	17.6	16.8
		100	33.7	32.1

単位：%

ストック・フィッシュに絞って製造する過程で、塩乾鱈、燻卵、頭搾粕肥料、蒲鉾等の利用にも着手している。資源を余すところなく利用しようとする。ストック・フィッシュはラウンドとスプリットに分けられ、いずれも米国式鱈製品製造であるが、米国本国での需要の高まりがあって、輸出品とすることが目標とされている。

ラウンドもスプリットも鱈は目の下から尾柄《おがら》（尾のつけ根）までの長さ一尺四寸以上の鱈を選んで原料とする。塩乾鱈は米国式無骨開鱈乾製であるが、ストック・フィッシュに使われた鱈より小型の一尺四寸以下のものを使って作る。

スプリットは頭と内臓を除去した後、胴肉を縦に二つ割りにし背骨の大部分を除去して乾燥させる。これに使われる鱈は一尺四寸以上のものを選ぶ。

燻卵はストック・フィッシュの製造過程で大量に出る卵を原料とする。そして、搾粕肥料は製造過程で出る残り物を使う。従来は生のまま頭部などを肥料として捌いていたが、これを副産の搾り粕の肥料として販売しようとするものである。

ラウンド、スプリット、そして頭部を除いた日本の開塩乾鱈の出来具合は歩合で把握された。原料を一〇〇としての割合で示されたものを記す（表6）。

開塩乾鱈は身を焙《あぶ》ればほどける鱈の性質がお茶漬けに合い、農作業に多忙な各地で重宝された。焙ると塩が噴き出す製品は、山仕事など汗をともなう重労働の食としても認知された。

米国式鱈製品の製造と輸出販売は、戦争にともなう外国での需要逼迫が背景にあり、製品を米国式に合わせた日本の行政や漁業者の努力で普及していった。本来、日本での鱈製品加工は米国式にこだわる必要などなかったはずだが。

注

（1）豊田穣『北洋の開拓者——郡司成忠大尉の挑戦』（講談社、一九九四年）。占守島は太平洋戦争終結後にソ連軍が上陸した激戦地として認知されている。資料も多く出されているが、この島を拓殖の場所として捉えた郡司の慧眼は強調しなければならない。戦場となったのも、鱈をはじめとする水産資源の豊かさが背景にある。池田誠『北千島占守島の五十年』（国書刊行会、一九九七年）。

（2）郡司成忠「千島拓殖演説」（国立国会図書館所蔵）。

（3）郡司成忠『千島探検誌』一、二、三（私家本）。巻末に「乞御閲覧、松岡康毅殿、金子堅太郎殿。郡司成忠」とあり、千島へ調査越冬の実態をありのままに記した記録として、明治二六年に本人の筆で記録されている。全三冊。

（4）平本紀久雄「小高熹郎と館山の水産業」（NPO安房文化遺産フォーラム、二〇〇六年、安房博物館）。

（5）今西一、中谷三男『明太子開発史——そのルーツを探る』（成山堂書店、二〇〇八年）三九頁。明太子の歴史を朝鮮半島と博多で活躍した人たちの足跡を当時の資料を駆使して記した博物誌である。取り上げた資料は多岐にわたるが、鱇漁業の朝鮮半島での推移などが触れられている。

（6）朝鮮総督府『朝鮮要覧』（大正一四年版、一九二五年）三〇五頁。

(7) 同前書、三〇七から三〇九頁。
(8) 柳田國男『定本柳田國男集第二巻』(筑摩書房、一九六八年)一九六頁。
(9)「富山県水産講習所設立趣意書」所収。
(10)「明治四五年富山県水産講習所業務報告」所収。
(11)「明治四四年石川県水産試験場業務報告」所収。「大正八年石川県水産試験場業務報告」所収。
(12) 樺太庁『樺太庁施政三〇年史』(一九三六年)三三五頁。

第五章　鱈の食文化

戦争などで生存のままならない苦しい時に人を養ってくれた魚、鱈を下等な食品と考える人たちがいる。戦後の食糧難時代に大量に出回った鱈の独特のアンモニア臭を覚えている人たちである。世話になった食品を疎《うと》んじることに、ままならぬ人の性《さが》をみる。当時、人を養うために大量に捕れていた鱈が配給品として使われた。

今は捕れなくなった鱈に対し、何ら関心を示さない人の世の非情さは人の生存の持続を危うくする。世話になった食べ物を粗末に扱う風潮は社会の安寧を妨げる。北洋に湧くように存在していた魚を食べ尽くしつつある人類。現状は深刻である。鱈の評価を一方的におとしめた世の思潮の背後に何があるのか。鱈の食文化を追究することで一筋の展望を開きたい。

応仁の乱の頃から武家に認知され広がった鱈の食習は、武士の世となった江戸時代に盛りを迎える。近世、『本朝食鑑』を著した人見必大は鱈を次のように記録した。

孟冬《ふゆのはじめ》には開炉《ろびらき》の茗会《ちゃかい》の際に、京師《きょうと》・江都《えど》では新奇を好み（懐石料理に使い）、あるいは冠婚大饗の餽《おくりもの》として、これを平魚《たい》に劣らず賞している。

冠婚大饗の際の餽《き》は、本来が神への贈り物を意味した。冠婚大饗に鱈料理が出されたのである。後には料理の饗宴の代わりに棒鱈を供えることになり、最終的に餽は行事の際のなくてはならない食材の鱈として日本各地に残った。

「棒鱈まつり」と呼ばれる行事がある。必ず鱈を食べなければならなかったことの名残として、命名された。貴重な魚が行事を代表するまでに尊ばれたのは、『本朝食鑑』の記述の背後にある、日本人の鱈に対する潜在的思潮が表に出たものと考えられる。節に供える餽の魚としての鱈である。

鱈が保存食としての価値が最も高い魚であったこと。飢饉によっていつ人がその生を脅かされるか分からない社会にあっては、台所の梁に掛けてある棒鱈は福の神であったこと。

また一つに、鱈は塩漬けにしても棒鱈にしても、実に味わいのある肴であったことが挙げられる。鱈の身をほぐした茶漬けを食べれば、その味のとりこになる人がいる。

鱈製品は乾燥を主体に保存食としての価値が最も発揮された肴であるが、そのことが、多くの加工品や料理をはぐくみ、豊かな食文化を形成していった。

1　武家の鱈料理

近世尾張家の側近に茶屋家がある。家康公以来、徳川家と昵懇《じっこん》であった茶屋家に寛文四年（一六六四）一月二二日、二代光友公（法名、瑞龍院）が訪問した。この時の記録が「瑞龍院様御成之記録」と

して残されている。(1)

光友公が江戸にいた際、お側仕えしている茶屋家の新四郎に、一〇月になったら訪ねる旨を伝えた。尾張に戻って、一〇月一一日には瑞龍院に御成の日取りを選んでもらい、書面を持って城にあがり、老中から殿様に取り次いで許可をもらっている。一二日には御城で老中のお披露目によって殿様に御礼を述べ、一九日、御台所頭衆、御賄頭衆が来て献立が決まる。この際には実際に料理を試食している。

このようにして当日を迎えるが、膳場や賄《まかな》い、料理人が集結して料理が出されていく。

一、御献立之写

十月廿二日之朝

【御本】

ももけ	くり	雁
くらげ	わさび	いてふ〔銀杏〕
たい	はしかみ	うど〔独活〕
ふりこ	きんかん	せり〔芹〕
さざい〔栄螺〕		えの木たけ

なます　　御汁

御香物

たまこ〔玉子〕

に物〔煮物〕　ミるくい〔海松貝〕

かわたけ
はい〔蛽〕　御食
ほうれい草〔ほうれん草〕
【御二】
焼物　真かつほ〔真魚鰹〕
御汁　生鱈
海鼠腸〔このわた〕　昆布
鯛
赤貝
杉焼　鳥
くわゐ〔慈姑〕
鮑
【御三】
鯉
さしみ（刺身）白魚
学鰹〔真鰹〕
久年母〔九年母〕　御汁　小菜
いり酒〔煎酒〕

しょうか酢〔生姜酢〕

御向

鮒　焼ひたし

御引物

一　焼鳥　鶚

一　かまほこ　はも〔鱧〕

御肴

一　いり鳥〔煎鳥〕鴨

一　たいらけ〔たいらぎ〕

一　酢たこ

御吸物

一　しらす〔白子〕

御取肴二種

御茶請

一　うつら焼

一　はすノ根〔蓮根〕

一　水くり〔水栗〕

御菓子

一　まんちう〔饅頭〕
一　やうかん〔羊羹〕
一　柿

後段

花かつほ〔花鰹〕　御蕎麦切り　からミ〔辛味〕
やきみそ〔焼味噌〕　しやうゆう〔醤油〕

御吸物

紅葉鮒

御肴

一　にかい〔煮貝〕
一　ミるくい〔海松貝〕
一　いか〔烏賊〕　しほさし

此外御取肴いろいろ十三種有

外ニ京より到来物
一　鮒鮨　一　生干鱈
一　みそ　いろいろ　一　かまほこ

これが一〇月二二日の饗応の席で出された料理の献立表である。お供をしてきた者たちにも出されている。供の者一〇〇名分と中間衆五〇人分が出されたという記録がある。供の者は二の膳まで記録されていることから、刺身以下は省略されたものと考えられる。中間衆は別の焼き物と煮物に菓子がつけられているだけである。

鱈は二の膳の御汁として出されている。注意を要するのは昆布とともに記録されていることである。昆布は蝦夷地からの供給が主体であり、鱈は「京より到来物」の中に生干鱈とあることから、京都方面からのものと考えられる。鱈を生の状態で乾燥させていたのが越前や若狭で捕れる鱈である。第一章で述べたように、当時の鱈は応仁の乱を境に武家に重宝され、捕られ始めていた越前鱈が京都を経由して広まっていたことが分かっている。太平洋側の尾張にまで流通していることは、その距離から考えると北陸地方からの供給とすることが最も確度の高い推測である。

なぜ無理をしてまで生鱈を入手したのか。ここには鱈が儀礼などで必要とされるようになっていた背景があることを見逃すわけにはいかない。このことが政《まつりごと》に関係する魚として重宝がられるようになる。

武家の正式なもてなし料理が豪奢であり、必要であれば京都からでも取り寄せるという姿から、儀礼としての食の意味合いがあったことを推量している。

後段の御吸物に紅葉鮒が出されている。これは繁殖期を迎えた鮒の腹部体色が紅葉色に染まることを意味し、卵がぎっしり詰まっている状態から、子孫繁栄などの願いを込めて出される食材である。鮒は儀礼の食によく使われているが、味の善し悪しよりは、子孫繁栄などの吉兆を意味して食べられていたことが分かっている。

中部地方山岳部では、鮒を焼いた状態で弁慶と呼ばれる藁の束に挿して正月にお吸い物として食べることが多かった。これも鮒の吉兆をいただく意味があり、鮒はいつでも腹に子を持つとされ、子孫や家の永続を願う意味があった。取肴に鮒鮨がある。鮒鮨はいつも腹にぎっしりと仔（卵）を充満させた状態で漬けられている。

二の膳にある生鱈と昆布の吸物の記録には、多くの意味合いが込められている。上杉謙信が小田原に贈った鱈と昆布の記録（第二章）でも、鱈と昆布が一式となって使われている。特に生鱈の場合、出汁《だし》が昆布というのは現在まで続く料理の伝統である。鱈ちりなどの鍋にしても、今も昆布出汁が使われる。お茶会の「孟冬には開炉の茗会《ちゃかい》の際に、京師《きょうと》・江都《えど》では新奇を好み（懐石料理に使い）」の記録のように、懐石料理は茶会での特別な儀礼であった。懐石料理に鱈と昆布が使われるようなったのは近世の初めであったと推量している。

文禄四年に秀吉が受けたもてなし料理の第三献に「鮓《すし》、干鱈、桶、鶴、御箸台……」の記録があり、干鱈が出されている。干鱈は既に武家の料理に取り入れられている。『本朝食鑑』に、干鱈は味が佳く、生鱈は味が佳くないことを記録しており、懐石料理でも干鱈を使った方が良さそうなものであると考えがちである。この疑問に応えるのが、『大草殿より相伝え聞書』の文言であろう。公家が生の鱈を料理して食べた記録である。

たらのやはらぐる事。先白水のたらをつけ、又それにゑのきの芽、又ゑのきのかはを入れてよく候。……やはらぎてたらのかはをはぎ、たらの腹にもやうじをつかひ、能々あらひ候て、きり様は厚さ五分程にわぎりにて、其後くろ物にいれて、さかしほをくはえ、塩を少入て一ふきにる也。料理の事は、たら一しゃくにはまぐりのみをわんのすゑのかさ一つ程、いかにもよくすりて、又かつほを一ふしの半分すりて(2)……

このように切った鱈を煮るときには、鰹《カツオ》で出汁を取ったり蛤《ハマグリ》や烏賊《イカ》を使っている。つまり、生の鱈は味が淡泊であることから、出汁が必要であることを説明しているのであろう。

都で知られていなかった北地の鱈を食べるのに、生の鱈の食べ方が分からなかったことが推量できる。永正元年(一五〇四)、京にいた公家の記録とされ、鱈一尺(本)に対して、どのくらいの出汁を何から取ればよいのか記している。その食に対する貪欲な姿勢に驚く。同書には昆布も既に記されているが、鱈を食べるのに昆布から出汁を取ることは記されていない。つまり、中世末の不安定な時代を経て、世の中が安定してくる頃から生の鱈を使った汁には昆布の出汁という慣習が成り立っていったものと推測できる。

元禄五年(一六九二)、井原西鶴作の浮世草子『世間胸算用』は、正月を迎える庶民の姿を描く。この中に、「長崎の餅柱」がある。庭にさいわい木という物を横渡しにして、

鰤、いりこ、串貝、雁、鴨、雉子、あるひは塩鯛、赤鰯、昆布、鱈、鰹、牛蒡、大根、三ヶ日につかふほどの料理のもの、此木につりさげて竈をにぎあはせ、……

正月に使う料理の食材が吊されているというのである。(3)

この記述からも鱈と昆布がともに描かれる。武家で大切に扱われていた鱈は、庶民の台所にまで浸透し始める。これが元禄の頃と考えられる。ただ、一七〇〇年代に入る頃から陸奥湾で捕られた生鱈が江戸にまで運ばれ、珍しがられた記録から考察できるのは、大店《おおだな》の正月料理に使われることはあっても、庶民に広く行き渡るものではなかったことは確かである。川路聖謨《としあきら》が『島根のすさみ』で、鱈が江戸では珍しいものであることを日記に記していることからも推測できる。

つまり、江戸時代の初期に大名や公家が食べていた鱈は、保存技術の向上と干鱈の日持ちの良さなどから、江戸時代後期には庶民にまで広まり、武家が尊ぶ肴としての地位が揺らいでいく。北地から江戸への流入が増えたことが背景にあるものと考えられる。

鱈は、その発見の歴史から、中世、若狭湾から京の都へ（第一章）、そして関西での武家や公家の文化隆盛にともなって広く周知化されてきたことを指摘してきた。

江戸に政治の中心が移っても、尾張家のもてなし料理に北陸からの移入と考えられる生鱈が取り寄せられ、茶会などでも懐石料理にして食べられた。

ところが、東廻り舟運で、蝦夷地からの物資が江戸に直接入り始めると、北地で捕れた鱈が流入し始め、庶民の肴としても食べられるようになっていったことが推量される。文化一二年（一八一五）小林一茶が「七番日記」で詠んだ俳句に「ゑぞ鱈」がある。江戸で蝦夷地の情勢を仄聞《そくぶん》した一茶が詠んだとされている（第六章）。この俳句から受ける感じは都の華美に対する田舎の鱈といった諧謔《かいぎゃく》であろう。これが一茶独特の作風として一茶個人の特性に帰せられるものなのか、それとも、江戸の当時の江戸庶民の粋がりで、鱈を低くみせようとする扱いだったのか、今は判断がつかない。

2　陣中食、戦闘食、保存食

武家の生活や戦《いくさ》の際に必ず登場してくる鱈は、非常時に役立つ特性を備えていた。保存食である。一九〇〇年の世界で戦争が頻発していた頃に日本でも作られるようになった米国式鱈製品（ラウンドやスプリット）を除くと、日本社会で作り続けてきた鱈製品はそれぞれ特徴がある。

乾鱈
- 掛鱈（柴魚）
- 開鱈
- 棒鱈
- 開乾鯳
- 丸乾鯳

掛鱈・開鱈（・棒鱈）→ 真鱈製品（北海道、東北地方の産）

棒鱈・開乾鯳・丸乾鯳 → 鯳製品（かつては越後、佐渡、越中の産。現在は北海道産）

掛鱈　これを棒鱈とも呼び、鯳の棒鱈と混同することがある。真鱈の棒鱈である。北海道高島や増毛、茅部産を優品とした。鱈の腹を割き、白子、鮞《はららご》（真子）、肝臓を取り除き、さらに背割りにして二つにする。ここで、頭、鰓《ひれ》、残りの内臓を取り除いてよく洗い、棹に吊して干す。雨や雪にさらされる外庭の棚で、三〇日間昼夜外気にさらす。完全に乾いたところで二〇尾前後重さ二貫五〇〇目（九・四キロ）くらいにまとめて一束とする。三種類の製品があり、「骨つき」は背骨のついた状態のもの。「裾骨」は肩から中央までの骨を除いたもの。「身欠」は骨を完全に取り除いたものを指す。

開鱈　干鱈（ひだら）とされるものである。新鮮な鱈を頭から尾まで背割りし、鰓、真子、白子、肝臓などを取り去り、血汁粘膜などを洗い、開いた状態の一枚ずつを並べ一〇〇枚に二斗五升から三斗の割合で塩を振る。縦横に積み重ねて五日置く。この後、淡水でよく洗い、干し場に移して、簾《すだれ》の上に広げて干す。雨雪を防ぎ、夜間は蔵に入れて昼間に干す。一五日くらいで製品となる。

柳田國男は日記『北國紀行』の「越後へ」で、庄内県境から山道を鶴岡に抜ける記録（明治四〇年六月六日、東田川郡廣瀬村）を記している。「鱈のカギというもの、干鱈を作った残物、北海道から庄内へ多量」に来ることを記し、「冬季貧農の食物で価至って廉なり」と語っている。この干鱈は乾鱈と同じと考えやすいのであるが、乾鱈は乾燥させる鱈製品の総称である。干鱈は、開鱈の中でも、頭と鰓を取って背開きにしたものを塩漬けにして後、乾かす製品である（図53右上）。

棒鱈　真鱈を丸乾鱈にしたものである。喉を切り裂き、鰓、肝、鰤、白子、肝臓などを取り出し、一〇〇尾に二斗五升の塩を振って塩漬けにして蔵に二〇日間置く。この後、二尾一縄でつなぎ、納屋に干して乾燥させる。雨露に当てない状態で干上がるまで乾燥させる。出来上がった棒鱈は一〇尾で一丸としてまとめて出荷する（図53左）。

丸乾鯱　真鱈の棒鱈とされるものと混同されるが、明太魚の丸干しはやはり棒鱈の名称で流通している（図53右中）。むしろ、真鱈が捕れない現在では、真鱈の棒鱈そのものの流通がなく、棒鱈といえば鯱の丸干しということになる。腹を割いて臓腑を出し、後頭部を貫いて棒に刺し、二〇尾で一連として干す（図53右下）。

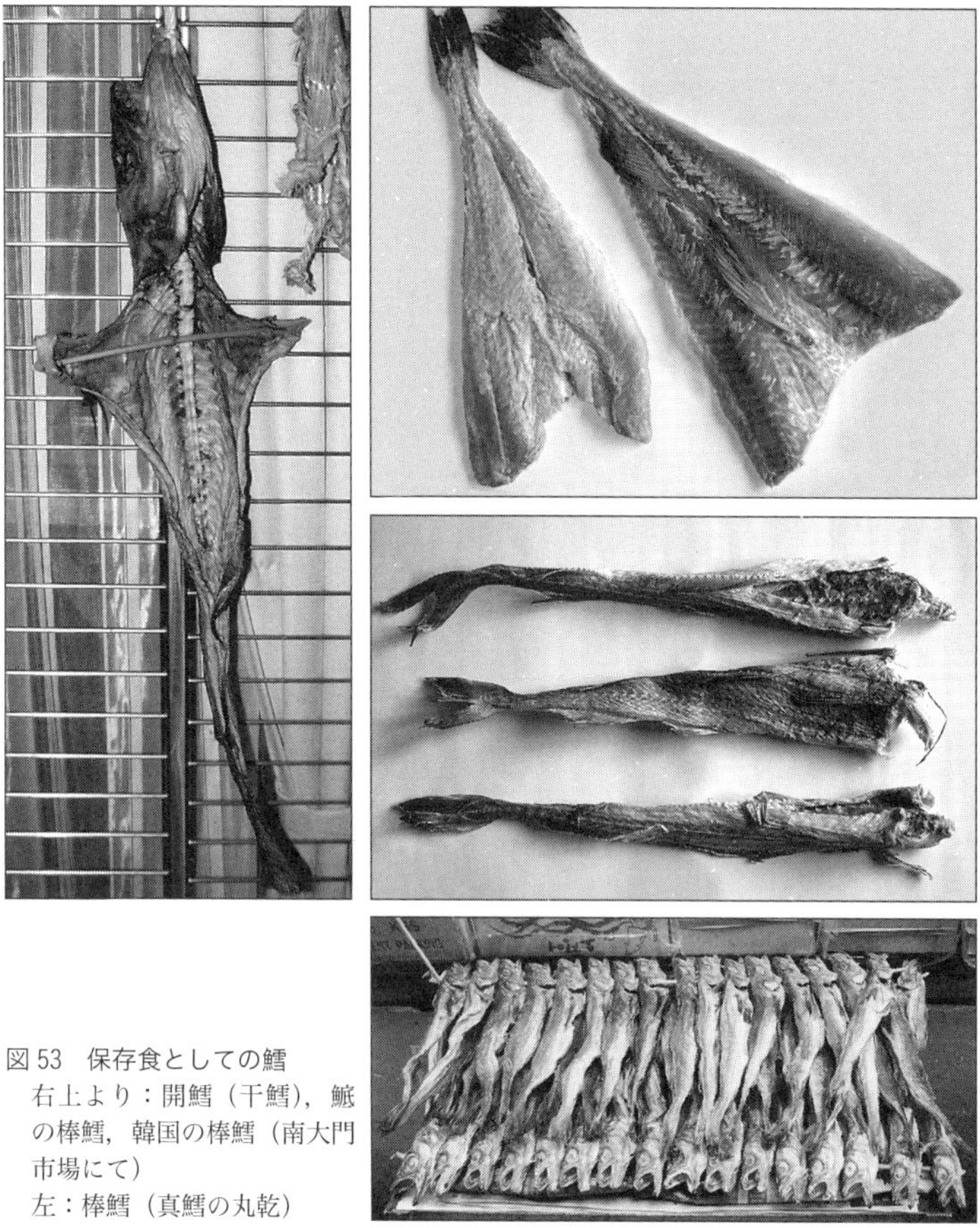

図 53　保存食としての鱈
右上より：開鱈（干鱈），鯳の棒鱈，韓国の棒鱈（南大門市場にて）
左：棒鱈（真鱈の丸乾）

開乾鯳　鯳を頭から尾までよく洗って背開きにし、三〇〇尾に塩三斗四升の割合で漬け、一～二昼夜の後、洗浄して簾に並べて干す。裏返しながら数日間干し、乾し上がったら四〇〇尾を一個として藁に包み、出荷する。佐渡のカタセと呼ばれる製品がこれに当たり、佐渡では近世初めから作られてきた。古い潮汁を毎年使って干すために独特の臭気がある。カタセはかなり塩辛いものであるが、救荒の食糧としても価値が高く、佐渡金山の肉体労働者にも出されたとされる。汗が噴き出す労働には、必要な食品であった。

欧米の乾鱈　北米、ニューファンドランド島の乾鱈は腹を割いて臓腑を取り、頭を切り取って背骨を魚の左身につけて開腹し、背骨の半分を切り取る。そして塩漬けにして二昼夜置く。この後、水洗いして一昼夜水を切り、乾し場に出す。日中は腹を外に向け、夜間は裏返して露を防ぐ。一週間の後に集め、屋内に積み重ねて一週間置く。再び一週間外で干してまた屋内に入れて一週間重ね置く。前後六週間で完成した品を径二尺五寸の樽に入れ、二二八対を詰め込んで圧搾機に掛けた後、蓋をして出荷する。

また、無骨圧搾鱈という製品が大正末に米国で作られた。鱈を腹開きして頭と骨の食べられない部分をすべて取り去る。これを桶に入れて、塩を加え、飽和塩の中で半年間漬け込む。適宜取り出して簾の上で乾燥させ、肉の弾力がなくならない程度になったら五寸幅二寸五分ずつ裁断して圧搾機に掛け、製品とする。

この方法はラウンドやスプリットと異なり、樽に詰めて出荷されて、すぐに食膳に載せられるものとして開発されている。サンドイッチやサラダに使われたのである。

このように、鱈は保存を目的とすれば、乾燥の徹底で製品が出来る。しかも、フリーズ・ドライ（凍結乾燥）の方法が最も効果的であり、北地での凍結と乾燥の繰り返しは独自の保存食を作った。食べるときには水に戻せば再び細胞に水分が満ちて旨味は残る。

素早くおいしく食べるのであれば、乾燥の工程を減らせば味のよいものが得られる。鱈は優れた食材なのである。

実戦の食として重用された鱈の伝承は口碑に留まっている。第二次世界大戦では欧州が戦場となったことから、北海の鱈が大量に供給されて鱈資源が一気に減ったとされている。戦争と鱈はその保存性と塩の供給、味覚において、他の食材より優れていた。

日本でも戦国時代の足軽がどのようなものを戦《いくさ》の時に食べていたのか。上杉の鱈の資料は支配者の奉納品としての昆布と鱈である。一般の兵については記録がない。当時の兵や徴用された者の日記でも出てくれれば分かるかも知れない。陣中食について、推測を重ねることは注意すべきである。

たとえば、御飯を保存するため、笹巻きにした握り飯を、灰汁《あく》で煮て保存を効かせていたとする口碑がある。上杉謙信の関東攻めに粽《ちまき》が陣中食として使われたという伝承もある。紐をつけた状態で腰に下げたものである。また、武田信玄の陣中食はホウトウであったという口碑もある。つまり、郷土料理として残されている食べ方には、保存が効くものが多く、これが戦と関わったとする。

確かに梅干し、芋がら、乾燥野菜や糒《ほしいい》、乾パンが使われていたことは推量できる。郷土料理はこれら、戦の保存食であろうがなかろうがその地で食べられてきたものであり、保存が少しでも効くものであれば戦に使われたと考える程度しか判然としない。

昭和一二年陸軍省がまとめた『軍隊調理法』という軍隊生活の食事献立をまとめた本がある(4)。

主食として、「米麦飯、栗飯、五目飯、油揚飯、大根飯、甘藷飯、肉飯、豆飯、小豆飯、福神漬混飯、強飯、萩餅、ちらしずし、蒸パン」を挙げる。

汁物は、「味噌汁、野菜汁、白菜豆麵《とうめん》汁、なびたし汁、おぼろ汁、豆腐汁、鱈昆布汁、葱鮪《ねぎま》汁、薩摩汁、卯の花汁、呉《ご》汁、粕汁、鯉こく、鰌《どじょう》汁、葛汁、のっぺい汁、けんちん汁、かき卵汁、豚すいとん、肉うどん汁、魚団《ぎょだん》汁、シチュー、三平汁、カレー汁、貝と味噌汁」としている。鱒と昆布は軍隊の食事でも相性はよかった。

煮物が「煮染《にし》め、筑前煮、肉味噌おでん、関東煮、むき身味噌、冬瓜《とうがん》のそぼろ掛け、カレー南蛮、旨煮、煮魚、切干大根煮込み、ひじきと大豆の煮込、北海煮、鮭缶肉煮込、魚麺、肉饂飩《うどん》、豆腐煮込、牛肉軟煮、卯の花炒め、卵とじ煮、粉吹き馬鈴薯、豚豆煮、小倉煮、豚味噌煮、鮭味噌煮、茄子油炒め、田楽、ふろ吹大根、吉野煮、雑集煮《ごったに》、豆腐葛煮、塩魚あんかけ、そぼろかけ、炒め豆腐、豚の揚げ煮、蒸焼肉、生魚卸煮、塩豚と白菜、牛缶煮菜びたし」である。

ここでは缶詰製品や塩魚が保存の効くものとして多用される。

焼物は、「塩焼、生魚山椒焼、生魚朝鮮焼、烏賊《いか》の醤油焼、焼き肉、照焼、味噌焼、内臓附け焼、生魚油焼、卵焼き（オムレツ）」揚物は、「生魚フライ、生魚空揚、空揚魚団子、カツレツ、コロッケー、天麩羅、精進揚、竜田揚、豚の空揚」。

和物は、「菜びたし（焼き物つけ合わせ）、ぬた、白和え、茄子紅葉和え（夏季献立）、酢味噌和え（夏季献立）、むき身おろし和え、茄子胡麻味噌和え（夏季献立）、酒馬鈴薯和え、白瓜酢味噌和え（夏季献立）、豆腐酢和え、胡麻和え（焼物つけ合わせ）、豚胡麻味噌和え、大豆卸和え、納豆大根卸和え、納豆葱和え、貝辛子和え」。

漬物には、「大根早漬、刻み漬、はりはり漬、胡瓜《きゅうり》漬、澤庵《たくあん》漬、菜漬、野菜早漬第一号、野菜早漬第二号、野菜早漬第三号、野菜早漬第四号、野菜早漬第五号、野菜早漬第六号」がある。

嘗め物（パン副食）は、「シロップ、甘藷ジャム、葱味噌バター、大豆粉クリーム、牛乳クリーム」である。

甘味品（加給品）は、「すいとん甘から煮、ドーナツ、流し羊羹、蒸羊羹、きんとん、汁粉」とされている。

ここまでは駐屯地で、栄養を考えた料理として提供されている。ところが、次の特別食は、戦闘などに出かけた際に持参する食事である。弁当とも記録されている。鱈が重用されている。

特別食として、「削節の佃煮、鰊甘露煮、鱈甘露煮、牛肉佃煮、金ぴら牛蒡《ごぼう》、鉄火味噌、黒豆硬煮、煮豆、きゃら蕗、するめ味噌、牛肉の時雨《しぐれ》煮、鱈時雨、刻みするめ照煮」である。

特別食も調理法（一人分）が載っている。それによると、鱈甘露煮は、三一四カロリーで蛋白質は四六・九二グラムである。調理は開鱈六〇グラム、醤油三五グラム、砂糖二〇グラム、水飴一〇グラム、生姜一グラムで作る。鱈は夏は二昼夜、冬は三昼夜水に戻し、水を替えながら柔らかくして三センチ角に切り揃える。これを醤油、砂糖、水飴、生姜の溶かした煮汁に入れ、水を少し足しながらどろどろになるまで煮続けて取り上げる。

鱈時雨は熱量二〇七カロリーで蛋白質が二〇・五三グラムとなっている。調理には鱈一五〇グラム、生姜一〇グラム、醤油三〇グラム、砂糖一〇グラムを使う。干鱈は一から二日前に、棒鱈は四から五日前に水に戻しておき、生姜、砂糖、醤油を煮込んでから鱈を輪切りにして入れ、煮込む。

薩摩汁（鹿児島）やのっぺい汁（新潟）など、郷土色豊かに編纂されているのも一つの注目点である。郷土料理が軍隊生活の中で選抜され、保存のきく携行食糧が戦闘時の食糧として使われるようになっていった筋道を辿ることが出来る。缶詰の鮭、干した牛肉、鱈の乾製品などが重用されていくようになる。フランスでの瓶詰めや缶詰の発明が、戦争を起点とすることが指摘されているが、保存食そのものは始めから戦に使われていたのである。保存に優れた鱈製品が重用されたのは当然のことである。

棒鱈のような凍結乾燥製品は冬の寒気が厳しい北地で作られてきた。平安時代の乾鮭（枯鮭）も同類である。蝦夷地から運ばれた乾鮭の記録は、『今昔物語』などに記されていて、「あやしきもの」との評価がなされている。『延喜式』には凍結乾燥製品がみられない。脯《ほ》として、魚や肉の乾燥品が御贄殿《にえでん》に入っている。脯しか知らなかった都の人たちに、凍結乾燥品の乾鮭が入って、「あやしきもの」が認知された。この後、近世になって鱈の凍結乾燥品が入った際には、認知されていた「あやしきもの」はそれほど抵抗なく人々に容認されたと考えている。

北の郷土がはぐくんだ鱈の郷土料理を俯瞰すると、鱈という魚の優れた特性がここでも浮かび上がる。

3　鱈の郷土料理

「鱈は捨てるところがない」という言葉は、鱈の産地で等しく語られる。鮭も鰤《ブリ》も、神に捧げる産地ではこのように語られる。

食べ方としては、生の状態、また軀の隅々までも食べ尽くす料理がある。このような料理がされる魚は、供犠との関わりが深く、人が神に祈る過程で取りなしてくれる生贄《いけにえ》の魚として扱われてきた歴史がある（第七章）。

鱈の軀は大きな口とこれを支える頭から真っ直ぐ腹に体の線が延び、くびれた尾から団扇《うちわ》のような鰭《ひれ》が広がる。人にたとえれば肥満体である（図54）。

ふくらんだその腹には人が食べる内臓が詰まっている。雌の場合は真子《まこ》と呼ばれる卵巣が、一尾につき二本、雄の場合はだだみとかきくと呼ばれる精巣がある。そして肥大した肝臓はきもとかたらわたと呼ばれて、珍重される。鯳の場合も同じであるが、鯳の卵巣は鱈子とか明太子《メンタイコ》と呼ばれる。

深海から釣り上げられると、口いっぱいに浮き袋が飛び出していて、腹を上にして漂流する。その姿はユーモラスである。

図54　水揚げ直後の鱈

鱈の郷土料理は、産地で作られるものが最上である。実際、保存した鱈製品（本章2）を除けば、産地での食べ方が郷土料理として伝えられている（二七六〜二七七頁表7）。

軀の生食　刺身とする。乾燥した昆布に刺身を置き、昆布締めとか昆布巻きにして食べることが多い。富山では昆布の間に刺身となる切り身を入れてしっかりと巻き、一昼夜、刺身の水分をしっかり取った上で、昆布の外側から輪切りにして刺身とする。昆布の味がにじみ、淡泊な味の鱈と合う料理である。金沢でも鱈の昆布締めは刺身を指す。中世に奉納された上杉の鱈には昆布がともなっていたが、昆布と鱈はここでも最上の組み合わせとなっている。北海道から東北地方の鱈の捕れる海沿いの村ではどこもこの食べ方がある。

鱈の身は一塩にすれば塩がにじみ、美味となる。この特性は味噌漬けにも応用され、焼き物では塩焼き、味噌漬けの焼き物などにされている。同時に青森では、糠《ぬか》漬け（塩をした糠に漬け込む）の鱈がある。秋田では「しょっつる」が作られている。鱈を塩に漬け込んで、発酵させて調味料とする魚醤のことである。秋田では鰰《ハタハタ》の「しょっつる」が有名であるが、金浦では、捕れた小型の鱈を捨てないで塩漬けにして魚醤を完成させた。

焼き物　福井県ではかがみ焼きという料理がある。新鮮な鱈を輪切りにして、味噌と醤油を混ぜたたれに漬ける。一昼夜漬けた後にこれを焼く。焼き鱈は生の鱈が手に入るところでは、どこでも作った料理で、一塩をして一昼夜置くだけで鱈の味がしまって焼き物となる。また、味噌漬けにしたものを焼くことも多い。

煮つけ、鍋料理　鱈の身は煮つけに合う。醤油と砂糖、みりんで煮る。味は淡泊で上品である。この淡泊さが鱈飯となった石川県七尾市鵜浦《うのうら》の例を宮本常一が記している。真冬、「鱈が捕れたぞ」の叫び声が上がると家の者が籠を持って走る。家族のものは歓声を上げる。


井戸端で魚を洗い、頭をはね、腸を出し、尾をとったものをザルに入れて台所へ持って来て煮えたぎっている鍋の中へ入れる。やがて煮え上がって来ると、母刀自《とじ》は鍋をおろし蓋をとり、輪切りにした魚から骨をとる。……新しい水を加えて、杓子で魚肉をつきくだくと米の御飯のようになる。それに適当な塩加減をして、もう一度さっと煮立てる。煮上がるとイロリの火を細くして、鍋の中から茶碗へ魚肉をもりわける。人びとは熱いのをフウフウ息をふきながら食べる。魚が古くてはこの味はない。だからタラがとれた夜だけタラ飯を食べたという。(5)

米の貴重な時代、鱈の肉をつき砕いて飯として食べるというのは、飯が食べられない貧困を連想するが、海辺では海から揚がるものを食べて、多くの人を養う伝統があった。貰い子として海辺の村に子供を預けた米の獲れない農村のことは記したが、海辺では、魚によって人が生きていくだけの食は確保できていた。鍋に入れて煮る行為は、最も原初的な魚の食べ方であろう。ロシア、オビ川下流域のカズィム村で御馳走になった魚は、丸ごと茹でられ、塩が載せてあるだけであった。

鍋料理の鱈はちり鍋として全国的に食べられている。特に冬の寒い時期の鍋となっている。白身魚と野菜の水炊きから始まったとされるが、出汁《だし》にはここでも昆布を使う。ちり鍋といえば、白身魚が鱈を意味する。

北海道には三平汁がある。鱈三平である。三平汁は昆布で出汁を取り、塩漬けした魚（鮭・鱒、鱈など）を入れて、ここに根菜類（馬鈴薯、玉葱、人参）で煮込む汁である。鱈汁の名称でも呼ばれるが、鱈三平には塩漬けにした鱈の旨味を引き出す料理の位置づけがある。鱈汁は昆布出汁を取ったところに生の鱈をぶつ切りにして入れるという違いがある。潮汁と呼ばれるものも鱈汁の変種である。

鱈の粕炊きは、三平汁を粕で味つけしたもので、寒い日などの御馳走とされる。粕炊きとも呼ばれる。(6)青森県では鰺ヶ沢に三平汁があり、北海道同様、鱈の産地では食べられている。同時に、じゃっぱ汁の本場である。

じゃっぱとは鱈の身をおろした後の頭、鰓、中骨、内臓（卵巣と精巣は除く）、鰭などを指し、味噌仕立てで汁にする。塩での味つけが三平、味噌の汁がじゃっぱとされる。じゃっぱをまとめて塩を振り、一時間ほどそのままにする。大鍋に出汁を取り、味噌を溶かして大根を煮始める。煮立ってきたら、じゃっぱを水切りして鍋に入れ、煮続ける。葱を加えて完成させ、皆で食する。[7]

津軽地方では正月の歳取り魚に鱈が使われる。師走九日の大黒様の日には鱈の一鰭《ひれ》が各家の神棚に供えられる。大晦日の歳取りにも同様に供え、膳には鱈料理がずらりと並ぶ。ここでも鱈の刺身（昆布巻き）や焼き魚のほかに鱈の粕炊きやじゃっぱ汁が作られる。

じゃっぱ汁と同じ作りをするのに呼び方が変わるのが秋田県である。どんがら汁という。じゃっぱのことを秋田から山形県にかけてはどんがらの名称となる。身を取った残りのがらという意味である。

飛島は鱈場を島の周りに保持する。料理も、新鮮な鱈を活用する。どんがら汁は寒鱈汁ともいい、昆布出汁を使い、大鍋で皆の分まで作る。煮つけや焼き魚にする身の部分を取った残りがどんがらで、飛島では出汁を取ったところにこれを一気に入れて煮立てる。灰汁《あく》を取りながら味噌と酒で味つけし、旨味を出すため、肝臓や精巣のだだみを入れて味をつけていく。この作り方が庄内地方では寒鱈汁（どんがら汁）の基準となっていることが推測され、鶴岡市内や由良の「寒鱈まつり」のじゃっぱ汁はすべて肝臓やだだみを入れた味噌汁として作られ、周知化されている。

納屋汁は船上の料理で、鱈をぶつ切りにして味噌汁にして食べる。

山形県までどんがら名称が残るが、新潟県より西の海域では、この名称がなくなる。新潟県から福井県にかけての鱈場の村で食べる鱈の味噌汁は、すべて鱈汁の名称で呼ばれる。

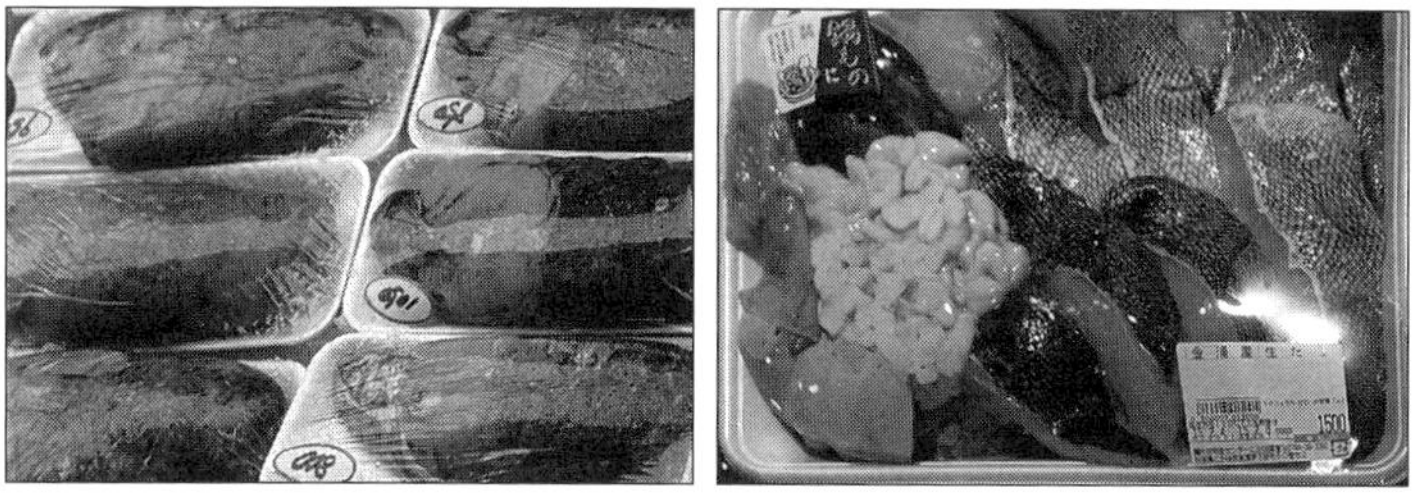

図55　食べ尽くされる鱈（右：金浦では，とれたての鱈が鍋物用として売られる．白い菊状のものがだだみと呼ばれる雄の精巣である．左：真鱈の真子）

石川県では「だら（ばか）の三杯汁」の言葉がある。馬鹿は何杯もお代わりするという諺から来たもので、それほどおいしいという意味である。骨についている鱈の身を楽しむより、頭や内臓から出る旨味が、段々増していくことをも意味している。大鍋で作って二日も食べ続ける頃には、出汁が最高に旨味を発揮するのである。能登半島の冬の味噌汁としても知られている。

真子　鱈の卵巣である。真鱈の雌には大きな甘藷ほどの卵巣が二本腹に入っている。鯳の卵巣（明太子）と違って拳大ほどにまでなる。この卵巣を真子《まこ》と呼ぶ。鱈場の村では真子が新鮮であることから、特別な食べ方がある。山形県の飛島や新潟県の粟島では、寒鱈が捕れると、真子を取り出し、丼にばらばらと絞り出す。ここに醤油と酒を六対四で入れ、かき混ぜて醤油漬けとする。生のまま御飯にかけて食べるのであるが、プチプチする食感を楽しむ。真子膾《なます》として、北海道まで食べられているが、捕れたての鱈が入手できるところに限られている。この食べ方は、鮭のイクラ醤油漬けと同様で、魚卵を新鮮な状態で生食する一つの文化と考えられる。ロシアにはこのような食べ方が広く普及していて、卵の鮮度が落ちそうになると岩塩を加えて塩漬けとして食べる。蝶鮫《チョウザメ》のキャビアや鮭のイクラと同じ食べ方である。

金沢の冬の料理に真子煮がある。鍋に出汁昆布を敷き、醤油、酒に水を加えて真子を入れてことこと煮る。砂糖を加えて甘辛くし味が染み込んだところで取り上げて輪切りにして食べる。福井県では真子の筒切りと呼ばれる品となる。鱈子煮とされているのが新潟県から秋田県にかけて広がる。

最近では、真子の子和《あ》えが知られるようになり、細切り大根を煮たところに真子をまぶして子和えとする料理が出ている。西洋料理と相性のよいことがこの料理を周知化させた一因と考えている。パスタに明太子や真子をまぶすことで子和えと同じ調理法が成立している。また、真子を甘辛く煮たものを寒天で固める寒天寄せが料亭で出されることがある。食材として、視覚にも訴える材料とされている。

真子を明太子のように塩漬けにすることがかつてはあった。しかし、一握りもある真子の塩漬けは、食べづらい。明太子に座を奪われていった。

能登には子つけという鱈料理がある。鱈の刺身に真子を茹でて冷やしてからまぶし、つぶつぶの食感を楽しむものである。刺身には雄の身を使うことが多く、雄と雌の組み合わせでめでたい婚姻などの席で出された。能登半島での鱈の使用には、雄と雌の組み合わせという人の想いの詰まった行いがあり、婚家に魚を届ける場合、雄と雌両方を掛け魚にして届けるということがあった。

富山県の鱈料理の子つけも、雄、雌をはっきり区別して作られた同様の料理である。

新潟県出雲崎では鱈の村として、親子漬けという料理があった。雄の刺身を真子で覆うものである。今は酢締めにして保存できるようにした製品ができている。

ただみ・きく　鱈の精巣は白く縮んだ塊が雄の腹に詰め込まれている。取り出すと畳んであったものが飛び出してきた感じがする。それでだだみの名がついたと勝手に解釈していたが、だんだらみが語源ではないかとの説もあるという。たるんだ紐状のものを指す言葉というのである。曲がりくねった精巣の管が菊のような状態になっていることから、きくと呼ぶ地域がある。宮城県から岩手県にかけての太平洋側ではこの名称が卓越する。たづ、たちの名称は青森県から北海道にかけて分布し、秋田県から福井県にかけてはだだみ名称が優越する。『本朝食鑑』には雲腸《くもわた》と記されているが、これも雲の形から来たものであろう。

図 56　芋棒（棒鱈と里芋の煮物である．京都では里芋ではなくエビ芋を使う）

図 57　鱈の田麩や親子漬けを作る商店（出雲崎）

食べ方は生のままで膾とするほか、煮物、酢の物、味噌汁、すまし汁、天麩羅など、幅広く使われる。特にねっちりした旨味が残る食材として、割烹料理で使われることが多い。

田麩《でんぶ》　田麩はちらし寿司や巻寿司の芯に入っている桜色の甘い食材である。彩りを添えるものとして、子供の弁当などにかつてはよく使われてきた。昭和三〇年代の記憶では、家族が一緒に食べる運動会の料理には桜色の田麩の入った巻寿司が必ずあった。

田麩の袋に大きな鯛が描かれていたことから、鯛から作られたものと考えていた人が多い。ところが、多くは鱈の肉から作っていたという。鱈の肉を茹でて、骨や皮などを取り除いて真っ白な肉のそぼろを作る。水を絞り出した後にこれを炒《い》る。酒、みりん、砂糖、塩で味つけして再度炒る。食紅を加えて桜色を出せば完成する。

4 擂り身

竹輪や蒲鉾など擂り身製品は鯳の魚肉を擂り身にしたのが原料となっていることが多い。鰯《イワシ》や鯵《アジ》など

頭，骨，皮	棒鱈の利用
潮汁，鱈汁，三平汁，粕煮	
三平汁，粕だき，じゃっぱ汁	棒鱈煮染め
粕炊き，塩炊き，味噌汁	棒鱈煮染め
しょっつる汁，じゃっぱ汁	棒鱈煮染め
どんがら汁，じゃっぱ汁，納屋汁	棒鱈と大根の煮物
鱈汁	棒鱈煮染め，棒鱈煮
鱈汁	棒鱈煮
鱈汁	棒鱈煮
鱈汁	棒鱈煮
鱈汁	棒鱈煮
鱈汁	芋棒，棒鱈煮，おばんざい
	棒鱈飴煮（盆）
	煮染め，飴煮（盆），水炊き
	煮染め（祭礼）
	煮染め（盆）
	牛蒡鱈（盆）

表7　鱈の郷土料理

地方	県	魚肉	内臓	
			白子	真子など
北海道		昆布締め（刺身），塩漬けにして，三平汁や塩焼き	たつ刺身，三平味付け	こあえ，塩漬けなます
東北	青森	昆布締め（刺身），糠漬け，ともあえ	きく膾，汁	こあえ，たらこ塩漬け
	岩手	そぼろ，刺身，焼き，煮物，昆布巻	きく吸物	こあえ
	秋田	鱈しょっつる，刺身	ただみ酢の物	こあえ，なます
	山形	煮つけ，焼き鱈，昆布巻き（刺身）	だだみ汁，膾酢の物	こいり，こつけ，醤油漬け，寒天寄せ
	宮城福島	塩焼き，煮つけ，刺身	きく汁，膾	こあえ
北陸	新潟	煮つけ，焼き鱈，刺身	だだみ酢の物	真子，鱈子煮，醤油漬け，こつけ
	富山	昆布締め（刺身），焼き，たたき，煮つけ，ちり鍋	だだみ酢の物，味噌汁	真子膾，こつけ，鱈子煮
	石川	昆布締め（刺身），鱈煮，たたき，煮つけ，ちり鍋	だだみ酢の物，味噌汁	真子，こつけ，鱈子煮，寒天寄せ
	福井	昆布締め（刺身），かがみ焼き，煮つけ，ちり鍋	だだみ膾，味噌汁	真子，こつけ，筒切り
近畿	京都滋賀	刺身，焼き，煮つけ，ちり鍋	だだみ吸物	真子，こつけ
中国	広島岡山			
九州	福岡			
	佐賀			
	長崎			
	熊本			

もあり、その地で大量に捕れる魚を擂り身にすることが多いのだが、中でも圧倒的に鰔の擂り身が利用されている。つみれはこのような擂り身を摘まんで作る製品とされている。

蒲鉾や竹輪は擂り身を板や棒に塗り上げて蒸したり焼いて作る。油で揚げたものが薩摩揚げなどになる。

魚肉ソーセージも擂り身を使った製品である。昭和三〇年代以降の高度経済成長の時代、大衆食とか国民食として魚肉ソーセージとインスタントラーメンが市民権を得てきたことは序章で記した。

全国にこの食品を行き渡らせることができたのは、北洋で湧くようにいた鰔を漁獲することができたからである。擂り身加工品は菓子の分野でも使われ、チーズ蒲鉾などの新しい製品が登場して食生活の多様化に貢献してきた。

北海道機船漁業協同組合連合会（鰔漁の漁業組織）によれば、鰔は鮮度が落ちやすく、冷凍すると、解凍時に魚肉がスポンジ状になってしまうため、練り製品原料としては鮮魚のみに限られていたという。しかし、一九六〇年に北海道中央水産試験場が冷凍すり身技術を開発し、解凍時の魚肉変成を完全に抑える技術を確立したという。これによって、擂り身が無駄なく、多くの食品に使われるようになって、日常生活を支えている。

また、擂り身を固まらせるために塩ではなく砂糖を加えることを発見したのも、北海道の漁業関係者であった。大量に捕れて流通できない鰔を冷凍擂り身で保管して、製品を作るときに取り出すという画期的な方法は、このような技術革新の重なりによって起こされたものである。

5　ヨーロッパの鱈料理

イギリスの路地屋台で売られている鱈のフライは北海で水揚げされた鱈（大西洋タラ）を使っている。フィッシュ・アンド・チップスと呼ばれ、馬鈴薯のチップスがついて、イギリスやアイルランドを代表する料理となっている。イギリス人も鱈を好む。

フランスとスペインにまたがるバスク地方の船乗りが大西洋を越えてニューファンドランド島に上陸し、鱈の捕獲を始めてから、新大陸の開発が進んだことは序章で記した。鱈が大西洋を横断する船乗りたちの大切な食糧として使われていくようになり、大航海時代の船乗りの貴重な食糧であった。このことが影響していることは推量できるが、バスク地方からスペイン、フランス、イタリアと、南欧の国々でバカラオと呼ばれる干鱈が料理に使われている（口絵参照）。スペイン語のバカラオがイタリアではバッカラ、ポルトガルではバカリャウと呼ばれる。

このバカラオの供給地がニューファンドランドやノルウェーであった。北欧を中心とする北地で捕られたものが塩漬けの干鱈として南欧に移出された。鱈（大西洋タラ）の頭と内臓を除き、腹開きで三角形一枚の塊にする。これに塩を振り、干して製品としたものがバカラオと呼ばれる鱈の保存食となる。バスク料理やスペイン料理にはバカラオを使った料理が多く、ポルトガルではグラタン、スープ、コロッケ、パスタ、サラダなどにバカリャウが使われるという。大航海時代に船乗りを多く輩出したことが背景として考えられる。

注

（1）中島範、蟹江和子「尾州茶屋家へ瑞龍院様御成之記録——献立表を主として」（『衣の民俗館・日本風俗史学会中部支部研究紀要』第七号、一九九九年）。

（2）人見必大、島田勇雄訳注『本朝食鑑』四（東洋文庫三七八、平凡社、一九八〇年）四五～五〇頁。

（3）井原西鶴『世間胸算用』（谷脇理史ほか校注『井原西鶴集』三、小学館、一九七二年）四七八頁。

（4）『軍隊調理法』（国立国会図書館所蔵）。

（5）宮本常一『宮本常一著作集二四、食生活雑考』（未來社、一九七八年）。

（6）『北海道の食事』日本の食生活全集一（農山漁村文化協会、一九八六年）。

（7）『青森の食事』日本の食生活全集二（農山漁村文化協会、一九八六年）。このほか、鱈料理について記された『山形の食事』一九八八年や『石川の食事』一九八八年もある。

第六章　鱈と文芸

俳句に鱈が数多く詠まれている。和歌との比較から不思議に思っていた。そもそも鱈そのものを文芸の世界で記録したのは、俳諧作法書で松江重頼撰の『毛吹草』が嚆矢ではなかろうか。室町時代後期から江戸時代前期にかけての各地名物が取り上げられ、四季之詞として分類されている(1)。

連歌、俳諧、俳句で用いられる特定の季節を表す言葉を季語というが、この言葉は明治四一年一二月号の俳句雑誌で大須賀乙字《おおすがおつじ》が用いたのが最初であるという(2)。もとは、句の主題となる言葉を季題とし、古くは季之詞、季之題、四季之詞などと記されている。鎌倉時代の連歌成立では、発句（最初の五七五）には季節の詞を入れることとされ、江戸時代に俳諧が成立すると、身近な生活の場面で季節の詞が集められ、数を増していった。現在、季語は五〇〇〇に達するといわれている。

鱈が江戸時代から詠まれるようになり、俳諧で取り上げられた背景は、非常食、歳取りの供え物、儀礼など、人から頼りにされる存在としてのものであった。ところが、明治以降になると食の鱈ばかりが注目されるようになる。

文学で鱈を捉えるようになったのは、鱈の捕れる北地、作者のふるさとと重なっていた。室生犀星は金沢で、太宰治は津軽で鱈を大切に描いた。地方色豊かな魚と、冬という厳寒の食物が文学の素材として抜きん出ていたのであろう。だから鱈は、ふるさと、食、北の地の果て、など、文芸の内側と辺縁を行き来する題材である。

鱈が文芸に取り上げられた最初の俳諧では、松尾芭蕉、与謝蕪村、小林一茶の三人も鱈を詠んでいる。三人の鱈への姿勢はそれぞれである。

そして、江戸時代の終わりから盛んとなった川柳では料理で詠まれることが多い。

1　松尾芭蕉

つつじ〔躑躅〕生けて　その陰に干鱈　割《さ》く女

貞亨二年（一六八五）、芭蕉四二歳の時の発句である。『泊船集』所収とされている。『野ざらし紀行』の書に、旅の途中として詠んだものとされてもいるが、同書からは削った跡があるという(3)。

近江の石部宿（滋賀県湖南市）で、昼の休らいに旅店に腰をかけて詠んだとされるこの句は、躑躅《ツツジ》の春を写し取ったものである。場所は東海道五三次の五一番の宿場町とされる。

琵琶湖付近の宿場、一六八五年時点で、すでに干鱈が記録されている意味は大きい。この時代の鱈の記録はめったにない。しかも、干鱈であることに驚く。すでに干鱈が製品として流通していたのか、それとも歳取りの膳につけたものを干しておいたのか。想像が膨らむ。戦《いくさ》に備えた非常食としても使われてきた干鱈がこの時代に既に俳諧師の目に触れる日常に進出していたことに驚かされる。場所は茶屋である。既に街道筋では庶民の暮らしに根つくだけの魚となっていることに価値がある。

俳諧書『毛吹草』の成立は一六四五年とされている。「巻第二俳諧四季之詞」の正月に干鱈がほしだらの読み方で載っているのだ。

芭蕉がこの句を詠んだ街道筋の茶屋では、干鱈を客に出す菜としていたものであろうか。この句の解釈の一つに貧民の食べ物としての干鱈という解釈に触れたことがある。茶店に逗留した芭蕉が、躑躅の生けてあるところを眺めていたら、その陰で女が干鱈を割いていたという情景である。華やかな躑躅と対照され、貧しさを連想するというのである。

この点は注意しなければならない。『毛吹草』の記述と芭蕉の句は同時代の俳諧作法を共有していることが考えられるのである。『毛吹草』の正月の項に干鱈があり、越前の鱈は一〇月で記されている。

越前の鱈は、名物を記すとして載せられたものであるが、庭訓にあるものは除くとしてあることから、当時の教科書的な庭訓ものの記述を避けたことが分かる。であれば、干鱈を正月にわざわざ記録したことの背景は貧しさではなく、正月という節の儀礼に使われる詞として捉えるべきものとなろう。

指摘しなければならないのは、保存の効く干鱈製品がすでに街道の茶屋で食べ物として重用されていたと推量されることである。越前では鱈の捕れる一〇月に加工を始め、かちかちに固まった干鱈を流通させていたのであろう。

同時に、琵琶湖近くの街道筋である。関ヶ原の合戦場近くである。武士が干鱈を腰に下げて戦場を駆けた記憶とつながることも考えられる。

昭和四〇年代にも、干鱈は農家の重要な菜であった。軽く塩がついたものは割いてお茶漬けのご飯に載せて食べていたし、無塩の干鱈は槌で叩いて細かく繊維状にしたものを煮物に使ったり、茶漬けで利用したりと利用範囲は広かった。干鱈を割くという場面は、昼の急な来客での食事の準備の情景が浮かぶ。

私が深川（東京都江東区）の伯母の家を訪ねた時、昼の準備に台所の石の上で干鱈を金槌で叩いておかずを作ってくれたことがある。この個人的な状況と、芭蕉の句の情景が重なるのである。太宰治の『津軽』にも、輻輳《ふくそう》する場面が描かれ、緊急時の御馳走の干鱈が旅の記録に描かれている。金槌で叩いて馳走してくれる情景である。

干鱈とは、保存食の筆頭であり、非常食として認識されていたのである。芭蕉の句は干鱈を割く女そのものに目を注いでいる。

与謝蕪村に鱈を詠み込んだ句がある（次頁）。大晦日の年守を詠んでいる。棒鱈が貧相な魚であるからと、みじめな貧しさを連想させるかといえば、そのような記述ではない。節の供え物である。俳諧にみる棒鱈や干鱈の記述は、深い海の底の記憶をかもし出すような印象がある。

ここで、躑躅について触れる。「躑躅生けて」のつつじは毛吹草「追加上」に、「四季之詞」として例文があげられている。光重の作である。

いけて見れは　木に竹もよき　つゝし哉

躑躅を山から採ってきて生けることがすでに行われている。躑躅は各地で春のサツキ（田植え）を知らせる農耕暦の花とされていた。だから農家の庭に山取の木を移したり、咲く時期に枝を折ってきて玄関の水入れの竹に吊すということが広く行われてきた。山形県置賜《おきたま》では高山のモロビ（樅《モミ》）を採ってきて、玄関先に吊すことが行われていた。山の神を迎える、とされている。躑躅にも、同様の心理が働いていた。躑躅のことをサツキと呼ぶこと自体が、サツキ（田植え）との関係を示す。

躑躅を生けてその陰で干鱈を割くのは、サツキ（田植え）を控え、女性の最も急がしい繁忙期に、迷惑な来客をもてなさなければならない場面である。食事の菜を作る手間さえ惜しい時期である。干鱈を割いて緊急的に出したのであろう。これも当座のご馳走である。旅の俳諧師は、この女性の動きに何らかの感情を惹起して、情景を切り取り、句に認《したた》めたのではないのか。

2 与謝蕪村

年守《としもり》や　乾鮭の太刀　鱈の棒

年守は大晦日から元日に、身を清め、眠らずに新年を迎えることである。

蕪村は享保元年〜天明三年（一七一六〜八三）に生きた俳諧師である。ちょうど幕藩体制が行き詰まる頃の時代、明和七年（一七七〇）に詠んだ。自画像とともに記録されている。(4)

新年を無事に迎え、来たるべき歳の幸を祈る追儺《ついな》が年守の意義と重なる。大晦日、宮中では、黄金四ツ目の面をかぶった方相氏《ほうそうし》が舎人《とねり》を引き連れ、四隅に向かって儺《な》を行った。矛《ほこ》と盾《たて》に身を固め、桃の木の弓を放ち、外部の悪鬼を払った。これによって来たるべき年の幸いが迎えられた。大晦日、神社で獅子の舞うところが広くある。獅子舞によってその村の悪鬼が払われた。ここでも、獅子の前で刀や鎖鎌を振り、悪鬼を払う。

この情景が、句から浮かぶ。歳取りの際、歳神様の膳にからさけ（乾鮭）を供え、棒鱈も立てて矛と盾に擬する。追儺の矛と盾である。これによって年守の本来の仕事が完結する。来たるべき年を寿《ことほ》ぐのである。

蕪村の俳句では鱈の記録が正月を迎える場面で登場する。しかも、棒鱈である。正月の干鱈は『毛吹草』での四季之詞として踏襲される。乾鮭も棒鱈も特別貧相な魚という位置づけではなく、膳に供える模擬的乾物（武具）として位置づけられていることを確認したい。

というのも、蕪村はからさけ（乾鮭）を数多く詠んでいるのである。いずれも、意味深長な俳句であり、的確な解釈は容易ではない。

からざけに　腰する市の　翁哉《おきなかな》

蕪村の句が平安の物語を継いでいて、乾鮭が広く世間に流通していたことが考えられる。鱈は、この乾鮭の後継として、江戸時代から俳諧に登場するようになったと考えているのである。たとえば、『今昔物語』巻二八「右近馬場殿上人種合語第三十五」乾鮭の太刀がある。後一条天皇の治世に行われた種《くさ》合《あわ》せの大盛会に突発した珍事件を語ったものに乾鮭を太刀とした姿の舞姿が出て来る。

種合せで競っている右方が奇策を弄して左方の下野公忠《しもつけのきんただ》を怒らせて退場させ、勝手に勝利の舞楽を演じる。ところが、この行為が関白の不興を買ったため、白昼、馬に乗り、都大路を舞楽の装束で面をつけたまま疾走して逃散する。鬼が馬で逃げたと大騒ぎになる。

乾鮭の太刀は勝手に演じた舞楽の舞に装束として腰につける。「枯鮭ヲ太刀ニ帯ケテ」とある。そして、この装束がひどくだらしなかった。ねじけた冠を着け、犬の耳の垂れたような老懸《おいかけ》（冠の両脇につける菊花半裁状飾り）、薄汚い競馬の装束である。勝利の舞楽が相手方をひどく愚弄していたのである。関白が怒るのも無理はない。だらしない格好で、相手の品位まで下げる行為は認められなかったのである。

しかも、太刀は鮭の内臓を抜いて塩をつけないで白干しにしたものである。このような乾鮭は枯れた鮭として、都に流通しており、品位の下がった貢ぎ物であった。

『徒然草』第百八十二段、四条大納言隆親卿の語りに枯鮭が出て来る。

からざけという物を供御に参らせられたりけるを「かくあやしき物、参るやうにあらじ」と人の申しけるを聞きて、大納言「鮭という魚、参らぬ事にてあらんにこそあれ、鮭の白乾し、何条事かあらん。鮎の白乾しは参らぬかは」ともうされけり。

から、ざけは枯鮭、乾鮭と記述される。公家への貢ぎ物としては最も品の下がる物で、都に北国から大量に流通するようになってから登場したものであることが予想される。産卵を終えた鮭や、上流まで達して死ぬ間際になった雄鮭などは、内臓を抜いて、そのまま乾燥させ、棒のように固くして流通させた。「からさけめら」という言葉があるように、歳を取ってどうにもならない強情な老人などを指す言葉になっていく。

公家の行事に使う鮭として「かくあやしき物」となっていたからさけは、白く棒状の姿で供御するには醜い。しかし、鮭には変わりがないじゃないかと、鮎の白乾しと対照して擁護しているのが大納言である。

与謝蕪村の俳句にあるからざけは、今昔物語に輻輳すると考えられるのである。江戸時代中頃、蕪村の俳句に乾鮭が複数詠まれている。

乾鮭に　琴に斧うつ　ひびき有
乾鮭の　骨にひびくや　五夜のかね
風呂敷に　乾鮭と見しは　卒塔婆《そとば》哉《かな》

蕪村は乾鮭に自身の老いと醜さをみていたのではないのか。老醜は貧相と重なる部分があるが、貧しさが主ではない。乾鮭の外観がかもし出す醜さとつながっているのである。

芭蕉が干鱈を割く女の行為に注目したのに対し、蕪村が乾鮭や鱈の棒を詠み込んだのは、外観から来る心象風景（老いの姿）であったと考えている。

3 小林一茶

ゐぞ鱈も　御代《みよ》の旭《あさひ》に　逢ひにけり

文化一二年（一八一五）「七番日記」で詠まれている。この俳句には蝦夷地の情勢を仄聞《そくぶん》した一茶の句という説がある。(5)

一茶には、江戸で俳諧仲間の交遊関係があり、江戸蔵前の夏目成美《せいび》を頼っていたとされている。本所の随斎庵でロシアから帰還した磯吉という人の話を夏目の仲立ちで聞いているという。「二十七日　晴　ヲロシア漂流人磯吉といふものの咄あるによつて随斎会延引」という日記から、蝦夷地の話が出たものと考えられる。

蝦夷を詠んだ俳句は数多く、江戸で聴いた漂流譚がきっかけと考えれば、ゐぞ鱈は北方の魚として解釈することになる。

文化年間の江戸では、陸奥湾から脇野沢の鱈が運ばれ、塩漬けの巨体が人の目に触れていたことは時代背景として指摘できる。鱈が揚がると船が仕立てられ、江戸に送られる事例が数多くあった。

当然、北地の鱈はゐぞ鱈となり、北の国から運ばれる鱈は、江戸での旭（朝日）にさらされていたのである。この句が詠まれたのは信州柏原とされる。「ゐぞ鱈も」の語感から一種独特の諧謔《かいぎゃく》が感じられる。旭の満ちた江戸の華美と対照されているのではなかろうか。丸い軀が目に浮かぶ。

この鱈が躍動するのは武家の料理に存在を知られてからである。江戸時代初期、尾張家でのもてなし料理に鱈が出現している（第五章1）。戦国時代にも武将をもてなす料理として鱈が使われた記録のあることは、第一章で述べた。

つまり、鱈は食の面から人々の生活に入り込んで、俳諧で確たる地位を築いてきた魚なのである。鮭のように人の食と儀礼がともなって、神饌などで多用されてきたものと異なる。

食べることに必死で貪欲な時代の人々を納得させる魚として、食から始まる文化のさきがけとなったのが鱈であったと言える。戦《いくさ》での非常食として使われた背景なども加味すれば、鱈ほど人の胃袋と仲良しの魚はなかったかも知れない。しかも、発句から分かれて、風俗、人情、人の機微などに視点を据えて、簡潔、滑稽、機知、風刺を表現した川柳の世界に鱈は堂々と居場所を確保した。

このことは、現代の俳諧、川柳の世界で顕著な姿として現れる。

4　食の鱈

鱈汁や　ふるさと人の　みな優し　　　喜多みき子

鱈汁は捕れ立ての鱈のぶつ切りや身を取った残りのがらを鍋で煮る冬の料理である。郷土料理として、北陸から庄内を経て北海道まで、どんがら汁やじゃっぱ汁、三平汁などの名称で親しまれている。

川柳では本格的に詠まれる(6)。

大鍋で故郷の海の鱈が煮え　田名部修三
鱈汁が食べたく雪の駅を降り　佃　静波
鱈ちりに雪との出会いあたためる　小松糸葉
正月の主役は鱈のじゃっぱ汁　星映久子
あかぎれの吹雪に熱き鱈の汁　真壁侑司

金沢出身の室生犀星も鱈を詠む。

藁苞《わらづと》や　在所にもどる　鱈のあご

金沢や能登半島では、冬に鱈が捕れると藁で包んだ入れ物に一尾ずつ鱈を入れ、大きな口から鰓《えら》に通した綱をつける。雪道ではこの綱を曳いて藁苞の鱈を運んだ。この時の情景を詠んだものであろう。

初鱈を　溢れいでたる　雲腸《くもこ》かな　大石悦子

鱈は雄であれば精巣が雲腸（白子）として料理に使われ、雌であれば卵巣が真子として重用された。捨てるところがなく、食べ尽くされる。肝臓は汁にこくを出すために使われるが、脂が強い。肝油は肝臓から採られる。

鱈一尾あれば、正月の魚として一家が食べ続けることが出来た。汁物以外には身を塩漬けにするだけで保存が効くし、味噌漬けは味がよくて、ご馳走となった。

鱈ちりはちり鍋に鱈を入れるようになって出来た言葉である。ちりは魚貝や豆腐そして野菜などを一つの鍋に入れて湯煮し、橙酢や醤油などにつけて食べることを指し、鱈の内臓各部まで煮て食べるようになって鱈ちりが隆盛した。

生活の諸相で使われた真鱈や鯳は、俳句や川柳で詠まれやすい素材なのである。冬の季語に鱈があるように、俳句では冬の風物詩であった。目に触れる俳句は、それぞれの生活の息吹を感じさせる。

白洲正子の随筆に『日本のたくみ』がある。陶芸家の福森雅武の誘いで能登に鱈を食べに行った話であるが、鱈料理の妙を描いて河豚《フグ》に劣らないと記す(7)。

陶器は盛られる料理とともにある。特に鱈の精巣であるだみは菊の花ような見事な花びら状を呈している。このため、きくの名称で特別な器に盛って食べる。料理が器とともに観賞される。鱈の刺身は透き通るような白さで、つけ合わせや器の工夫によって美しい逸品となる。料理と陶芸が連動して、一つの文化を築いている面がある。

この鱈を捕るオホーツク海では、軍艦に守られて漁が行われた。鱈船と軍艦の組み合わせは視覚的である。この光景を詠んだ長谷川零余子（一八八六〜一九二八）は、限られた言葉の中に鱈漁業の歴史や社会情勢を表現した。戦争と鱈である。

鱈舟の　中に艦見ゆ　港かな　　長谷川零余子
能越《のうえつ》の　山わかちなき　鱈場かな　　大橋越央子

これも鱈場が錯綜する能登半島能越の情景である。各村の漁業権が複雑に絡む状況が背景にある。

米倉は　空しく干鱈　少し積み　　高浜虚子
鱈売の　長半纏《ながばんてん》に　手鉤かな　　籾屋真梓月
子持ち鱈　口閉じ雄鱈　口開く　　右城暮石
ききわけし　海府訛は　鱈の話　　加藤楸邨

このように、鱈を詠み込んだ俳句では、圧倒的にふるさとの鱈という食材に対する想いが中心となる。しかし、社会背景を鋭く読み込む作者もいる。

松尾芭蕉、与謝蕪村、小林一茶の流れが現代の俳句につながっている。鱈の姿から故郷、生業、儀礼、戦《いくさ》などが描かれる。

5　落語「棒鱈」

「棒鱈」という落語がある。酔っ払いや間抜け、でくの坊の隠語としての棒鱈である。どうしようもない酒飲みの行状をなぞらえた庶民と武士の絡む話である。

酒呑み仲間の熊五郎と寅吉が料亭に行き、二人で酒を飲んでいる。たまには芸者でも呼ぼうかと考えている矢先、隣の座敷から騒がしい酒飲みの声が聞こえてくる。芸者を大勢呼び、ひどい田舎訛《なま》りで騒ぎ、酒を飲んでいるのは田舎侍である。鮪《マグロ》の刺身を赤べろべろの醤油漬け、蛸《タコ》の三杯酢をいぼいぼ坊主のすっぱ漬けと呼んで注文している。座敷で歌にもならない数え歌で騒ぎ出したのを期に熊五郎が「隣のいも侍の顔がみたい」と立ち上がる。寅吉は「人の座敷を覗くのは無粋だ」と止める。ところが、熊五郎は便所へ行きたくなり、そのついでに隣の座敷を覗こうと襖を少しだけ開けて中のいも侍をみようとする。その時、酒のために頭が重くなっていて隙間から座敷に転がり込んでしまう。熊五郎は詫びようとするが、いも侍に馬鹿にされる。どちらも酒で酔いが回っているために大騒ぎとなり、いも侍が刀を抜こうとする。芸者が必死でそれを止めようと「お納めになって」とすがっている。

この騒ぎに帳場が気づき「鱈もどき」という料理を造っていた調理人が胡椒を持ったまま座敷に駆けつけてくる。いも侍は「勘弁ならん」と、刀を抜く体勢を崩さない。調理人が胡椒を振るっていたまま座敷で動き回るものだから、胡椒が部屋中に振りまかれる。逆上していたいも侍も熊五郎も、くしゃみで喧嘩どころではなくなり、立ち消えとなる。

「喧嘩に故障〈胡椒〉が入った」。

これで落ちとなる。棒鱈の隠語で示されたのは間抜けの熊五郎と田舎侍である。酒を飲んで喧嘩をする愚かな姿と、料理の「鱈もどき」が、本物とはほど遠い間抜けな姿を重ねて意味する。

つまり、この落語で語られるぴりっとしない素材とこれがかもしだす笑いこそが棒鱈の意味するものであったかと推測する。熊五郎の行状、田舎侍の魯鈍性、鱈もどきの欺瞞性である。一つとして本物がない。

興味を引くのは、棒鱈が田舎侍、ひいては侍を指して、でくの坊の意味で使われた言葉であったことである。武士の魚としての残影が偲ばれる。そして、侍が棒鱈のような役立たずの棒（刀）を振り回す。江戸の粋と正反対の姿が笑いの種であった。

いも侍が「勘弁ならぬ」と刀を抜きかけた時、調理人が棒鱈を手にして応戦したという落語の語りも存在するとされる。

棒鱈を太刀として備える話は『今昔物語』の乾鮭で語られたことが、蕪村の「棒鱈の太刀」につながるとする思惟に裏打ちされる。田舎侍の太刀に対し庶民の太刀は棒鱈であったとすれば、語りとしての落語は厚みを出す。

そして、棒鱈が一流の品ではないとする解釈に危惧の念を持つ。江戸の粋が特定の武士の魚であった鱈という魚を見下して語り続けられていたとするならば、粋の範囲で了解できる。大切な魚としての棒鱈が、刀を振りかざす武士を嘲笑しているのであるから。

棒鱈は魔除けとして使われ、邪気を払うものとして雛壇などに飾られてきた歴史がある。朝鮮では玄関の梁に棒鱈を置いたり、儀式の終了時に棒鱈を叩いて締めるということが行われてきており、儀礼の魚としての尊崇の念は強い。
落語の棒鱈が語られた江戸時代はどうであったか。太刀としての魚は魔を切り払う意識で使われている。棒鱈が太刀として描かれた背景を強調することも必要である。

6　ふるさとの文学

作家自身が文学の足場を築く一つの契機にふるさとがある。坂口安吾は『文学のふるさと』で「このふるさと（生存の孤独）の意識・自覚のないところに文学があろうとは思われない。文学のモラルも、その社会性も、このふるさとの上に生育したものでなければ、私は決して信用しない。そして、文学の批評も」と述べる(8)。

鱈を取り上げた文学作品は、きわめて地方色豊かである。冬の鱈捕りの艱難辛苦《かんなんしんく》を日常生活の場で謳い上げたものに、下北半島の脇野沢を舞台にした川岸信一郎『鱈の来る村』がある。川岸は一九一八年脇野沢に生まれ、ここに暮らした。自分の生まれたふるさとを自分の目と心で刻み続けた作品である。だから民俗誌の位置づけともなる。鱈の来る脇野沢の生活を自身の絵と言葉で記録した(9)。

脇野沢では一二月一日の場取りは網入れする場所を競うもので、百を超える鱈捕り漁船が元青函連絡船の航路近くの好漁場を奪い合う。鱈の群れは「冬至口」や「寒の口」に陸奥湾に来遊する。昭和二四年まで豊漁時一ヶ統（稼働する底網一つの意）五〇〇〇尾を下らなかった鱈は、新鱈切りと呼ばれる作業で塩をして各地に運ばれた。江戸に行った新鱈も大口から内臓を抜かれたあとに塩を詰め込まれた。

腹を割くわけではないことから江戸の武家に運ばれて重宝された。切腹を嫌ったといわれるのは武家の都合で、生鱈を運ぶ効率のよい方法は鱈捕り衆が編み出したものであろう。初鱈を藩主に奉納し、武家の需要に応えなければならない背景を忖度《そんたく》する。

脇野沢では鱈が歳取り魚である。鮭ではない。「鱈一本あれば歳越しができる」という。刺身、味噌漬け、焼き魚、じゃっぱ汁、真子《まこ》のとも和《あ》え、たつ汁、膾《なます》など、料理の幅は広く、正月膳がこの魚一本から誕生したのである。

同じ青森県出身の作家、左舘秀之助《さだてひでのすけ》に『鱈つけサブ』の作品がある。左舘は大正一三年（一九二四）一〇月八日、八戸生まれ。満州の学校を卒業するまでの期間を除き、青森をふるさととして作品を出し続けている。(10)

内容は『遠野物語』一一六番にある、「ヤマハハが娘の家に来て、食べ物を所望し、娘も食べようとするが、逃げられ、最後は湯をかけられて死ぬ」語りを元にしていることが推測される。民話調に、「鱈つけサブ」の語りを創作したものである。民話の語り手である、となな切り爺（春松）の死ぬまでの記録である。サブは春松である。馬の背にあった鱈を鬼婆に喰われ、次に馬も喰われる。自身も喰われそうになるが、茅場の草刈りや船大工の仕事に助けられる。春松の人生は働きづめの運のない生活であった。育てた馬の表彰にも姿はなく、馬屋を改造した部屋で息を引き取り、立派な奥座敷に入ったのは死体として安置された時であった。

鱈を馬につけて地方に売り歩く八戸地方の風俗が背景にある。陸奥湾は鱈の産卵場で正月をひかえる頃から鱈漁が盛期となる。鱈売りのサブは馬に大きなな鱈をつけて売り歩く馬子《まご》である。商品の鱈を喰われ、商売になくてはならない馬まで喰われる。運がないまま生き続けなければならない。春松の人生も、伴侶に恵まれず、本家と血がつながっているにもかかわらず奉公人のように扱われ、それでも蝦《エビ》のように腰の曲がるまで働くことが生きることであると観念して生を閉じる。鱈や馬と同じ価値の人生だったのか問いかける。孤独な生存の姿が安吾の問いと共振する。

物語に鱈売りのサブが登場することで八戸のふるさとが底流する。鱈ほどふるさとを意識化させる文学の素材はないように想う。

太宰治は『津軽』の中で、「干鱈というのは、大きい鱈を吹雪にさらして凍らせて干したもので、芭蕉翁などのよろこびそうな軽い閑雅な味のものであるが、Sさんの家の縁側には、それが、五、六本つるされてあって、Sさんは、よろよろと立ち上がり、それを二、三本ひったくって、滅多矢鱈に金槌で乱打し……」食べられるようにしてくれた。[11] かちかちに乾いた干鱈の食べ方である。鱈を食材とするふるさととは、当然のことながら北であった。

北海道は鱈の本場である。ここの鱈場に生きる人たちの生活は戸川幸夫が著した『オホーツク老人』に詳しい。鱈捕りの漁師であった主人公が老いて知床半島のつけ根、羅臼の番屋守として、亡き家族のことを想い出しながら、最後は命を獲られる猫たちと一冬を孤独に過ごす物語である。一九六〇年には、映画『地の涯《はて》に生きるもの』として公開された。森繁久彌が主人公となって撮られた映画製作の終了時、「さらば羅臼」という曲が披露された。これが後に「オホーツクの舟唄」(「知床旅情」)となる。[12]

戸川幸夫は、詳細な聴き書きをした後にこの作品を出したという。モデルとなる漁師がいたとされている。羅臼という北海の果て、知床半島のつけ根にあるこの海の拠点では、今も、語りを追体験できる。

主人公の彦市は独航船でカムチャツカ沖に進出し、択捉島の紗那《しゃな》に移り住む。日露戦争後の千島漁業に邁進した一人である。敗戦で引き揚げた場所が羅臼である。ここで鮭・鱒漁は許可制になると同時に資本の大きな網元に権利を抑えられていく。引き揚げ者が個人で始める漁は鱈漁であった。権利が輻輳《ふくそう》していないため、多くの引き揚げ者が鱈に生活の糧を求めた。しかも、この羅臼から野付半島にかけての海域は、鱈や鯳の産卵場が重なり、好漁場となっていた。

妻と子供を失っていた彦市は、羅臼に住居を構えると、都会から呼び戻した三男の謙三に、新造の船を与え、鱈捕りの技を教えて送り出すが、中古の焼き玉エンジンのせいか、時化《しけ》で難破し、国後島に流れ着いて死んでしまう。

謙三には親父が知らない、結婚を約束した女性が網走にいた。この女性が、謙三のふるさとに触れるために、小舟を頼んで知床半島を迂回して羅臼まで来る。事情を聴いた親父は、自分の三男であることを伏せたまま女性を帰す。

羅臼に立つと、目の前が国後島である。この海域は標津《しべつ》を中心に日本屈指の鮭漁業の浜である。さらに、鯳漁はこの海域に群れた魚だけでも捕りきれなかった。番屋は知床の浜に点在して、昆布小屋、鮭・鱒の番屋と、狙うものによってそれぞれ立地する。冬の間閉じられる番屋は管理人を必要とし、これに彦市が当たったのである。

鱈が前面に出る話ではない。知床は最果ての謂《いい》である。地の涯に生きるものが海の最果ての深海から来る鱈とともに生活し、ここで交わる。人も三男の死を通して不思議な縁につながる。象徴的な邂逅の姿がこの文学作品にはこもっている。

紀行文にも地の果てが意識されていた。草野心平の『オホーツクの海と日高の海——二つの地の果て』は網走の魚市場で鱒に邂逅した。「鱒が船から運ばれ馬車に積まれた。鈍く光っているどろんとした鱒はいかにもオホーツク的である。」(13)

昭和三六年の『旅』六月号に発表されたこの紀行文は、文学の仲間で講演旅行をして網走に着いたときの情景を記したという。当時の北海道は旅人には憧れの地であると同時に、住人にとっては自然の厳しい大地であった。外部の旅人の群れが第三者的な視点で冷徹に観察した「どろんとした鱒」の記録にはそれなりの価値がみいだせる。

そして、紀行文に遊び人の視点を気取る者もいた。「地の果て」なる呼称が、自然現象を見下した悪い感覚を与えることがある。北海道の文学が依って立つ厳しい自然との対峙や、人の存在を大地や広漠たる海の中にみいだすものでなかったことが一因かも知れない。逆境を跳ね返す人の姿なども紀行文のテーマである。

鱒が地の果てで語られるのは、海の果てから来たことをも暗喩とする。地の果てで出会う魚はこの世の果てから人に寄り添うために来たことを深く感得しなければならない。

紀行文が流行《はや》った時代の秘境探検趣味は秘境という言葉で当時の憧れとなっていた。山の秘境、海の秘境など、都会生活では味わえないものが必要であった。こんな中で、「どろんとした鱒」は秘境を代表する主人として、認知される。

文芸の「地（海）の果て」「どろんとした鱒」の言葉の響きは、人と鱒の関係や距離感を示す言葉となる。

文芸はその受け手の解釈によって理解の方向が変わるのであるから、鱒を描く文芸がどのような形となって今後出て来るのか、楽しみな一面がある。人と鱒のかもしだす文化がそこには描かれているはずだ。

注

(1) 松江重頼『毛吹草』(岩波文庫、一九八八年)。
(2) 金田一京助ほか編『日本国語大辞典』(小学館、一九七三年)「季語」の項。
(3) 井本農一ほか校注『松尾芭蕉集』(小学館、一九七二年) 九一頁。
(4) 尾形仂ほか校注『蕪村全集』第一巻 (講談社、一九九二年) 一八八頁。「乾鮭の太刀」の校注に、「奇行で知られた増賀聖が、師慈恵の僧正昇進の慶賀の日に、乾鮭を太刀に佩き痩せ雌牛に乗って前駆の列に加わった故事 (発心集、扶桑隠逸伝)」の記述がある。乾鮭を腰に佩く記述は、『今昔物語』の時代からみられるようになることは、記述した通りである。馬淵和夫ほか校注『今昔物語集』四 (小学館、一九七二年)。
(5) 横松和平太「おろしや・蝦夷・一茶」(『横松和平太文庫』) 所収。栗山理一ほか校注『近世俳句俳文集』(小学館、一九七二年)。
(6) 飯田龍太監修『旅の季寄せ、冬』(日本交通公社、一九八六年)。奥田白虎編『川柳歳時記』(創元社、一九八三年) 所収。
(7) 白洲正子『日本のたくみ』(新潮文庫、一九八四年)。
(8) 坂口安吾「文学のふるさと」(『現代文学』第四巻六号、一九四一年)。
(9) 川岸信一郎『鱒が来る村』(伝統と現代社、一九八二年)。
(10) 工藤英寿編『ふるさと文学館、第三巻、青森』(ぎょうせい、一九九七年)。

(11) 太宰治『津軽』(角川文庫、一九九八年) 所収。

(12) 木原直彦編『ふるさと文学館、第二巻、北海道』(ぎょうせい、一九九七年)。

(13) 草野心平「オホーツクの海と日高の海」(木原直彦編『ふるさと文学館、第二巻北海道』ぎょうせい、一九九七年)、五六三頁。

第七章　鱈と祭祀

魚を神前に供えて祈禱をする祭祀は、神饌としての魚が人のために生贄《いけにえ》となって、人に望みを成就させる行為ではないかと考えている。魚を供犠《くぎ》と捉えるのである。

たとえば、鮭にはこのような祭祀が多くあり、ハツナ（初鮭）を神前に供えて、村人の安寧を祈ることが現在でも行われている。魚を神前に供える行為は、年末の恵比寿講の日に一鰭《ひれ》（胸鰭）を皿に載せて供えることも含む。生のまま供える。これは神前に一本丸ごと魚を供える名残《なごり》である。生でなければならないのは供犠の標《しるし》である。

供える魚はその地によっていろいろである。鮭は東日本や北地に多いが、鱈の捕れるところでは、鱈を供える場合が多い。山形県から青森県にかけての日本海側各地である。

鱈に関わる歴史が、文化の中に蓄積されてきた行事には、鱈を祀ったり、鱈を神人供食する民の文化がある。鱈を祀る文化で特に注目されてきたのが秋田県金浦山神社の「鱈まつり」である。奇祭という観光用宣伝が広がり、現在では、千人を超える観光客が押し寄せる一大観光行事になった。

本来は掛魚《かけよ》祭りとされ、鱈に限らず、年末に各船主や網元が捕った大きな掛魚を神社に奉納して、来る年の豊漁を祈願したのがもとの姿とされる。二七年ぶりに再訪した祭りでは、あまりの人の多さと、参道を埋め尽くすカメラマンに驚嘆した。本来の祭りの趣旨は大きく変わり、参加者とともに鱈を神前に供えてこの鱈によって神人供食する直会《なおらい》を重視した祭りの趣旨は大きく変わってきていた。

室町時代、家臣が主を招いて正月一〇日頃に盛宴を張る行事があり、これをおうばん（椀飯）と言った。椀飯振舞いは盛大な振る舞いを意味するようになる。この鱈祭りも、神を主として、おうばん振る舞いになったのである。神に鱈を供え、参加している民が供えたものを皆で食べ尽くす。巨大な鱈が五〇本も神前に供えられれば、この処理は参加者が行う。氏子を中心に振る舞っていた二七年前には神人供食の趣《おもむき》があった。奉納された鱈は、氏子に配られた。ところが今、「鱈まつり」は立春の行事とされ、豊漁や海上安全祈願の後は、金浦山神社と何の縁もゆかりもない外部の者たちの胃袋を満足させるための饗応の振る舞い席と化してしまった。

祭りは地域社会の結束を促す。素朴な二七年前の祭りと変わり、小学生の樽神輿や地域社会の協力が各所にあり、祭りを通して発展していく地域の姿も示していた。

1 「鱈まつり」

秋田県象潟郡金浦町（現にかほ市）に金浦山神社がある。占守島《シュムシュ》越冬後、南極探検に進んだ白瀬矗《のぶ》の故郷である。日本海鱈場発見の黎明期、応仁の頃から開発が進められたとされる漁村である。

毎春、節分行事として各船主がその頃捕れた一番巨大な鱈を掛魚《かけよ》にして奉納する。社殿の両側に棹が渡され、ここに一〇キロを超える巨大な鱈が、大口と鰓《えら》に渡された綱で吊り下げられて並ぶ。巨大な腹の下には木の栓がはめられ、卵巣（真子《まこ》）や精巣（白子）が飛び出さないようにしてある様は、人の視覚には滅多に入らない異次元の生物の整列である（図58下）。

この祭りが春分、節分の節目に行われてきた背景は、寒の時期を経て新春になる頃の行事として、節分同様の追儺《ついな》を意識したものであったように考えられた。寒鱈は、最も寒さの厳しいこの時期に深海から揚がる巨大な魚である。これを神前に供え、参会者と供食することで神人供食の儀礼として、鱈は供《く》犠《ぎ》の魚となり、儺を払う。来る新春にふさわしい神事であることを理解していた。

図58　秋田・金浦山神社の「鱈まつり」（掛魚まつり）で奉納される鱈

ところが、実際には歳の暮れ、一二月一五日に行われていた行事であることを教示された。「掛魚《かけよ》まつりの由来」である。

「鱈まつり」とも呼ばれ、昔は港近くの神社の宵祭りで旧暦十二月十五日の夜に行われていたが、明治年間金浦山神社と合祀して以来毎年二月四日となった。祭りは漁港金浦の伝統を物語るもので、二百八拾余年以前からの慣例で各船主がその船でとれた一番大きな魚を神前に掛け供え、海上安全大漁祈願五穀豊穣は勿論ながら不測の海難にあたって近隣の援助に深く感謝し神前に大鍋をかけ参詣人にふるまったという。春祭りを年乞い祭りと称し陰暦二月四日風雨の災害がなく五穀が豊穣であることを願う祭事。

この由来書きには金浦山神社の辿ってきた歴史が含まれている。合祀された港の神社は、現在も方角石が建つ日和見《ひよりみ》の場所である。中世の終わりには船乗りとしても、また冬の沖漁業でも、すでに海に乗り出していた金浦の人々にとって、海で生きるためには、神の加護が必要であり、そのための犠牲の供え物として、最上の漁獲物を神に捧げてきた。たとえば、海難があった。元文三年（一七三八）一二月二九日（現、二月一七日）、八〇名を越える海難死を出している。冬の沖鱈場は命がけの漁が続く。荒れ狂う日本海は瞬時に天候が変わるのである。各船主が最上の獲物を神に捧げなければならないほど、自然は過酷であった。

命がけで水揚げした鱈は、小物成《こものなり》となった。当時の専業漁業者のさきがけとして鱈漁業者がいた。彼らは、漁獲物を税として納めた。石高制の確立で金納とする動きが近世後半には確立するが。

このような背景が由来書に書かれている。「鱈まつり」の神事は、二月四日の春分、節分の日となってから、塞がれていた冬から開き渡る春を迎える心意が加味されている。早朝、町内の集会所に集められていた各船主の掛魚鱈が、船主の近親者によって竿に吊され、前後を二人の人が担って行進に参加する（前頁図58上）。鱈を吊した竿担ぎが順番を組んで神社に向かい、参道を上がっていく。参詣者と揉み合いになるほどの賑わいの中を境内の庭に到着して、ここに設置してある棹に順序よく吊していく。大きな腹を参詣人に向けた状態で、拝殿の両側に一〇本ずつ並んだ鱈は、いずれもその年最高の大きさを誇る。

この中から八本の鱈が選ばれて拝殿の廊下に掛けられ、このうちの二本が神饌として神棚に上げられる。いずれも、最も大きなものである。拝殿に上がった神饌の鱈は供犠の鱈となるものである。しかし、実際に儀式が終了した後の鱈鍋ではこの神饌は使わないで、拝殿の廊下に掛けられていたものが使われる。神饌の鱈は、神社の氏子代表などとの直会《なおらい》の際に料理されるものである。

祝詞《のりと》奏上があり、巫女の舞い、獅子舞が演じられる。神をもてなす神事が終了したところで、鱈鍋が作られる。

参詣者に振る舞われるのであるが、神事を見学した者も、この祭りの参加者となる。神人供食と考えられ、神の臨在が承認される。

「鱈まつり」の流れは以上のように、鱈漁に携わる人々の犠牲の供え物（大鱈）による供犠と、これを神人の供食によって我が身に受容することであった。鱈を余さず食べ尽くすのは、下品な食べ方なのではなく、神人の供食としての礼儀であり、残したり、粗末に扱ってはならないのである。鱈鍋をじゃっぱ汁と呼ぶこの地方では、骨や鰓などすべてを食べ尽くすことで、犠牲の供え物としての鱈に願って神にお願いすることとなったのである。大鍋を皆で食べるというのはもともと神事なのである。

ここで、「昔は港近くの神社の宵祭りで旧暦十二月十五日の夜に行われていた」意味を解明しておきたい。

この日付は東北日本海側地方では水神様の日として広く認識されている。恵比寿信仰と交わった庄内地方では一二月二〇日とすることもある。

　この日は水に関わる大切な日である。各河川では鮭の終漁日に当たり、この日を境に川を閉じる。終漁の儀礼には必ず神人供食の行事が組まれ、鮭一本を鍋に入れて食べる川煮とかじゃっぱ汁あるいはどんがら汁と呼ばれる饗宴が開かれた。参加者皆で食べることが決め事とされていて、余りは集落の各家に平等に分けた。

　この日は鮭のオオスケが上ってくる（大鳥では下る）日に当たり、終漁の餅を搗《つ》いて川から離れた。つまり、金浦の「掛魚まつり」は北陸から東北地方日本海側に広がる水神の祭りの一つと考えることが出来る。生の魚を口から吊して神前に供える事例は鮭などの大型で人と同じ霊魂を持つとされる魚に限って行われているが、鱈の場合もこれが当てはまる。

　鮭では人が命をいただいたことから鮭の供養塔を建てて慰める。しかし、鱈の場合、供養塔はない。ところが、鱈様としていただいた命に感謝する人々の心根がみられる。近年広がる各地の「寒鱈まつり」に参加してその想いを確認している。

　正月の掛魚は井原西鶴の『世間胸算用』の「長崎の餅柱」に出て来ることは記した（第五章）。また、全国的に一対の魚を正月飾りに作る。干魚が正月飾りとなる例も広くある。十日町市では鰤の尾鰭を上にして神棚に上げる正月の風習が今もある。鮭の歳取り膳を作る北陸から東北地方では、今も鮭の尾鰭を上向きに水口に貼りつける秋田県から新潟県にかけての事例が指摘できる。

　共通するのは霊魂のある魚として、神前に供えられることである。ここには、供犠の精神性が内包されている。神饌としての魚が供犠であれば、人を救うための生贄としての役割と、そのもの自体を食べてしまうことで、人の犯した罪を贖《あがな》う精神性が指摘できる。

たとえば、前者の生贄の例がある。山形県長井市に総宮神社がある。ここの神饌は神社に隣接する野川でとれた片目の鮭（初鮭の目を抜く）である。川の洪水を防ぐために人身御供となった姫の替わりに鮭が供犠となる。能登半島には鮭が生贄として溯上してきて料理される神社がある。やはり洪水から村人の命を救うために自ら犠牲となる鮭が描かれる。

贖いの精神性は、供えた神饌によって人の罪が贖われるとする心意で、過去に起こった惨事や事件を、祭りを実施することによって帳消しにすることである。「鱈まつり」の場合、過去の海難に対して、家族を死なせてしまった罪を贖うために水神の祭祀の日に、神饌の鱈を供えて贖ってもらっていたのである。

このような経緯を理解した後、二七年後の「鱈まつり」に参加した際の実相は既述した。現在の観光化した「鱈まつり」に変化してきたのは、神人供食の観念が変化してきたためであろう。

本来、神人供食は祭を司る氏子たちの神事の終わりに、神饌となったものを皆で食して神の臨在を確認した後、神事を閉じる意味があった。外部の人間がここに入り込んできた場合、本来であれば、閉じられた会として除外するのであるが、せっかく祭りに来たということだけで、参加者となる資格は与えられた。この人たちにも供犠の食べ物を食してもかまわないという広い考えが出されれば、祭りの参加者が、ともに鍋を囲むことができる。このようにして「鱈まつり」は千人を超える人たちの供食を可能にした。ここには、氏子の心根の広さが関係してくる。

二七年後の神事では、奉納鱈の船主の減少を補う、企業の鱈奉納が目立った。鱈を奉納する船主（団

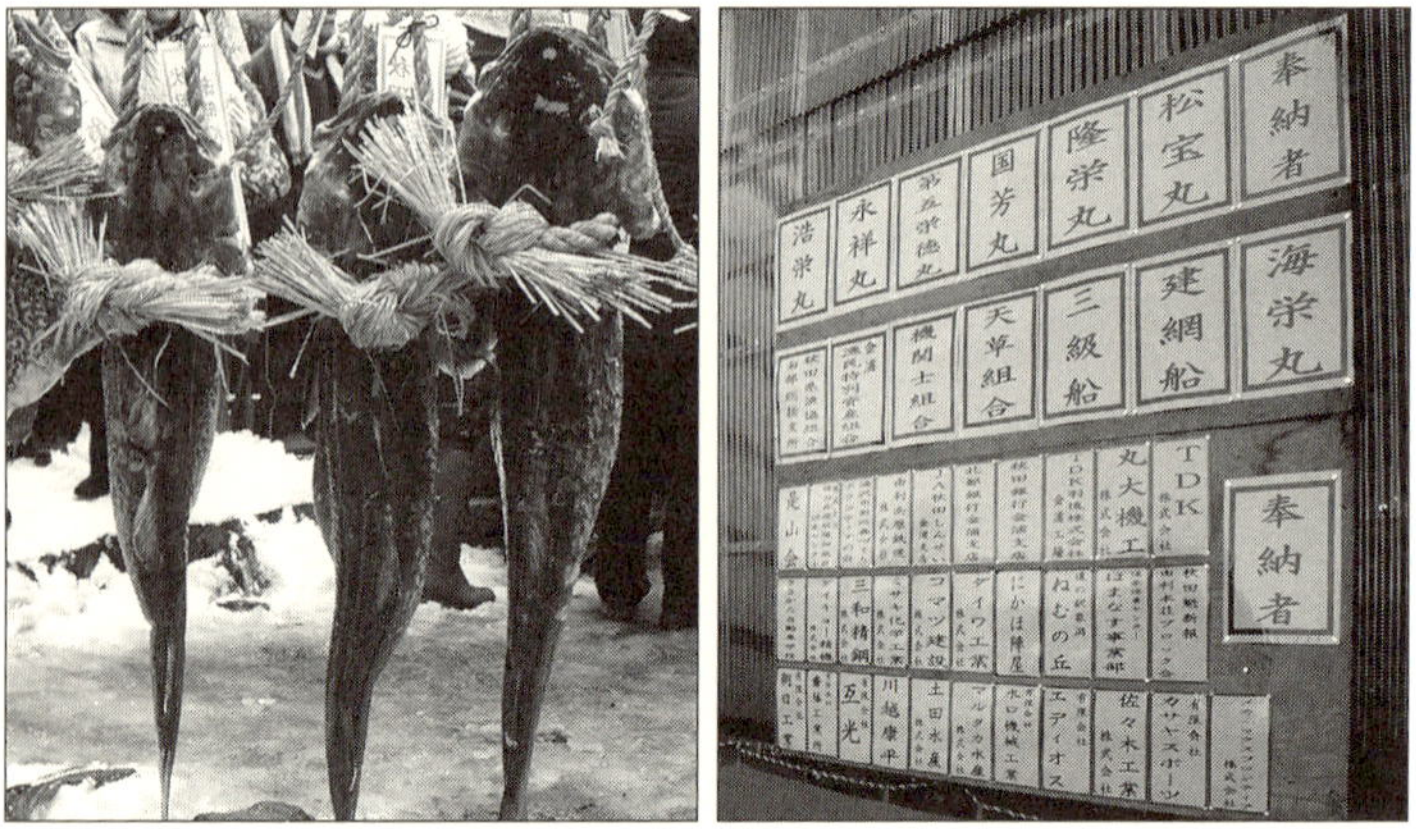

図59　秋田・金浦山神社の鱈まつり（右：奉納者は漁師から企業へと変わっていく．左：奉納鱈）

体）はかつて二〇件以上あった。現在は一三件である。

・松宝丸、隆栄丸、国芳丸、第五栄徳丸、永祥丸、浩栄丸、海栄丸、建網船、三級船、天草組合、機関士組合、金浦漁民特別資産組合、秋田県漁協南部総括支部（図59右）。

船主は減ったが地域の企業が鱈を奉納するようになり、現在三一社もの鱈が神前に並ぶようになった。銀行支店、水産会社、電子製品製造会社など、三年ほど前から、いっせいに出してくれるようになったという。この背景には、地域の会社員も、すべて金浦山神社の氏子たちという思惟がはぐくまれたことがあろう。新たに参加した会社も、地域の祭りに貢献するという思惟が働いている。

企業にとっては、外部から来る観光客への宣伝効果も意識されている。この観光客には一見《いちげん》の者であっても、鱈汁を食べるという行為によって贖いの恩寵を感じさせることができる。

こうして、神人供食は鱈汁を皆で食べる祭りへと変貌していったのである。観光バスから降りてくる人たちの狙いは鱈汁であり、巨大な鱈の陳列する光景を眺めることであった。

2 「寒鱈まつり」の広がり

大鍋を皆で食べることの神事としての性格を確認してきたのが庄内地方である。この地に秋の収穫が終了したことを祝って、河原に村人が出て大鍋に里芋を煮込んで食べる芋煮会がある。この芋煮鍋は、里芋の収穫祭なのである。なぜ大鍋に煮込むのか。収穫を神に感謝して、これを皆で食し、神人供食しているのである。大鍋に煮込む料理の全国的な展開を調べたことがある。新しい習俗だという人がいるが、決してそんなことはなく、元はナベカリ（鍋借り）の民俗であることが推測される。

秋の収穫を祝って、婚家に嫁いだ嫁が、生家の親のところに収穫物を持って帰り、ここで鍋を借りて収穫物の料理をして親に食べさせる行事が広くあった。鍋を借りるからナベカリという。

また、山家では、山からいただく獲物の料理に村共有の大鍋が使われ、これで料理をして皆に平等に配ることが今も行われている。山のものは平《たいら》として、皆で食べるものであった。特に、熊などの大型獣が授かったときには、料理は平等に分けられ、大鍋で煮られた熊汁は、集落構成員すべてに行き渡らせることが大切であった。

このように、集落の生活の中では、大鍋が村総有のものとして常備されていた。

漁家でも同様で、村の祭りに大鍋で煮た魚を皆で味わう行事は広くある。庄内地方の場合、寒中に捕れる鱈の漁は命がけである。漁にかかわる各種行事に大鍋の料理がともなうことが多かった。皆が危険な海での漁に対し、共通の鍋で帰属感を高めたのである。「アゴ固め」と呼ばれる漁期の始めに結束を促す宴会がある。大鍋を皆でつつくことをも意味したのである。

現在、庄内地方で寒鱈を材料とした大鍋で煮る行事が林立している。

・鶴岡市寒鱈まつり　鶴岡銀座商店街振興組合主催　一月初午《はつうま》
・由良寒鱈まつり　由良自治会主催　一月下旬
・酒田日本海寒鱈まつり　酒田商工会議所主催　一月下旬
・ゆざ町鱈ふくまつり　遊佐鳥海観光協会主催　一月下旬

このきっかけとなったのは、鱈が庄内地方で愛され続けてきた食材であり、一つの食文化を作ってきたことが挙げられる。鱈文化という呼び方もある。その捕り方、食べ方等、今まで伝えられてきてこれからも伝わっていく文化としての捉え方が庄内地方にはある。

小波渡《こばと》には庄内に寒鱈を供給したとされる、最古の漁村の称号が与えられている。慶長年間の鱈場開発は秋田金浦と並ぶ。鱈場の村は延縄《はえなわ》を使って冬の沖で鱈捕りをした人たち、漁業専業者である。

一九八八年から始めた「鶴岡市寒鱈まつり」が庄内各地の「寒鱈まつり」の嚆矢とされる。鶴岡銀座商店街の客寄せの動機などが背景として推量できるが、人が集まることで祭りとなる趣旨から考慮すれば、現在二万人の人を集めるほどに周知化され、多くの人から受け入れられている事実がある。しかも、

図60　山形・鶴岡市の「日本海寒鱈まつり」（上：会場，下：神事に奉納された鱈）

毎年、寒中の吹雪の日に分厚い外套を着込んだ人たちで賑わう。庄内鱈文化を具現化する新しい祭りと、捉えることが出来る。この祭りは鱈の祭祀から派生したものなのである（図60）。

きっかけは寒中の初午の日、鶴岡の稲荷様に寒鱈汁を供えていたことが挙げられている。稲荷信仰は初午の行事に狐の好きな稲荷や油揚げなどを捧げる。同時に、その時捕れている神饌として上げられたものが寒鱈の汁（一鰭《ひれ》）であった。

関西発祥の狐、稲荷信仰であれば、狐の好きな食べ物としての鱈で説明は終わる。しかし、庄内の寒鱈は、狐が呼び込んだ人を養う獲物としての鱈の位置づけがあることを見落としてはならない。

アイヌの鮭を呼び込む北の狐への信仰は、北陸地方でも顕著なものがあり、鮭の入る岬を狐崎と呼んだり、岩手県津軽石川のように、河口の神として稲荷神社を祀って鮭を呼んだ。北海道から東北北陸にかけての河口には、福島県真野川のように稲荷が祀られている事例が多く、これが関西の稲荷と性格を異にする北の恵比寿であることをかつて述べた（ものと人間の文化史『鮭・鱒』II）。

庄内の鶴岡御成稲荷神社に奉納される寒鱈にも、北の恵比寿の性格をみる。二〇〇六年から祭会場商店街で神事が行われるようになり、現在、定着している。御成稲荷は鶴岡御城稲荷神社のことで、藩主酒井候の居城の跡に建てられた荘内神社の一角にある。鶴ヶ岡城の中に鎮座する神社である。六代藩主酒井忠真《ただざね》が、城内鎮守として社殿を建立したとされる。明治時代に城は取り壊されたが、領民の崇敬が厚かったため、廃社をまぬかれた。商売繁盛、五穀豊穣、海上安全を祈り、朱色の鳥居が連なる。

神饌の鱈は、大きな腹をした生の鱈で、神主の語るところによれば、水揚げされた寒鱈の中で見事なものが選ばれて運ばれてくるという。この寒鱈が神饌の一番上の段に据えられ、向かって左側を口にして背を拝する側に、腹を外側に据える。神主の祈禱の後に、会場では準備してある大鍋が各所で湯気を上げて寒鱈汁が人に配られる。神事は一五分ほどで終了したが、神主の言葉には、寒鱈に対する深遠な想いがあった。「鶴岡の人たちはこの鱈の命をいただいて生活してきた」というのである。その場に参加した際、吹雪の中での神事にもかかわらず、多くの人の頭《こうべ》を垂れる姿があった。この神社の縁起は、寒鱈と直接のつながりはないが、今後、「寒鱈まつり」の精神的裏づけとして維持されていくことが推量できる。

寒鱈が神饌として奉納される初午の神社として、歴史の事例を援用して、祭りの裏づけに厚みをつけている。「おきつねはんまつり」が「寒鱈まつり」の起源ととれるパンフレットが作成されていて、「稲荷神社のおきつねさまは、農業繁栄、商売繁盛の信仰の神様です。庄内では初午の日、稲荷神社に庄内厚揚げと寒鱈汁がお供えされ祀られています。」の記述がある。
この記述の元となった稲荷信仰が広く語られていて、「寒鱈まつり」の起源が「おきつねはん」にあることが婉曲に述べられる。

天保十一年（一八四〇）十一月七日、荘内藩主酒井候が越後長岡に転封を命じられたとの知らせが届き、長年の善政を惜しんだ領民が「何卒居成大明神《なにとぞいなり》」などの幟《のぼり》を立てて転封阻止の運動を起こしました。幕府もその熱意に感じ入り、ついには命令を取り消しました。御国替えの殿様十代忠器《ただかた》公の「御永城の一命」が伝えられると、領民の喜びはものすごく、裸になって「おすわり」「おすわり」と言って踊り出し前代未聞の賑わいとなり、まつりがうまれました。この史実を平成の世に再現し、郷土愛を確認するまつりとして再興しました。武士、農民、町人、商人が一体となり、地域社会を守った運動です。御居成は稲荷で、「おきつねはん」の神通力が天に届いた喜びのまつりです。世界、日本に発信できる郷土愛のまつりです。

庄内藩の天保のお座り事件は、幕府の転封の命を領民が撤回させた運動を指し、江戸での嘆願や駕籠訴（行列の前に出て直訴）と同時に、鶴岡の領民が北晨（北斗七星のことで天の中心＝神意）の幟旗を建てて整然と行進した。これによって幕命が撤回され、「殿様の御永城」が決まった。
領主と領民が対立するのが一揆とされているが、全国で唯一の殿様を慕う一揆として歴史書に取り上げられている。「天保義民」は、この地出身の時代小説家、藤沢周平も『義民が駆ける』で描く。

領民の唱えた「何卒居成大明神」とは、稲荷大明神に借りた主張で、居成が居てくださいという意味になる。

このように歴史の故事に登場する稲荷神の姿を日常の初午とだぶらせて物語を描いた鶴岡市民の心意が「寒鱈まつり」となっていったのである。ここでは、魚の鱈に対する人の想いは斟酌《しんしゃく》されていない。では、鱈文化と呼ぶ人が出るまでに鱈に対する想いが高揚したのはなぜなのか。庄内地方では寒中に鱈という特産品が領内にあまねく届く海の恵みにあふれる場所にあった。近世、貧しい生活の中であっても、山村にまでじゃっぱ汁が届けられたことが分かっている。秋の鮭、冬の鱈、そして春の鯛と年間を通して水産品の恵みが届けられるところなのである。雪深い里の囲炉裏《いろり》に鱈が煮られている。冬を過ごす楽しみとしての鱈がいた。これが鱈文化となっていったのではないのか。事実、「鱈文化とは」の問いに多くの人がじゃっぱ汁と延縄漁の技術を挙げていた。食文化と伝承技術文化が双璧とされている。いずれも文化として伝えていこうとしている。

同時に、鱈漁によってはぐくまれた組織文化が、「寒鱈まつり」を建ち上げた姿が庄内にはある。「由良寒鱈まつり」は由良自治会主催となっているが、鱈場の村である。鱈延縄漁業に携わる人々がその漁撈組織を越えて、町内会として結束して祭りを始めた。ともに漁をする人々の集住する町であればこそ出来た文化である。「ゆざ町鱈ふくまつり」も飛島の対岸鱈場を領有する漁師衆が集住する町である。漁業に生きてきた人たちが寒鱈のおいしさを知らせる祭りになっている。何よりも、後継者不足に対する不安から、夏祭りにも船を引き出す地区である。漁撈の文化を伝えるために祭りを建ち上げる姿がある。

図61　ペソナンを祀る

庄内の鱈文化は、食文化、伝承技術、漁撈組織がからみ合って進んでいる。この背景に稲荷信仰が据えられる鶴岡は、歴史に裏づけられた神事に鱈を祀ることで一気に周知化されてきた。

3　棒鱈への信仰

韓国ソウル市の南大門《ナムデムン》市場には商店が軒を並べ、日常生活の必要物資が並べられている。一軒の店で待ち合わせのために腰を下ろしたところ、入り口の梁、頭上に丸干しの明太《メンタイ》（鱈）が店の内側に向けて大きな口を開けた状態で三尾吊されていた。それぞれの口には糸と紙幣が挟まれている。丸められた紙幣をくわえる棒鱈から、商売繁盛を祈る心意がみて取れた（口絵参照）。

済州《チェジュ》島では南の海の豊かな彩色の魚が市場一杯に広がっている隅の柱に一連につながれた明太が棒鱈として並べられていた。新鮮な魚の中に乾物がある。明太は韓国東海岸でよく捕れることは記した。済州島での棒鱈の利用は意外なものであった。

西端の港で三色の旗を立てた船があり、ペソナン（船の神様）を祀る行事に遭遇した（図61）。船のエンジンが調子悪く、いったんペソナンに降りていただいて、エンジンを新調した後、ペソナンを再び招く祭りであった。西瓜やバナナなどの供物で壇を築いている前には、莫蓙《ござ》の敷かれた場所があり、ピンク色の薄い衣装に身を包んだ巫女二名がいて、一人が鉦《かね》と銅鑼《どら》を打ち鳴らし、一人が舞っていた。祭りが最高潮に達すると、二人が壇に向かって体を臥せ、頭を垂れて祈りを捧げた。最後に立ち上がると壇の横にあった米袋から米を握りだし、右左舷の外に撒いた。散米は海上に広がり、祭りの終わりを意味することがみてとれた。海や山など自然への供物と捉えられた。

ほっとしたように巫女は、最後に一人が棒鱈二本の尾部を両手に握りしめ、最初は壇に向かってパンパンと棒鱈どうしで叩く。次にもう一人の巫女に向かって棒鱈を打ち鳴らすようにパンパン叩き、最後に海に向かって同様に棒鱈を叩いた。この後、両手に握られていた棒鱈は海に投げ入れられた。

祭りの始めには遭遇できなかったが、終わりは棒鱈が締めていた。棒鱈に結界を結んだり切ったりする働きがあるのではないか。

韓国の友人に「新郎吊し」という行事があることを教えられた。新郎新婦の婚姻が終了した後、新郎を友人たちが取り囲んで逆さにし、足の脛を棒鱈でパンパンと叩くというのである。これから歩む人生は大変なことが多くあるので覚悟して臨むように棒鱈で叩いて祝福するのであるという。

また、日本に留学することが決まって持ち物を揃えた後、家の人が棒鱈を加えてくれたという。出かけるときには、家にある棒鱈でパンパン叩き、前途を祝福したという。

日本で生活をしていたときにも、寮の部屋の隅に棒鱈を懸けておき、出かけるときにはこれに触れたりしたという。また、よいことがあったときには、身ををむしり取って食べたともいう。

ペソナンのご神体に糸と一緒に祀られることもあるという。韓国では船の神様として、石首魚《イシモチ》が圧倒的に多いが明太もある。

棒鱈が人を日常から別の信仰世界に導く何かを備えているのではないかと考えている。鱈の食文化でも指摘したように、先祖を祀る盆に棒鱈を食すところが多くある。特に九州地方に事例が多い。鱈が捕れない場所での棒鱈の活用は何らかの説明を必要とする。鱈の捕れる北陸から東北地方での棒鱈の活用は集落の祭りや年中行事に多くある。

新潟県山間部堀之内では、九月の祭礼の御馳走が棒鱈であった。朝から棒鱈を煮る匂いが集落に漂ったことから「棒鱈まつり」の異名がつけられた。村上市では七月七日の大祭の御馳走として棒鱈を甘辛く煮込んだ棒鱈煮が儀礼食の一つとしてあった。

福島県会津地方も正月や地域の祭りに棒鱈煮が作られた。会津地方の棒鱈は真鱈で、二寸ほどに押切で裁断したものを水に浸し、長時間煮続ける。柔らかくなってから砂糖醬油で味つけをする。日本海側の新潟港から揚がった棒鱈は阿賀野川水運と、越後街道を辿って会津に運ばれたが、からからになった頭つきの棒鱈は街道筋の乾物屋の商品として梁《はり》から吊されて売られていた。

京都の芋棒は有名な料理である。棒鱈と海老芋を煮込んだ料理が節句に作られる。年中行事では、雛祭りの壇に棒鱈を置く。五月節句も同様である。この心意は蕪村の年守《としもり》の句にある乾鮭と棒鱈の扱いでも解釈できる。つまり、武具として、魔を払う役割を棒鱈に託したという推論である。

ただ、この解釈は「魔除けの棒鱈」ですべてを説明できた錯覚に陥ることで、どのような魔があってそれを払ったり、そこから抜けたりしようとするのかについての説明がない。

つまり、先祖祭としての棒鱈としてまとめられる九州のような事例を全国で積み重ねていかなければ、棒鱈の真の利用目的ははっきりしてこないのである。

盆に棒鱈が食べられるのは、迎えた先祖との供食であると私は解釈している。先祖が神となって各家を守ってくれるようになるためにも、生きている者とともに食事の饗宴をしたのではないのか。先祖とともに食べる食とは、時を経ても形の変わらない姿で残されているかちかちの棒鱈であったとする考えである。

雛壇、歳取り膳、五月節句の壇に供える棒鱈は、料理していないことから饗宴の神人供食とはならない。これらの棒鱈は、朝鮮半島の結界に備えられて、ここで人を守る魚としての棒鱈に近いことを感じる。ペソナンの祀りで、棒鱈をパンパンと叩いて儀礼の終結を宣言した後、これを海に惜しげもなく捨てた行為が一つのヒントとして浮かぶ。犠牲の生贄《いけにえ》、供犠《くぎ》の心情である。棒鱈自身は人の生存のために結界を切って安寧をもたらし、自身は犠牲となっている。

棒鱈を節句や祭り、年中行事や人生儀礼に供犠の供え物として捧げてきたのが朝鮮半島の人々であった。この精神性が九州に多い、盆の棒鱈煮にも援用され、神人供食の盆行事へと発展していった。

棒鱈は供犠の精神性を内包する崇高なものであった。深海に群れていた魚が、人のために尽くすという解釈は、人が作り上げてきたものであっても、意義深い。長い歴史の中で文化としてたくわえられてきた思惟である。

終章　人を扶け続けた鱈

1　鱈養殖漁業

日本海で鱈漁業が本格的に始まったのが一六世紀。これから四〇〇年かけて漁人《いさりびと》は日本海の隅々までも拓いていった。大正一五年、特務艦の大和は日本海中央部にある浅瀬を発見して大和堆《やまとたい》と名づける。二〇世紀初めのことである。四〇〇年の間に、日本海沿岸の鱈場はすべて開拓し尽くし、日本海の中央部まで漁船は進出した。

この間の出来事は、中世文書記録に縄漁から延縄《はえなわ》漁に進む動きと併行して戦乱の世が終結していく様として描かれる。漁獲高が増大したことが背景にあることが推量される。同時に資源としての鱈が減り始める。一六世紀後半には軍船の小早が漁船（鱈船）に転用される。地つきの海で伝統漁船を駆っていた漁民に一本水押《みよし》の板船が参入してくる。川崎船の誕生である。これによって旅漁の民が沖の鱈場開発に進む。各藩の保存食は充実する。しかし、鱈の数は減り続ける。

本州の日本海側で川崎船が沖の漁場を開発し尽くすと、北海道の海域へ出かけるようになった。ここには手つかずの資源が循環していて、鱈は新しい漁業として成立した。しかし、ここでの技術革新は加速していた。漁船の動力化が起こり、延縄漁から底曳網漁となる機帆船の革新があった。大正時代に始まったこの動きは昭和に入る頃には北洋を席巻《せっけん》していく。漁業そのものが大きく変わり、独航船で北洋に挑むことも可能となり、同時に母船式漁業が缶詰工場をともなって沖に進出するようになった。

二〇世紀、漁場は北洋に移る。「魚溢れる北洋」「捕り尽くせぬ北洋」は、二一世紀に入る頃から怪しくなっていく。たった一世紀である。「捕り尽くせぬ」はずだったのに。

つまり、日本海の鱈は四〇〇年で捕り尽くし、北洋は一〇〇年で捕り尽くしたといわれても仕方のない事態に到っているのである。

鱈は食物連鎖では、海の第二次消費者である。動物性の食糧をたらふく摂る。植物性の餌を摂っている一次捕食の生物に較べ、格段に絶滅の危険が高い。日本の朱鷺《トキ》が絶滅した原因として動物性の餌を摂っていることを揚げた研究者がいる。植物性の餌を摂っている白鳥が数を回復しているのと対照された。

鱈を北洋まで出かけて捕り続けた富山県水産講習所の活躍は記したが、この事業記録に、鱈を復活させようとする動きがあることを知った。

「富山湾の鱈（マダラ）漁獲量は、減少傾向が著しい。一九八〇年代までは変動を繰り返しながらも一〇〇トンの水準を維持していたが九〇年代に入って一〇トン以下の年も出現するようになり、これまでに経験したことのないレベルにまで落ち込んでいる」という。「一九八七年をピークとする最後の小さな山は、もしかすると異常低水温を記録した一九八四年に生まれた卓越年級群によるものかもしれない」と推測している。

そして、「水産試験場では、日本栽培漁業協会能登島事業場と共同で深層水を利用した親魚養成を試みている。だが種苗を生産するまでに至っていない」ことが富山県水産試験場の報告にある。

一九四五年、つまり終戦の年に水産試験場ではいち早く鱈（マダラ）の人工孵化放流を行った。漁場で採卵を行い人工授精させ孵化槽に収容して海中に沈め孵化時まで保護するという至って簡単なものであったが四九〇〇万尾が放流されたという。

戦《いくさ》や天変地異で食が人に行き届かない世相で登場してきた鱈は、人に食を提供することで人を扶けてきた。戦争の時代の伴走者ともなって多くの人に食となって尽くした。平和の時代、食が足りているとされる現代の日本で鱈が足りなくなったのは、戦争中の捕り方と同じ捕り方を踏襲して、漁獲を減らすことをしなかったからである。人の技術は鱈を捕ることに関して、それぞれの時代の革新を蓄積した。結果、資源の枯渇に直面しなければならなくなった。

地の果て、海の果てからもたらされた鱈という食物を人類が消滅させようとしている。わずか五〇〇年足らずの間に。世界的にも重大な問題となっていて、ノルウェーでも養殖漁業として鱈（大西洋タラ）の復活をめざす動きがあり、日本の水産関係者との連携も進みつつあるという。この地は鱈が食用魚の六割を占める。鱈養殖漁業が中心となっていくものと考えられる。

2　人の生存を保障する技術

出雲崎の鱈場オジは、命がけの冬の鱈漁が食（命）の確保であることを心に刻んでいた。鶴岡の「寒鱈まつり」の神主は、寒さの中で、鱈の命が人を養っていることを語ってくれた。命をいただくことに関し、鱈ほど分かりやすい魚はいない。

鱈は人が地の果てに歩みを進めたときの強力な扶け手であり、人は鱈によって生存を持続させることができた。ヴァイキングはグリーンランドやアイスランドに達したが、この魚が現地で調達できたことから北大西洋に進み出すことができた。日本人も、戦争の時代、カムチャツカ半島までの千島列島沿いの北への歩みを、鱈という現地で巡り会える食糧に依存しながら進んだ。

当時の日本国の北端にあった占守島《シュムシュ》は、ここで繁殖する根つけ鱈の海域の真っ只中にあった。北千島に入植できる希望を支えたのも鱈や鮭・鱒である。日本の果てにも鱈がいて人を扶ける。鱈は辺境の果てで人を待っている魚なのである。

どろんとした鱈の姿は、ユーモラスであり、腹の膨満は尋常ではない。秋田県象潟《きさがた》港で出会った鱈は、支えるものがない限り腹がちぎれ落ちる規模であった。真子《まこ》が詰まっている。人に抱きかかえられて箱に入れられた。

特徴的なこの姿に接すると、人に伝えたり、表現したい欲求を人に呼び起こす。「どろんとした鱈」「ごんぼ鱈」「大口の魚」「まだら模様」は人の五感を刺激する。姿を描くのに、俳諧が力を貸した。絵画で描くと短い軀と太った胴回りのバランスが、肉の塊を連想させ、漫画的になる。ところがたった二文字の短い言葉であっても多彩な表現のできる鱈は俳諧の世界で水を得た魚の如く振る舞った。「寒鱈」「棒鱈」「鱈ちり」「鱈船」「干鱈」「芋棒」「鱈場」など、わずか三から四文字で季節とその背景まで描くことができる。文芸の素材として、優れた特性を備えていった。

現代、鱈と人の取り結ぶ縁は食で日々の生活に定着した。塩漬けした鱈を干した肉厚干鱈を細かく裂いて茶漬けで食べた子供の頃の生活がよみがえる。干鱈は中部山岳地帯の山村で育った者にとっても、貴重な食糧であり、当座の非常食としても弁当などに入れられ、山仕事で噴き出す汗の塩分を補った。当時の魚売りは、大きな背負い籠に海産物を入れて各家を廻っていた。この人たちの荷には鱈製品が必ずあった。そして、鯳の丸干しもあった。火で焙《あぶ》り、アンモニア臭のする肉片を御馳走にしていたせいか、都会生活者の配給された鯳に対して飽きたとする態度を取らずに生活できた。

鱈は産卵を終えると皮膚がしわくちゃになるほど痩せこける。この状態を北陸地方の漁師はごんぼといい、ごんぼ鱈という言葉がある。このように痩せた鱈は口ばかり飛び出して頭でっかちの姿となる。ごんぼ鱈は水っぽくて肉はぶよぶよする。ところが、一〇分の一にまで乾燥させた棒鱈は、保存食品としては高い価値を持つ。本来、日本人は価値のない状態のものでも、価値のあるものにまで高める文化を維持していたと考えている。干鱈にする場合、胸鰭《むなびれ》が外されて捨てられることがある。ここをカギと呼んで、乾燥させて食べていたのが東北地方の鱈場の村である。

捨てることは対象物の価値の放棄につながる。鱈は捨てることのできない魚であった。戦乱や飢饉など、非常時に人に寄り添って生活を維持してくれていたからである。

鱈捕りの技術、延縄《はえなわ》は、人類が保持してきた貴重な技術であった。私は人類のユーラシア大陸移動の北方ルートにこの技術を持って移動した一群がいたことを推測している。オビ川下流、北極圏に近いカズィム村で手にした馴鹿《トナカイ》の骨で作った三方に飛び出すように棘を設けた鉤は、食物連鎖の基層にいる魚に埋め込まれた。この餌にされた魚を食べる巨大なシュウカ（川魳《カワカマス》）は肉食で、棘鉤の魚を飲み込み、延縄に懸かる。鱈もシュウカと同じ肉食の魚である。また、低湿地の水鳥を捕るのに、延縄の鉤に餌をつけて捕る猟法がある。

延縄は人類の生存の持続になくてはならない基層の技術であった。この技術を広げるために船が開発され、沖に進出したのが日本の鱈漁業である。延縄の技術を駆使する川崎船が誕生して、人は沖合漁業へ突き進んだ。

一六世紀には北欧ノルウェーで確立していたとされる鱈底延縄技術は、日本海の一六世紀に一気に進む鱈場開発の動きと連動している。一五世紀から一六世紀初めにかけて、人が命をかけて沖に進出しなければならない要因が世界的に生起していたことを推量している。それが気候変動であるのか、大規模な世界的動乱であるのか今はつかめていない。同時に、ノルウェーの底延縄の技術と出雲崎の底延縄技術の同質性をどう解釈すればよいのか。伝播したものか、それとも同時に発生したのか。一六世紀に同時に出現する技術は何らかの介在を考慮せざるを得ない。私は一六世紀の北の道を夢想している。人類の移動の流れは何波も繰り返されているが、その中に北のシベリアを辿る道の存在を考えるのである。

ヨーロッパが大航海時代に入った要因も、鱈と関係する可能性がある。造船史では船体が鎧《よろい》張り(clinker)で舳艫《へとも》が突き出る両頭式の北方船は、ヴァイキング船として知られているが、この船の技術と、地中海を中心に発達した平板張りで舳艫が異なる両頭異形の南方船の技術が交じり合い、大航海時代を導いたとされている。そこには、船の技術が交わらなければならなかった人類の生存の持続に対する要因が関わっているはずである。ニューファンドランド島に鱈を捕りに行かなければならなかったヨーロッパ人の衝動とは何だったのか。

新大陸に進むなどの長期の航海で威力を発揮したのが干鱈であったとされている。スペインやポルトガルにバカラオ（鱈）料理がある（口絵参照）。ポルトガルでは国民食とさえいわれるほど食べられている鱈は大西洋の北地で捕られている。北方船の就航海域であり、北欧で捕られた鱈が南欧に輸出され、大航海時代を支えた構図が分かっている。南と北は交わらなければならない運命にあった。

南北交易の隠れた主役に鱈は存在した。フェルナン・ブローデルは『地中海』で、イギリス人が地中海に戻ってきた一五七二、三年を記述している。毛織物、鉛、錫など従来のものにつけ加えられたものが「ニシン、タラ、缶詰サケの無数の樽」としている。

地中海はおのれの飢え、断食および四旬節の断食の飢え、武装への飢えを鎮めるためにイギリスの資源への欲求が増大しているのだろうか[1]。

地中海が飢えに苦しめられる環境にあり、北からの交易船が地中海の経済を補強していく。本来、地中海経済は「主要産業としての農業」つまり、小麦の生産に依存している。これにオランダの鮭や鰊《ニシン》、イギリスの鱈などが入り込んで、飢えを解消していった交易の姿が描かれる。

我が国でも、応仁の乱を境に京の官家や武家から広まり、戦国武将が重用した鱈の食習は、やはり食べ物への依存を米などの穀物から魚に分散させる動きの一つとも捉えることができる。米が十分に収穫できない状況では、生存を維持するために、保存の効く食糧を密かに貯蔵しておく必要がある。武士のたしなみとして、茶会の懐石料理に使われて広まったとされる鱈の食習は、武士の非常食であった。当然のように、庶民にまで食習を広められない事情があったのであろう。武士が占有して非常時の食糧として溜め込む。この後、鱈場開発の成功など、漁獲高が上がって庶民に干鱈が流通するようになったことを松尾芭蕉の句から連想している。京の都は若狭湾の裏側にある。供給地の近くに消費地がある利点は計り知れない。

このような背景を斟酌《しんしゃく》しないと、一六〇〇年代後半に日本海側各藩で一気に広がる鱈場開発の動きが説明できない。各藩がこぞって川崎衆をたのみ、鱈場を画定してもらっているのである。北は南の足らない非常食を供給してくれるところであった。

日本人の特性を指す「漁食の民」とは穀物食に依存しなくても初めから魚に依存する人たちを指した言葉ではない。皆、穀物を食べたかったのである。穀物の不足を補ったのが魚である。そのことは能登半島の鱈飯に象徴された。

地中海世界では魚が北地からの移入品であった。同様に、日本の鱈も北の魚として、穀物の不足を補った。

海は一体どれほどの人を養い得るのか。海が人を養う量についての総合的研究が今後必要である。非常時、戦時の鱈はそのことを強調している。

注

（1）フェルナン・ブローデル／浜名優美訳『地中海II——集団の運命と全体の動き1』（藤原書店、一九九二年）四四二頁。

あとがき

金字塔「ものと人間の文化史」に一つのテーマを提出できた幸せを噛みしめている。
地域の生活を次の時代につなげる文化の継承について、私は文化史（民俗学・考古学・地方史などの統合）に多くを期待し、取り組んできた。人が営んできた生活を一つの「学」にまとめ、これを文化として継承していく。

文化史の底力に触れたことから語りたい。「ものと人間の文化史」144の『熊』を読んだ「北秋田の自然と文化を守る会」の小坂球実さんらから、秋田に来て、皆と交流するように話があった。その後、同県の鳥海マタギ、三浦俊雄さんらからも、話が聞きたいという連絡を受けて会議に参加した。前者の小坂さんたちは、本を丁寧に読み込み、熊に対してどのように振る舞い関わっていけばよいのか真剣に考え、「熊を文化の問題として捉える」先進的な試みを実施していた。

後者の三浦さんたち鳥海マタギは、会員が『熊』の本を購入して、現在の「熊に対する社会の誤解」を解くにはどうすればよいかを真剣に考えていた。マタギの人たちは許可を得て、山の神に捧げる熊を年間一頭から二頭いただき、これを狩って儀礼を施して山の神に送り感謝している。ところが、都市化の進んだ現在の地域社会では、熊を見たというだけで人は害獣駆除の申請をして箱罠で熊を捕らえ、駆除してしまう。ここにマタギたちが動員されることもあり、心底辛い仕事をさせられているのである。

一つの県で駆除される熊の数は年間二〇〇頭を超えるとされ、熊は邪魔者となってしまった。熊を邪魔者とする文化など存在しない。人が邪魔者であることに社会は気づいていない。マタギたちが熊と人の仲を取り持ってくれている。

「二〇年マタギをやっているが、初めて今年熊を撃たせてもらった」ことを語る鳥海マタギの一人は、精進して初めて山の神に捧げる熊を捕らせてもらった感激を語っていた。ここには宮沢賢治の『なめとこ山の熊』に通じる世界観が広がっていた。

人びとの心根深くに底流する思惟をすくいとって学にまとめていく作業は骨身に応えるが、熊を文化の問題と捉える秋田の人たちに遭遇すると、文化史が文化の継承に大きな力を発揮していることに気づかされる。熊とともに生きようとしている人たちの姿は、文化が継承されている証《あかし》である。

さて、鱒を文化史に位置づけると熊とよく似た状況が目に浮かぶ。熊も鱒も人から最も遠いところにいる辺境の生き物である。そして人が命を賭けて対峙してきた自然界の優越者である。人は相手が自分よりも優れたものを保持しているとき、相手をけなし、自分の存在を優位に立たせようと画策する。あるいは人のために存在するかのような論拠を持ち出して対峙する生き物を人の支配下に押し込めようとする。鱒ほど毀誉褒貶のはげしい魚はない。

鱒は人類の歴史を動かしてきた魚である。

日本の社会では人物中心の歴史が幅を利かせている。人物に偏りすぎ、「もの」に対する視点が萎《な》えてしまっている。文化史を記録していく研究は、「もの」への視点を研ぎ澄ませ、どのような思潮がどのように形成されてきたのか、冷徹に突き詰める作業でもある。人の存在を自然の中に押し戻すのだ。それをしないと、「熊は害悪だ、絶滅してもかまわない」とか、「鱈は貧者の食べものだ」といった、乱暴な議論が継承されかねない。

鱈に関する資料は四〇年前から集めていた。中世若狭湾の史料など、発見したときの歓びは今も心に残っている。水産試験場報告は北陸東北各県そして北海道を廻って渉猟した。明治の開設から大正にかけての水産史は革命的であり、水産日本のさきがけには心躍る動きが記録されている。中には山形のように、空襲で記録が焼失した県もあった。しかし、各地で身を削るようにして資料と対峙している方々と出会い、文化史の可能性を確信している。

本稿は多忙を極める編集部の奥田のぞみさんに第一稿をみていただき、心温まる言葉をいただいた。しかも、長きにわたり拙著の担当者であったＯＢの秋田公士さんに編集を依頼してくださった。人が生存を持続させるための研究は、深海の鱈にまで達した。分かりづらい多くの資料を論旨に沿って分かりやすく編集してくださった秋田さんのお力をいただけたことは幸せである。

私が研究を始めた二十代、「ものと人間の文化史」の第一号『船』がすでに出ていた。むさぼるように読み込んだ本は、火事に遭遇して水を吸い、座布団のように膨らんだ状態で、今も書棚にある。鱈、延縄、川崎船のテーマは、このシリーズにいつか組み込んでもらうことを期待しながら資料収集にあたってきた。時を超えて『鱈』にまとめることができた。

出口のない原発問題など、現在の人の歴史には閉塞感が漂う。見方を変えて「ものと人間の文化史」

に人の歩みの目印をみつけることが必要ではなかろうか。特に市井の研究者を巻き込むこのシリーズへの期待は大きい。

このシリーズに育てられたのは私だけではない。『熊』を読み込んでくださっている秋田の友人たち、『白鳥』をシンボルにしようとされている会津若松の先輩等、文化史を通した一つの輪が、私たちの生きる証となってきている。

赤羽正春

著者略歴

赤羽正春（あかば まさはる）

1952年長野県に生まれる．明治大学卒業，明治学院
大学大学院修了．文学博士（新潟大学）．
著書：ものと人間の文化史 103『採集──ブナ林の
恵み』，同 133『鮭・鱒』I・II，同 144『熊』，
同 161『白鳥』，『樹海の民──舟・熊・鮭と
生存のミニマム』（以上，法政大学出版局）．
『日本海漁業と漁船の系譜』（慶友社）．
『越後荒川をめぐる民俗誌』（アペックス）．
編著：『ブナ林の民俗』（高志書院）．

ものと人間の文化史　171・鱈（たら）

2015年 7 月20日　初版第 1 刷発行

発行所　一般財団法人　法政大学出版局

〒102-0071 東京都千代田区富士見 2-17-1
電話03（5214）5540　振替00160-6-95814
組版：秋田印刷工房　印刷：平文社　製本：誠製本

ISBN 978-4-588-21711-1

Printed in Japan

ものと人間の文化史

★第9回梓会出版文化賞受賞

人間が〈もの〉とのかかわりを通じて営々と築いてきた暮らしの足跡を具体的に辿りつつ文化・文明の基礎を問いなおす。手づくりの〈もの〉の記憶が失われ、〈もの〉離れが進行する危機の時代におくる豊穣な百科叢書。

1 **船** 須藤利一編

海国日本では古来、漁業・水運・交易はもとより、大陸文化も船によって運ばれた。本書は造船技術、航海の模様の推移を中心に、漂流、船霊信仰、伝説の数々を語る。四六判３６８頁 ’68

2 **狩猟** 直良信夫

人類の歴史は狩猟から始まった。本書は、わが国の遺跡に出土する獣骨、猟具の実証的考察をおこないながら、狩猟をつうじて発展した人間の知恵と生活の軌跡を辿る。四六判２７２頁 ’68

3 **からくり** 立川昭二

〈からくり〉は自動機械であり、驚嘆すべき庶民の技術的創意がこめられている。本書は、日本と西洋のからくりを発掘・復元・遍歴し、埋もれた技術の水脈をさぐる。四六判４１０頁 ’69

4 **化粧** 久下司

美を求める人間の心が生みだした化粧―その手法と道具に語らせた人間の欲望と本性、そして社会関係。歴史を遡り、全国を踏査して書かれた比類ない美と醜の文化史。四六判３６８頁 ’70

5 **番匠** 大河直躬

番匠はわが国中世の建築工匠。地方・在地を舞台に開花した彼らの造型・装飾・工法等の諸技術、さらに信仰と生活等、職人以前の独自で多彩な工匠的世界を描き出す。四六判２８８頁 ’71

6 **結び** 額田巌

〈結び〉の発達は人間の叡知の結晶である。本書はその諸形態および技法を作業・装飾・象徴の三つの系譜に辿り、〈結び〉のすべてを民俗学的・人類学的に考察する。四六判２６４頁 ’72

7 **塩** 平島裕正

人類史に貴重な役割を果たしてきた塩をめぐって、発見から伝承・製造技術の発展過程にいたる総体を歴史的に描き出すとともに、その多彩な効用と味覚の秘密を解く。四六判２７２頁 ’73

8 **はきもの** 潮田鉄雄

田下駄・かんじき・わらじなど、日本人の生活の礎となってきた伝統的はきものの成り立ちと変遷を、二〇年余の実地調査と細密な観察・描写によって辿る庶民生活史　四六判２８０頁 ’73

9 **城** 井上宗和

古代城塞・城柵から近世代名の居城として集大成されるまでの日本の城の変遷を辿り、文化の各領野で果たしてきたその役割を再検討。あわせて世界城郭史に位置づける。四六判３１０頁 ’73

10 **竹** 室井綽

食生活、建築、民芸、造園、信仰等々にわたって、竹と人間との交流史は驚くほど深く永い。その多岐にわたる発展の過程を個々に辿り、竹の特異な性格を浮彫にする。四六判３２４頁 ’73

11 **海藻** 宮下章

古来日本人にとって生活必需品とされてきた海藻をめぐって、その採取・加工法の変遷、商品としての流通史および神事・祭事での役割に至るまでを歴史的に考証する。四六判３３０頁 ’74

12 絵馬　岩井宏實
古くは祭礼における神への献馬にはじまり、民間信仰と絵画のみごとな結晶として民衆の手で描かれ祀り伝えられてきた各地の絵馬を豊富な写真と史料によってたどる。四六判３０２頁 '74

13 機械　吉田光邦
畜力・水力・風力などの自然のエネルギーを利用し、幾多の改良を経て形成された初期の機械の歩みを検証し、日本文化の形成における科学・技術の役割を再検討する。四六判２４２頁 '74

14 狩猟伝承　千葉徳爾
狩猟には古来、感謝と慰霊の祭祀がともない、人獣交渉の豊かで意味深い歴史があった。狩猟用具、巻物、儀式具、またけものたちの生態を通して語る狩猟文化の世界。四六判３４６頁 '75

15 石垣　田淵実夫
採石から運搬、加工、石積みに至るまで、石垣の造成をめぐって積み重ねられてきた石工たちの苦闘の足跡を掘り起こし、その独自な技術の形成過程と伝承を集成する。四六判２２４頁 '75

16 松　高嶋雄三郎
日本人の精神史に深く根をおろした松の伝承に光を当て、食用、薬用等の実用の松、祭祀・観賞用の松、さらに文学・芸能・美術に表現された松のシンボリズムを説く。四六判３４２頁 '75

17 釣針　直良信夫
人と魚との出会いから現在に至るまで、釣針がたどった一万有余年の変遷を、世界各地の遺跡出土物を通して実証しつつ、漁撈によって生きた人々の生活と文化を探る。四六判２７８頁 '76

18 鋸　吉川金次
鋸鍛冶の家に生まれ、鋸の研究を生涯の課題とする著者が、出土遺品や文献・絵画により各時代の鋸を復元・実験し、庶民の手仕事にみられる驚くべき合理性を実証する。四六判３６０頁 '76

19 農具　飯沼二郎／堀尾尚志
鍬と犂の交代・進化の歩みとして発達したわが国農耕文化の発展経過を世界史的視野において再検討しつつ、無名の農民たちによる驚くべき創意のかずかずを記録する。四六判２２０頁 '76

20 包み　額田巖
結びとともに文化の起源にかかわる〈包み〉の系譜を人類史的視野において捉え、衣・食・住をはじめ社会・経済史、信仰、祭事などにおけるその実際と役割とを描く。四六判３５４頁 '77

21 蓮　阪本祐二
仏教における蓮の象徴的位置の成立と深化、美術・文芸等に見る人間とのかかわりを歴史的に考察。また大賀蓮はじめ多様な品種とその来歴を紹介しつつその美を語る。四六判３０６頁 '77

22 ものさし　小泉袈裟勝
ものをつくる人間にとって最も基本的な道具であり、数千年にわたって社会生活を律してきたその変遷を実証的に追求し、歴史の中で果たしてきた役割を浮彫りにする。四六判３１４頁 '77

23-I 将棋I　増川宏一
その起源を古代インドに、我国への伝播の道すじを海のシルクロードに探り、また伝来後一千年におよぶ日本将棋の変化と発展を盤、駒、ルール等にわたって跡づける。四六判２８０頁 '77

23-Ⅱ 将棋Ⅱ 増川宏一
わが国伝来後の普及と変遷を貴族や武家・豪商の日記等に博捜し、遊戯者の歴史をあとづけると共に、中国伝来説の誤りを正し、将棋宗家の位置と役割を明らかにする。四六判346頁 '85

24 湿原祭祀 第2版 金井典美
古代日本の自然環境に着目し、各地の湿原聖地を稲作社会との関連において捉え直して古代国家成立の背景を浮彫にしつつ、水と植物にまつわる日本人の宇宙観を探る。四六判410頁 '77

25 臼 三輪茂雄
臼が人類の生活文化の中で果たしてきた役割を、各地に遺る貴重な民俗資料・伝承と実地調査にもとづいて解明。失われゆく道具のなかに、未来の生活文化の姿を探る。四六判412頁 '78

26 河原巻物 盛田嘉徳
中世末期以来の被差別部落民が生きる権利を守るために偽作し護り伝えてきた河原巻物を全国にわたって踏査し、そこに秘められた最底辺の人びとの叫びに耳を傾ける。四六判226頁 '78

27 香料 日本のにおい 山田憲太郎
焼香供養の香から趣味としての薫物へ、さらに沈香木を焚く香道へと変遷した日本の「匂い」の歴史を豊富な史料に基づいて辿り、我国風俗史の知られざる側面を描く。四六判370頁 '78

28 神像 神々の心と形 景山春樹
神仏習合によって変貌しつつも、常にその原型＝自然を保持してきた日本の神々の造型を図像学的方法によって捉え直し、その多彩な形象に日本人の精神構造をさぐる。四六判342頁 '78

29 盤上遊戯 増川宏一
祭具・占具としての発生を『死者の書』をはじめとする古代の文献にさぐり、形状・遊戯法を分類しつつその〈進化〉の過程を考察。〈遊戯者たちの歴史〉をも跡づける。四六判326頁 '78

30 筆 田淵実夫
筆の里・熊野に筆づくりの現場を訪ねて、筆匠たちの境涯と製筆の由来を克明に記録しつつ、筆の発生と変遷、種類、製筆法、さらには筆塚、筆供養にまで説きおよぶ。四六判204頁 '78

31 ろくろ 橋本鉄男
日本の山野を漂移しつづけ、高度の技術文化と幾多の伝説とをもたらした特異な旅職集団＝木地屋の生態を、その呼称、地名、伝承、文書等をもとに生き生きと描く。四六判460頁 '79

32 蛇 吉野裕子
日本古代信仰の根幹をなす蛇巫をめぐって、祭事におけるさまざまな蛇の「もどき」や各種の蛇の造型・伝承に鋭い考証を加え、忘れられたその呪性を大胆に暴き出す。四六判250頁 '79

33 鋏（はさみ） 岡本誠之
梃子の原理の発見から鋏の誕生に至る過程を推理し、日本鋏の特異な歴史的位置を明らかにするとともに、刀鍛冶等から転進した鋏職人たちの創意と苦闘の跡をたどる。四六判396頁 '79

34 猿 廣瀬鎮
嫌悪と愛玩、軽蔑と畏敬の交錯する日本人とサルとの関わりあいの歴史を、狩猟伝承や祭祀・風習、美術・工芸や芸能のなかに探り、日本人の動物観を浮彫りにする。四六判292頁 '79

35 鮫 矢野憲一

神話の時代から今日まで、津々浦々につたわるサメの伝承とサメをめぐる海の民俗を集成し、神饌、食用、薬用等に活用されてきたサメと人間のかかわりの変遷を描く。四六判292頁 '79

36 枡 小泉袈裟勝

米の経済の枢要をなす器として千年余にわたり日本人の生活の中に生きてきた枡の変遷をたどり、記録・伝承をもとにこの独特な計量器が果たした役割を再検討する。四六判322頁 '80

37 経木 田中信清

食品の包装材料として近年まで身近に存在した経木の起源を、こけら経や塔婆、木簡、屋根板等に遡って明らかにし、その製造・流通に携った人々の労苦の足跡を辿る。四六判288頁 '80

38 色 染と色彩 前田雨城

わが国古代の染色技術の復元と文献解読をもとに日本色彩史を体系づけ、赤・白・青・黒等におけるわが国独自の色彩感覚を探りつつ日本文化における色の構造を解明。四六判320頁 '80

39 狐 陰陽五行と稲荷信仰 吉野裕子

その伝承と文献を渉猟しつつ、中国古代哲学＝陰陽五行の原理の応用という独自の視点から、謎とされてきた稲荷信仰と狐との密接な結びつきを明快に解き明かす。四六判232頁 '80

40-I 賭博I 増川宏一

時代、地域、階層を超えて連綿と行なわれてきた賭博。――その起源を古代の神判、スポーツ、遊戯等の中に探り、抑圧と許容の歴史を物語る。全III分冊の〈総説篇〉。四六判298頁 '80

40-II 賭博II 増川宏一

古代インド文学の世界からラスベガスまで、賭博の形態・用具・方法の時代的特質を明らかにし、夥しい禁令に賭博の不滅のエネルギーを見る。全III分冊の〈外国篇〉。四六判456頁 '82

40-III 賭博III 増川宏一

聞香、闘茶、笠附等、わが国独特の賭博を中心にその具体例を網羅し、方法の変遷に賭博の時代性を探りつつ禁令の改廃に時代の賭博観を追う。全III分冊の〈日本篇〉。四六判388頁 '83

41-I 地方仏I むしゃこうじ・みのる

古代から中世にかけて全国各地で作られた無銘の仏像を訪ね、素朴で多様なノミの跡に民衆の祈りと地域の願望を探る。宗教の伝播、文化の創造を考える異色の紀行。四六判256頁 '80

41-II 地方仏II むしゃこうじ・みのる

紀州や飛驒を中心に草の根の仏たちを訪ねて、その相好と像容の魅力を探り、技法を比較考証して仏像彫刻史に位置づけつつ、中世地域社会の形成と信仰の実態に迫る。四六判260頁 '97

42 南部絵暦 岡田芳朗

田山・盛岡地方で「盲暦」として古くから親しまれてきた独得の絵解き暦を詳しく紹介しつつその全体像を復元する。その無類の生活暦は、南部農民の哀歓をつたえる。四六判288頁 '80

43 野菜 在来品種の系譜 青葉高

蕪、大根、茄子等の日本在来野菜をめぐって、その渡来・伝播経路、品種分布と栽培のいきさつを各地の伝承や古記録をもとに辿り、畑作文化の源流とその風土を描く。四六判368頁 '81

44 **つぶて** 中沢厚

弥生投弾、古代・中世の石戦と印地の様相、投石具の発達を展望しつつ、願かけの小石、正月つぶて、石こづみ等の習俗を辿り、石塊に託した民衆の願いや怒りを探る。四六判３３８頁 '81

45 **壁** 山田幸一

弥生時代から明治期に至るわが国の壁の変遷を壁塗＝左官工事の側面から辿り直し、その技術的復元・考証を通じて建築史・文化史における壁の役割を浮き彫りにする。四六判２９６頁 '81

46 **簞笥**（たんす） 小泉和子

近世における簞笥の出現＝箱から抽斗への転換に着目し、以降近現代に至るその変遷を社会・経済・技術の側面からあとづける。著者自身による簞笥製作の記録を付す。四六判３７８頁 '82

47 **木の実** 松山利夫

山村の重要な食糧資源であった木の実をめぐる各地の記録・伝承を集成し、その採集・加工における幾多の試みを実地に検証しつつ、稲作農耕以前の食生活文化を復元。四六判３８４頁 '82

48 **秤**（はかり） 小泉袈裟勝

秤の起源を東西に探るとともに、わが国律令制下における中国制度の導入、近世商品経済の発展に伴う秤座の出現、明治期近代化政策による洋式秤受容等の経緯を描く。四六判３２６頁 '82

49 **鶏**（にわとり） 山口健児

神話・伝説をはじめ遠い歴史の中の鶏を古今東西の伝承・文献に探り、特に我国の信仰・絵画・文学等に遺された鶏の足跡を追って、鶏をめぐる民俗の記憶を蘇らせる。四六判３４６頁 '83

50 **燈用植物** 深津正

人類が燈火を得るために用いてきた多種多様な植物との出会いと個々の植物の来歴、特性及びはたらきを詳しく検証しつつ「あかり」の原点を問いなおす異色の植物誌。四六判４４２頁 '83

51 **斧・鑿・鉋**（おの・のみ・かんな） 吉川金次

古墳出土品や文献・絵画をもとに、古代から現代までの斧・鑿・鉋を復元・実験し、労働体験によって生まれた民衆の知恵と道具の変遷を蘇らせる異色の日本木工具史。四六判３０４頁 '84

52 **垣根** 額田巌

大和・山辺の道に神々と垣との関わりを探り、各地に垣の伝承を訪ねて、寺院の垣、民家の垣、露地の垣など、風土と生活に培われた生垣の独特のはたらきと美を描く。四六判２３４頁 '84

53-Ⅰ **森林Ⅰ** 四手井綱英

森林生態学の立場から、森林のなりたちとその生活史を辿りつつ、産業の発展と消費社会の拡大により刻々と変貌する森林の現状を語り、未来への再生のみちをさぐる。四六判３０６頁 '85

53-Ⅱ **森林Ⅱ** 四手井綱英

森林と人間との多様なかかわりを包括的に語り、人と自然が共生するための森や里山をいかにして創出するか、森林再生への具体的な方策を提示する21世紀への提言。四六判３０８頁 '98

53-Ⅲ **森林Ⅲ** 四手井綱英

地球規模で進行しつつある森林破壊の現状を実地に踏査し、森と人が共存する日本人の伝統的自然観を未来へ伝えるために、いま何が必要なのかを具体的に提言する。四六判３０４頁 '00

54 海老（えび）　酒向昇

人類との出会いからエビの科学、漁法、さらには調理法を語り、めでたい姿態と色彩にまつわる多彩なエビの民俗を、地名や人名、詩歌・文学、絵画や芸能の中に探る。　四六判４２８頁　'85

55-Ⅰ 藁（わら）Ⅰ　宮崎清

稲作農耕とともに二千年余の歴史をもち、日本人の全生活領域に生きてきた藁の文化を日本文化の原型として捉え、風土に根ざしたそのゆたかな遺産を詳細に検討する。　四六判４００頁　'85

55-Ⅱ 藁（わら）Ⅱ　宮崎清

床・畳から壁・屋根にいたる住居における藁の製作・使用のメカニズムを明らかにし、日本人の生活空間における藁の役割を見なおすとともに、藁の文化の復権を説く。　四六判４００頁　'85

56 鮎　松井魁

清楚な姿態と独特な味覚によって、日本人の目と舌を魅了しつづけてきたアユ——その形態と分布、生態、漁法等を詳述し、古今のアユ料理や文芸にみるアユにおよぶ。　四六判２９６頁　'86

57 ひも　額田巌

物と物、人と物とを結びつける不思議な力を秘めた「ひも」の謎を追って、民俗学的視点から多角的なアプローチを試みる。『結び』、『包み』につづく三部作の完結篇。　四六判２５０頁　'86

58 石垣普請　北垣聰一郎

近世石垣の技術者集団「穴太」の足跡を辿り、各地城郭の石垣遺構の実地調査と資料・文献をもとに石垣普請の歴史的系譜を復元しつつ石工たちの技術伝承を集成する。　四六判４３８頁　'87

59 碁　増川宏一

その起源を古代の盤上遊戯に探ると共に、定着以来二千年の歴史を時代の状況や遊び手の社会環境との関わりにおいて跡づける。逸話や伝説を排して綴る初の囲碁全史。　四六判３６６頁　'87

60 日和山（ひよりやま）　南波松太郎

千石船の時代、航海の安全のために観天望気した日和山——多くは忘れられ、あるいは失われた船舶・航海史の貴重な遺跡を追って、全国津々浦々におよんだ調査紀行。　四六判３８２頁　'88

61 篩（ふるい）　三輪茂雄

臼とともに人類の生産活動に不可欠な道具であった篩、箕(み)、笊(ざる)の多彩な変遷を豊富な図解入りでたどり、現代技術の先端に再生するまでの歩みをえがく。　四六判３３４頁　'89

62 鮑（あわび）　矢野憲一

縄文時代以来、貝肉の美味と貝殻の美しさによって日本人を魅了し続けてきたアワビ——その生態と養殖、神饌としての歴史、漁法、螺鈿の技法からアワビ料理に及ぶ。　四六判３４４頁　'89

63 絵師　むしゃこうじ・みのる

日本古代の渡来画工から江戸前期の菱川師宣まで、時代の代表的絵師の列伝で辿る絵画制作の文化史。前近代社会における絵画の意味や芸術創造の社会的条件を考える。　四六判２３０頁　'90

64 蛙（かえる）　碓井益雄

動物学の立場からその特異な生態を描き出すとともに、和漢洋の文献資料を駆使して故事・習俗・神事・民話・文芸・美術工芸にわたる蛙の多彩な活躍ぶりを活写する。　四六判３８２頁　'89

65-Ⅰ 藍（あい）Ⅰ 風土が生んだ色 竹内淳子

全国各地の〈藍の里〉を訪ねて、藍栽培から染色・加工のすべてにわたり、藍とともに生きた人々の伝承を克明に描き、風土と人間が生んだ〈日本の色〉の秘密を探る。四六判４１６頁 '91

65-Ⅱ 藍（あい）Ⅱ 暮らしが育てた色 竹内淳子

日本の風土に生まれ、伝統に育てられた藍が、今なお暮らしの中で生き生きと活躍しているさまを、手わざに生きる人々との出会いを通じて描く。藍の里紀行の続篇。四六判４０６頁 '99

66 橋 小山田了三

丸木橋・舟橋・吊橋から板橋・アーチ型石橋まで、人々に親しまれてきた各地の橋を訪ねて、その来歴と築橋の技術伝承を辿り、土木文化の伝播・交流の足跡をえがく。四六判３１２頁 '91

67 箱 宮内悊

日本の伝統的な箱（櫃）と西欧のチェストを比較文化史の視点から考察し、居住・収納・運搬・装飾の各分野における箱の重要な役割とその多彩な文化を浮彫りにする。四六判３９０頁 '91

68-Ⅰ 絹Ⅰ 伊藤智夫

養蚕の起源を神話や説話に探り、伝来の時期とルートを跡づけ、記紀・万葉の時代から近世に至るまで、それぞれの時代・社会・階層が生み出した絹の文化を描き出す。四六判３０４頁 '92

68-Ⅱ 絹Ⅱ 伊藤智夫

生糸と絹織物の生産と輸出が、わが国の近代化にはたした役割を描くと共に、養蚕の道具、信仰や庶民生活にわたる養蚕と絹の民俗、さらには蚕の種類と生態におよぶ。四六判２９４頁 '92

69 鯛（たい） 鈴木克美

古来「魚の王」とされてきた鯛をめぐって、その生態・味覚から漁法、祭り、工芸、文芸にわたる多彩な伝承文化を語りつつ、鯛と日本人とのかかわりの原点をさぐる。四六判４１８頁 '92

70 さいころ 増川宏一

古代神話の世界から近現代の博徒の動向まで、さいころの役割を各時代・社会に位置づけ、木の実や貝殻のさいころから投げ棒型や立方体のさいころへの変遷をたどる。四六判３７４頁 '92

71 木炭 樋口清之

炭の起源から炭焼、流通、経済、文化にわたる木炭の歩みを歴史・考古・民俗の知見を総合して描き出し、独自で多彩な文化を育んできた木炭の尽きせぬ魅力を語る。四六判２９６頁 '93

72 鍋・釜（なべ・かま） 朝岡康二

日本をはじめ韓国、中国、インドネシアなど東アジアの各地を歩きながら鍋・釜の製作と使用の現場に立ち会い、調理をめぐる庶民生活の変遷とその交流の足跡を探る。四六判３２６頁 '93

73 海女（あま） 田辺悟

その漁の実際と社会組織、風習、信仰、民具などを克明に描くとともに海女の起源・分布・交流を探り、わが国漁撈文化の古層としての海女の生活と文化をあとづける。四六判２９４頁 '93

74 蛸（たこ） 刀禰勇太郎

蛸をめぐる信仰や多彩な民間伝承を紹介するとともに、その生態・分布・捕獲法・繁殖と保護・調理法などを集成し、日本人と蛸との知られざるかかわりの歴史を探る。四六判３７０頁 '94

75 曲物（まげもの）　岩井宏實
桶・樽出現以前から伝承され，古来最も簡便・重宝な木製容器として愛用された曲物の加工技術と機能・利用形態の変遷をさぐり，手づくりの「木の文化」を見なおす。四六判318頁 '94

76-I 和船 I　石井謙治
江戸時代の海運を担った千石船（弁才船）について，その構造と技術，帆走性能を綿密に調査し，通説の誤りを正すとともに，海難と信仰，船絵馬等の考察にもおよぶ。四六判436頁 '95

76-II 和船 II　石井謙治
造船史から見た著名な船を紹介し，遣唐使船や遣欧使節船，幕末の洋式船における外国技術の導入について論じつつ，船の名称と船型を海船・川船にわたって解説する。四六判316頁 '95

77-I 反射炉 I　金子功
日本初の佐賀鍋島藩の反射炉と精練方＝理化学研究所，島津藩の反射炉と集成館＝近代工場群を軸に，日本の産業革命の時代における人と技術を現地に訪ねて発掘する。四六判244頁 '95

77-II 反射炉 II　金子功
伊豆韮山の反射炉をはじめ，全国各地の反射炉建設にかかわった有名無名の人々の足跡をたどり，開国か攘夷かに揺れる幕末の政治と社会の悲喜劇をも生き生きと描く。四六判226頁 '95

78-I 草木布（そうもくふ）I　竹内淳子
風土に育まれた布を求めて全国各地を歩き，木綿普及以前に山野の草木を利用して豊かな衣生活文化を築き上げてきた庶民の知られざる知恵のかずかずを実地にさぐる。四六判282頁 '95

78-II 草木布（そうもくふ）II　竹内淳子
アサ，クズ，シナ，コウゾ，カラムシ，フジなどの草木の繊維から，どのようにして糸を採り，布を織っていたのか——聞書きをもとに忘れられた技術と文化を発掘する。四六判282頁 '95

79-I すごろく I　増川宏一
古代エジプトのセネト，ヨーロッパのバクギャモン，中近東のナルド，中国の双陸などの系譜に日本の盤雙六を位置づけ，遊戯・賭博としてのその数奇なる運命を辿る。四六判312頁 '95

79-II すごろく II　増川宏一
ヨーロッパの鵞鳥のゲームから日本中世の浄土双六，近世の華麗な絵双六，さらには近現代の少年誌の附録まで，絵双六の変遷を追って時代の社会・文化を読みとる。四六判390頁 '95

80 パン　安達巖
古代オリエントに起ったパン食文化が中国・朝鮮を経て弥生時代の日本に伝えられたことを史料と伝承をもとに解明し，わが国パン食文化二〇〇〇年の足跡を描き出す。四六判260頁 '96

81 枕（まくら）　矢野憲一
神さまの枕・大嘗祭の枕から枕絵の世界まで，人生の三分の一を共に過す枕をめぐって，その材質の変遷を辿り，伝説と怪談，俗信と民俗，エピソードを興味深く語る。四六判252頁 '96

82-I 桶・樽（おけ・たる）I　石村真一
日本，中国，朝鮮，ヨーロッパにわたる厖大な資料を集成してその豊かな文化の系譜を探り，東西の木工技術史を比較しつつ世界史的視野から桶・樽の文化を描き出す。四六判388頁 '97

82-Ⅱ 桶・樽（おけ・たる）**Ⅱ** 石村真一

多数の調査資料と絵画・民俗資料をもとにその製作技術を復元し、東西の木工技術を比較考証しつつ、技術文化史の視点から桶・樽製作の実態とその変遷を跡づける。 四六判３７２頁 '97

82-Ⅲ 桶・樽（おけ・たる）**Ⅲ** 石村真一

樹木と人間とのかかわり、製作者と消費者とのかかわりを通じて桶樽と生活文化の変遷を考察し、木材資源の有効利用という視点から桶樽の文化史的役割を浮彫にする。 四六判３５２頁 '97

83-Ⅰ 貝Ⅰ 白井祥平

世界各地の現地調査と文献資料を駆使して、古来至高の財宝とされてきた宝貝のルーツとその変遷を探り、貝と人間とのかかわりの歴史を「貝貨」の文化史として描く。 四六判３８６頁 '97

83-Ⅱ 貝Ⅱ 白井祥平

サザエ、アワビ、イモガイなど古来人類とかかわりの深い貝をめぐって、その生態・分布・地方名、装身具や貝貨としての利用法などを豊富なエピソードを交えて語る。 四六判３２８頁 '97

83-Ⅲ 貝Ⅲ 白井祥平

シンジュガイ、ハマグリ、アカガイ、シャコガイなどをめぐって世界各地の民族誌を渉猟し、それらが人類文化に残した足跡を辿る。参考文献一覧／総索引を付す。 四六判３９２頁 '97

84 松茸（まつたけ） 有岡利幸

秋の味覚として古来珍重されてきた松茸の由来を求めて、稲作文化と里山（松林）の生態系から説きおこし、日本人の伝統的生活文化の中に松茸流行の秘密をさぐる。 四六判２９６頁 '97

85 野鍛冶（のかじ） 朝岡康二

鉄製農具の製作・修理・再生を担ってきた農鍛冶の歴史的役割を探り、近代化の大波の中で変貌する職人技術の実態をアジア各地のフィールドワークを通して描き出す。 四六判２８０頁 '98

86 稲 品種改良の系譜 菅　洋

作物としての稲の誕生、稲の渡来と伝播の経緯から説きおこし、明治以降主として庄内地方の民間育種家の手によって飛躍的発展をとげたわが国品種改良の歩みを描く。 四六判３３２頁 '98

87 橘（たちばな） 吉武利文

永遠のかぐわしい果実として日本の神話・伝説に特別の位置を占めて語り継がれてきた橘をめぐって、その育まれた風土とかずかずの伝承の中に日本文化の特質を探る。 四六判２８６頁 '98

88 杖（つえ） 矢野憲一

神の依代としての杖や仏教の錫杖に杖と信仰とのかかわりを探り、人類が突きつつ歩んだその歴史と民俗を興味ぶかく語る。多彩な材質と用途を網羅した杖の博物誌。 四六判３１４頁 '98

89 もち（糯・餅） 渡部忠世／深澤小百合

モチイネの栽培・育種から食品加工、民俗、儀礼にわたってそのルーツと伝承の足跡をたどり、アジア稲作文化という広範な視野からこの特異な食文化の謎を解明する。 四六判３３０頁 '98

90 さつまいも 坂井健吉

その栽培の起源と伝播経路を跡づけるとともに、わが国伝来後四百年の経緯を詳細にたどり、世界に冠たる育種と栽培・利用法を築いた人々の知られざる足跡をえがく。 四六判３２８頁 '99

91 **珊瑚**（さんご） 鈴木克美

海岸の自然保護に重要な役割を果たす岩石サンゴから宝飾品として知られる宝石サンゴまで、人間生活と深くかかわってきたサンゴの多彩な姿を人類文化史として描く。 四六判３７０頁 '99

92-Ⅰ **梅Ⅰ** 有岡利幸

万葉集、源氏物語、五山文学などの古典や天神信仰に表れた梅の足跡を克明に辿りつつ日本人の精神史に刻印された梅を浮彫にし、梅と日本人の二〇〇〇年史を描く。 四六判２７４頁 '99

92-Ⅱ **梅Ⅱ** 有岡利幸

その植生と栽培、伝承、梅の名所や鑑賞法の変遷から戦前の国定教科書に表れた梅まで、梅と日本人との多彩なかかわりを探り、桜との対比において梅の文化史を描く。 四六判３３８頁 '99

93 **木綿口伝**（もめんくでん） 第2版 福井貞子

老女たちからの聞書を経糸とし、厖大な遺品・資料を緯糸として、母から娘へと幾代にも伝えられた手づくりの木綿文化を掘り起し、近代の木綿の盛衰を描く。 増補版 四六判３３６頁 '00

94 **合せもの** 増川宏一

「合せる」には古来、一致させるの他に、競う、闘う、比べる等の意味があった。貝合せや絵合せ等の遊戯・賭博を中心に、広範な人間の営みを「合せる」行為に辿る。 四六判３００頁 '00

95 **野良着**（のらぎ） 福井貞子

明治初期から昭和四〇年までの野良着を収集・分類・整理し、それらの用途と年代、形態、材質、重量、呼称などを精査して、働く庶民の創意にみちた生活史を描く。 四六判２９２頁 '00

96 **食具**（しょくぐ） 山内昶

東西の食文化に関する資料を渉猟し、食法の違いを人間の自然に対するかかわり方の違いとして捉えつつ、食具を人間と自然をつなぐ基本的な媒介物として位置づける。 四六判２９２頁 '00

97 **鰹節**（かつおぶし） 宮下章

黒潮からの贈り物・カツオの漁法から鰹節の製法や食法、商品としての流通までを歴史的に展望するとともに、沖縄やモルジブ諸島の調査をもとにそのルーツを探る。 四六判３８２頁 '00

98 **丸木舟**（まるきぶね） 出口晶子

先史時代から現代の高度文明社会まで、もっとも長期にわたり使われてきた刳り舟に焦点を当て、その技術伝承を辿りつつ、森や水辺の文化の広がりと動態をえがく。 四六判３２４頁 '01

99 **梅干**（うめぼし） 有岡利幸

日本人の食生活に不可欠の自然食品・梅干をつくりだした先人たちの知恵に学ぶとともに、健康増進に驚くべき薬効を発揮する、その知られざるパワーの秘密を探る。 四六判３００頁 '01

100 **瓦**（かわら） 森郁夫

仏教文化と共に中国・朝鮮から伝来し、一四〇〇年にわたり日本の建築を飾ってきた瓦をめぐって、発掘資料をもとにその製造技術、形態、文様などの変遷をたどる。 四六判３２０頁 '01

101 **植物民俗** 長澤武

衣食住から子供の遊びまで、幾世代にも伝承された植物をめぐる暮らしの知恵を克明に記録し、高度経済成長期以前の農山村の豊かな生活文化を愛惜をこめて描き出す。 四六判３４８頁 '01

102 箸（はし） 向井由紀子／橋本慶子
そのルーツを中国、朝鮮半島に探るとともに、日本人の食生活に不可欠の食具となり、日本文化のシンボルとされるまでに洗練された箸の文化の変遷を総合的に描く。 四六判３３４頁 '01

103 採集 ブナ林の恵み 赤羽正春
縄文時代から今日に至る採集・狩猟民の暮らしを復元し、動物の生態系と採集生活の関連を明らかにしつつ、民俗学と考古学の両面から山に生かされた人々の姿を描く。 四六判２９８頁 '01

104 下駄 神のはきもの 秋田裕毅
古墳や井戸等から出土する下駄に着目し、下駄が地上と地下の他界を結ぶ聖なるはきものであったという大胆な仮説を提出、日本の神々の忘れられた側面を浮彫にする。 四六判３０４頁 '02

105 絣（かすり） 福井貞子
膨大な絣遺品を収集・分類し、絣産地を実地に調査して絣の技法と文様の変遷を地域別・時代別に跡づけ、明治・大正・昭和の手づくりの染織文化の盛衰を描き出す。 四六判３１０頁 '02

106 網（あみ） 田辺悟
漁網を中心に、網に関する基本資料を網羅して網の変遷と網をめぐる民俗を体系的に描き出し、網の文化を集成する。「網に関する小事典」「網のある博物館」を付す。 四六判３１６頁 '02

107 蜘蛛（くも） 斎藤慎一郎
「土蜘蛛」の呼称で畏怖される一方「クモ合戦」など子供の遊びとしても親しまれてきたクモと人間との長い交渉の歴史をその深層に遡って追究した異色のクモ文化論。 四六判３２０頁 '02

108 襖（ふすま） むしゃこうじ・みのる
襖の起源と変遷を建築史・絵画史の中に探りつつその用と美を浮彫にし、衝立・障子・屏風等と共に日本建築の空間構成に不可欠の建具となるまでの経緯を描き出す。 四六判２７０頁 '02

109 漁撈伝承（ぎょろうでんしょう） 川島秀一
漁師たちからの聞き書きをもとに、寄り物、船霊、大漁旗など、漁撈にまつわる〈もの〉の伝承を集成し、海の道によって運ばれた習俗や信仰の民俗地図を描き出す。 四六判３３４頁 '03

110 チェス 増川宏一
世界中に数億人の愛好者を持つチェスの起源と文化を、欧米における膨大な研究の蓄積を渉猟しつつ探り、日本への伝来の経緯から美術工芸品としてのチェスにおよぶ。 四六判２９８頁 '03

111 海苔（のり） 宮下章
海苔の歴史は厳しい自然とのたたかいの歴史だった——採取から養殖、加工、流通、消費に至る先人たちの苦難の歩みを史料と実地調査によって浮彫にする食物文化史。 四六判１７２頁 '03

112 屋根 檜皮葺と杮葺 原田多加司
屋根葺師一〇代の著者が、自らの体験と職人の本懐を語り、連綿として受け継がれてきた伝統の手わざを体系的にたどりつつ伝統技術の保存と継承の必要性を訴える。 四六判３４０頁 '03

113 水族館 鈴木克美
初期水族館の歩みを創始者たちの足跡を通して辿りなおし、水族館をめぐる社会の発展と風俗の変遷を描き出すとともにその未来像をさぐる初の〈日本水族館史〉の試み。 四六判２９０頁 '03

114 古着（ふるぎ） 朝岡康二

仕立てと着方、管理と保存、再生と再利用等にわたり衣生活の変容を近代の日常生活の変化として捉え直し、衣服をめぐるリサイクル文化が形成される経緯を描き出す。四六判２９２頁 '03

115 柿渋（かきしぶ） 今井敬潤

染料・塗料をはじめ生活百般の必需品であった柿渋の伝承を記録し、文献資料をもとにその製造技術と利用の実態を明らかにして、忘れられた豊かな生活技術を見直す。四六判２９４頁 '03

116-Ⅰ 道Ⅰ 武部健一

道の歴史を先史時代から説き起こし、古代律令制国家の要請によって駅路が設けられ、しだいに幹線道路として整えられてゆく経緯を技術史・社会史の両面からえがく。四六判２４８頁 '03

116-Ⅱ 道Ⅱ 武部健一

中世の鎌倉街道、近世の五街道、近代の開拓道路から現代の高速道路網までを通観し、道路を拓いた人々の手によって今日の交通ネットワークが形成された歴史を語る。四六判２８０頁 '03

117 かまど 狩野敏次

日常の煮炊きの道具であるとともに祭りと信仰に重要な位置を占めてきたカマドをめぐる忘れられた伝承を掘り起こし、民俗空間の壮大なコスモロジーを浮彫りにする。四六判２９２頁 '04

118-Ⅰ 里山Ⅰ 有岡利幸

縄文時代から近世までの里山の変遷を人々の暮らしと植生の変化の両面から跡づけ、その源流を記紀万葉に描かれた里山の景観や大和・三輪山の古記録・伝承等に探る。四六判２７６頁 '04

118-Ⅱ 里山Ⅱ 有岡利幸

明治の地租改正による山林の混乱、相次ぐ戦争による山野の荒廃、エネルギー革命、高度成長による大規模開発など、近代化の荒波に翻弄される里山の見直しを説く。四六判２７４頁 '04

119 有用植物 菅 洋

人間生活に不可欠のものとして利用されてきた身近な植物たちの来歴と栽培・育種・品種改良・伝播の経緯を平易に語り、植物と共に歩んだ文明の足跡を浮彫にする。四六判３２４頁 '04

120-Ⅰ 捕鯨Ⅰ 山下渉登

世界の海で展開された鯨と人間との格闘の歴史を振り返り、「大航海時代」の副産物として開始された捕鯨業の誕生以来四〇〇年にわたる盛衰の社会的背景をさぐる。四六判３１４頁 '04

120-Ⅱ 捕鯨Ⅱ 山下渉登

近代捕鯨の登場により鯨資源の激減を招き、捕鯨の規制・管理のための国際条約締結に至る経緯をたどり、グローバルな課題としての自然環境問題を浮き彫りにする。四六判３１２頁 '04

121 紅花（べにばな） 竹内淳子

栽培、加工、流通、利用の実際を現地に探訪して紅花とかかわってきた人々からの聞き書きを集成し、忘れられた〈紅花文化〉を復元しつつその豊かな味わいを見直す。四六判３４６頁 '04

122-Ⅰ もののけⅠ 山内昶

日本の妖怪変化、未開社会の〈マナ〉、西欧の悪魔やデーモンを比較考察し、名づけ得ぬ未知の対象を指す万能のゼロ記号〈もの〉をめぐる人類文化史を跡づける博物誌。四六判３２０頁 '04

122-Ⅱ　もののけⅡ　山内昶

日本の鬼、古代ギリシアのダイモン、中世の異端狩り・魔女狩り等々をめぐり、自然＝カオスと文化＝コスモスの対立の中で〈野生の思考〉が果たしてきた役割をさぐる。　四六判２８０頁　'04

123　染織（そめおり）　福井貞子

自らの体験と厖大な残存資料をもとに、糸づくりから織り、染めにわたる手づくりの豊かな生活文化を見直す。創意にみちた手わざのかずかずを復元する庶民生活誌。　四六判２９４頁　'05

124-Ⅰ　動物民俗Ⅰ　長澤武

神として崇められたクマやシカをはじめ、人間にとって不可欠の鳥獣や魚、さらには人間を脅かす動物など、多種多様な動物たちと交流してきた人々の暮らしの民俗誌。　四六判２６４頁　'05

124-Ⅱ　動物民俗Ⅱ　長澤武

動物の捕獲法をめぐる各地の伝承を紹介するとともに、全国で語り継がれてきた多彩な動物民話・昔話を渉猟し、暮らしの中で培われた動物フォークロアの世界を描く。　四六判２６６頁　'05

125　粉（こな）　三輪茂雄

粉体の研究をライフワークとする著者が、粉食の発見からナノテクノロジーまで、人類文明の歩みを〈粉〉の視点から捉え直した壮大なスケールの〈文明の粉体史観〉　四六判３０２頁　'05

126　亀（かめ）　矢野憲一

浦島伝説や「兎と亀」の昔話によって親しまれてきた亀のイメージの起源を探り、古代の亀卜の方法から、亀にまつわる信仰と迷信、鼈甲細工やスッポン料理におよぶ。　四六判３３０頁　'05

127　カツオ漁　川島秀一

一本釣り、カツオ漁場、船上の生活、船霊信仰、祭りと禁忌など、カツオ漁にまつわる漁師たちの伝承を集成し、黒潮に沿って伝えられた漁民たちの文化を掘り起こす。　四六判３７０頁　'05

128　裂織（さきおり）　佐藤利夫

木綿の風合いと強靭さを生かした裂織の技と美をすぐれたリサイクル文化として見なおす。東西文化の中継地・佐渡の古老たちからの聞書をもとに歴史と民俗をえがく。　四六判３０８頁　'05

129　イチョウ　今野敏雄

「生きた化石」として珍重されてきたイチョウの生い立ちと人々の生活文化とのかかわりの歴史をたどり、この最古の樹木に秘められたパワーを最新の中国文献にさぐる。　四六判３１２頁〔品　切〕　'05

130　広告　八巻俊雄

のれん、看板、引札からインターネット広告までを通観し、いつの時代にも広告が人々の暮らしと密接にかかわって独自の文化を形成してきた経緯を描く広告の文化史。　四六判２７６頁　'06

131-Ⅰ　漆（うるし）**Ⅰ**　四柳嘉章

全国各地で発掘された考古資料を対象に科学的解析を行ない、縄文時代から現代に至る漆の技術と文化を跡づける試み。漆が日本人の生活と精神に与えた影響を探る。　四六判２７４頁　'06

131-Ⅱ　漆（うるし）**Ⅱ**　四柳嘉章

遺跡や寺院等に遺る漆器を分析し体系づけるとともに、絵巻物や文学作品の考証を通じて、職人や産地の形成、漆工芸の地場産業としての発展の経緯などを考察する。　四六判２１６頁　'06

132 まな板　石村眞一

日本、アジア、ヨーロッパ各地のフィールド調査と考古・文献・絵画・写真資料をもとにまな板の素材・構造・使用法を分類し、多様な食文化とのかかわりをさぐる。　四六判372頁　'06

133-I 鮭・鱒（さけ・ます）I　赤羽正春

鮭・鱒をめぐる民俗研究の前史から現在までを概観するとともに、原初的な漁法から商業的漁法にわたる多彩な漁法と用具、漁場と社会組織の関係などを明らかにする。　四六判292頁　'06

133-II 鮭・鱒（さけ・ます）II　赤羽正春

鮭漁をめぐる行事、鮭捕り衆の生活等を聞き取りによって再現し、人工孵化事業の発展とそれを担った先人たちの業績を明らかにするとともに、鮭・鱒の料理におよぶ。　四六判352頁　'06

134 遊戯　その歴史と研究の歩み　増川宏一

古代から現代まで、日本と世界の遊戯の歴史を概説し、内外の研究者との交流の中で得られた最新の知見をもとに、研究の出発点と目的を論じ、現状と未来を展望する。　四六判296頁　'06

135 石干見（いしひみ）　田和正孝編

沿岸部に石垣を築き、潮汐作用を利用して漁獲する原初的漁法を日・韓・台に残る遺構と伝承の調査・分析をもとに復元し、東アジアの伝統的漁撈文化を浮彫りにする。　四六判332頁　'07

136 看板　岩井宏實

江戸時代から明治・大正・昭和初期までの看板の歴史を生活文化史の視点から考察し、多種多様な生業の起源と変遷を多数の図版をもとに紹介する〈図説商売往来〉。　四六判266頁　'07

137-I 桜I　有岡利幸

そのルーツと生態から説きおこし、和歌や物語に描かれた古代社会の桜観から「花は桜木、人は武士」の江戸の花見の流行まで、日本人と桜のかかわりの歴史をさぐる。　四六判382頁　'07

137-II 桜II　有岡利幸

明治以後、軍国主義と愛国心のシンボルとして政治的に利用されてきた桜の近代史を辿るとともに、日本人の生活と共に歩んだ「咲く花、散る花」の栄枯盛衰を描く。　四六判400頁　'07

138 麴（こうじ）　一島英治

日本の気候風土の中で稲作と共に育まれた麴菌のすぐれたはたらきの秘密を探り、醸造化学に携わった人々の足跡をたどりつつ醱酵食品と日本人の食生活文化を考える。　四六判244頁　'07

139 河岸（かし）　川名登

近世初頭、河川水運の隆盛と共に物流のターミナルとして賑わい、船旅や遊廓などをもたらした河岸（川の港）の盛衰を河岸に生きる人々の暮らしの変遷としてえがく。　四六判300頁　'07

140 神饌（しんせん）　岩井宏實／日和祐樹

土地に古くから伝わる食物を神に捧げる神饌儀礼に祭りの本義を探り、近畿地方主要神社の伝統的儀礼をつぶさに調査して、豊富な写真と共にその実際を明らかにする。　四六判374頁　'07

141 駕籠（かご）　櫻井芳昭

その様式、利用の実態、地域ごとの特色、車の利用を抑制する交通政策との関連から駕籠かきたちの風俗までを明らかにし、日本交通史の知られざる側面に光を当てる。　四六判294頁　'07

142 **追込漁**（おいこみりょう） 川島秀一

沖縄の島々をはじめ、日本各地で今なお行なわれている沿岸漁撈を実地に精査し、魚の生態と自然条件を知り尽した漁師たちの知恵と技を見直しつつ漁業の原点を探る。 四六判368頁 '08

143 **人魚**（にんぎょ） 田辺悟

ロマンとファンタジーに彩られて世界各地に伝承される人魚の実像をもとめて東西の人魚誌を渉猟し、フィールド調査と膨大な資料をもとに集成したマーメイド百科。 四六判352頁 '08

144 **熊**（くま） 赤羽正春

狩人たちからの聞き書きをもとに、かつては神として崇められた熊と人間との精神史的な関係をさぐり、熊を通して人間の生存可能性にもおよぶユニークな動物文化史。 四六判384頁 '08

145 **秋の七草** 有岡利幸

『万葉集』で山上憶良がうたいあげて以来、千数百年にわたり秋を代表する植物として日本人にめでられてきた七種の草花の知られざる伝承を掘り起こす植物文化誌。 四六判306頁 '08

146 **春の七草** 有岡利幸

厳しい冬の季節に芽吹く若菜に大地の生命力を感じ、春の到来を祝い新年の息災を願う「七草粥」などとして食生活の中に巧みに取り入れてきた古人たちの知恵を探る。 四六判272頁 '08

147 **木綿再生** 福井貞子

自らの人生遍歴と木綿を愛する人々との出会いを織り重ねて綴り、優れた文化遺産としての木綿衣料を紹介しつつ、リサイクル文化としての木綿再生のみちを模索する。 四六判266頁 '09

148 **紫**（むらさき） 竹内淳子

今や絶滅危惧種となった紫草（ムラサキ）を育てる人びと、伝統の紫根染を今に伝える人びとを全国にたずね、貝紫染の始原を求めて吉野ヶ里におよぶ「むらさき紀行」。 四六判324頁 '09

149-Ⅰ **杉Ⅰ** 有岡利幸

その生態、天然分布の状況から各地における栽培・育種、利用にいたる歩みを弥生時代から今日までの人間の営みの中で捉えなおし、わが国林業史を展望しつつ描き出す。 四六判282頁 '10

149-Ⅱ **杉Ⅱ** 有岡利幸

古来神の降臨する木として崇められるとともに生活のさまざまな場面で活用され、絵画や詩歌に描かれてきた杉の文化をたどり、さらに「スギ花粉症」の原因を追究する。 四六判278頁 '10

150 **井戸** 秋田裕毅（大橋信弥編）

弥生中期になぜ井戸は突然出現するのか。飲料水など生活用水ではなく、祭祀用の聖なる水を得るためだったのではないか。目的や構造の変遷、宗教との関わりをたどる。 四六判260頁 '10

151 **楠**（くすのき） 矢野憲一／矢野高陽

語源と字源、分布と繁殖、文学や美術における楠から医薬品としての利用、キューピー人形や樟脳の船まで、楠と人間の関わりの歴史を辿りつつ自然保護の問題に及ぶ。 四六判334頁 '10

152 **温室** 平野恵

温室は明治時代に欧米から輸入された印象があるが、じつは江戸時代半ばから「むろ」という名の保温設備があった。絵巻や小説、遺跡などより浮かび上がる歴史。 四六判310頁 '10

153 **檜**（ひのき）　有岡利幸

建築・木彫・木材工芸に最良の材としてわが国の〈木の文化〉に重要な役割を果たしてきた檜。その生態から保護・育成・生産・流通・加工までの変遷をたどる。　四六判３２０頁　'11

154 **落花生**　前田和美

南米原産の落花生が大航海時代にアフリカ経由で世界各地に伝播していく歴史をたどるとともに、日本で栽培を始めた先覚者や食文化との関わりを紹介する。　四六判３１２頁　'11

155 **イルカ**（海豚）　田辺悟

神話・伝説の中のイルカ、イルカをめぐる信仰から、漁撈伝承、食文化の伝統と保護運動の対立までを幅広くとりあげ、ヒトと動物との関係はいかにあるべきかを問う。　四六判３３０頁　'11

156 **輿**（こし）　櫻井芳昭

古代から明治初期まで、千二百年以上にわたって用いられてきた輿の種類と変遷を探り、天皇の行幸や斎王群行、姫君たちの輿入れにおける使用の実態を明らかにする。　四六判２５２頁　'11

157 **桃**　有岡利幸

魔除けや若返りの呪力をもつ果実として神話や昔話に語り継がれ、近年古代遺跡から大量出土して祭祀との関連が注目される桃。日本人との多彩な関わりを考察する。　四六判３２８頁　'12

158 **鮪**（まぐろ）　田辺悟

古文献に描かれ記されたマグロを紹介し、漁法・漁具から運搬と流通・消費、漁民たちの暮らしと民俗・信仰までを探りつつ、マグロをめぐる食文化の未来にもおよぶ。　四六判３５０頁　'12

159 **香料植物**　吉武利文

クロモジ、ハッカ、ユズ、セキショウ、ショウノウなど、日本の風土で育った植物から香料をつくりだす人びとの営みを現地に訪ね、伝統技術の継承・発展を考える。　四六判２９０頁　'12

160 **牛車**（ぎっしゃ）　櫻井芳昭

牛車の盛衰を交通史や技術史との関連で探り、絵巻や日記・物語等に描かれた牛車の種類と構造、利用の実態を明らかにして、読者を平安の「雅」の世界へといざなう。　四六判２２４頁　'12

161 **白鳥**　赤羽正春

世界各地の白鳥処女説話を博捜し、古代以来の人々が抱いた〈鳥への想い〉を明らかにするとともに、その源流を、白鳥をトーテムとする中央シベリアの白鳥族に探る。　四六判３６０頁　'12

162 **柳**　有岡利幸

日本人との関わりを詩歌や文献をもとに探りつつ、容器や調度品に、治山治水対策に、火薬や薬品の原料に、さらには風景の演出用に活用されてきた歴史をたどる。　四六判３２８頁　'13

163 **柱**　森郁夫

竪穴住居の時代から建物を支えてきただけでなく、大黒柱や鼻っ柱などさまざまな言葉に使われている柱。遺跡の発掘でわかった事実や、日本文化との関わりを紹介。　四六判２５２頁　'13

164 **磯**　田辺悟

人間はもとより、動物たちにも多くの恵みをもたらしてきた磯――その豊かな文化をさぐり、東日本大震災以前の三陸沿岸を軸に磯漁の民俗を聞書きによって再現する。　四六判４５０頁　'14

165 **タブノキ** 山形健介

南方から「海上の道」をたどってきた列島文化を象徴する樹木について、中国・台湾・韓国も視野に収めて記録や伝承を掘り起こし、人々の暮らしとの関わりを探る。　四六判３１６頁 '14

166 **栗** 今井敬潤

縄文人が主食とし栽培していた栗。建築や木工の材、鉄道の枕木といった生活に密着した多様な利用法や、品種改良に取り組んだ技術者たちの苦闘の足跡を紹介する。　四六判２７２頁 '14

167 **花札** 江橋崇

法制史から文学作品まで、厖大な文献を渉猟して、その誕生から現在までを辿り、花札をその本来の輝き、自然を敬愛して共存する日本の文化という特性のうちに描く。　四六判３７２頁 '14

168 **椿** 有岡利幸

本草書の刊行や栽培・育種技術の発展によって近世初期に空前の大ブームを巻き起こした椿。多彩な花の紹介をはじめ、椿油や木材の利用、信仰や民俗まで網羅する。　四六判３３６頁 '14

169 **織物** 植村和代

人類が初めて機械で作った製品、織物。機織り技術の変遷を世界史的視野で見直し、古来より日本と東南アジアやインド、ペルシアの交流や伝播があったことを解説。　四六判３４６頁 '14

170 **ごぼう** 冨岡典子

和食に不可欠な野菜ごぼうは、焼畑農耕から生まれ、各地の風土のなか固有の品種や調理法が育まれた。そのルーツを稲作以前の神饌や祭り、儀礼に探る和食文化誌。　四六判２７６頁 '15

171 **鱈**（たら） 赤羽正春

漁場開拓の歴史と漁法の変遷、漁民たちのくらしを跡づけ、戦時の非常食としての役割を明らかにしつつ、「海はどれほどの人を養えるか」についても考える。　四六判３３６頁 '15